Vorwort

Eine Analyse der Office-Arbeitsplätze in den letzten Jahren und insbesondere nach der Jahrtausendwende zeigt, dass durch die Globalisierungswelle mit ihren vernetzten Strukturen eine Veränderung nahezu aller Tätigkeiten eingetreten ist:

- Mit den erweiterten IT-Möglichkeiten und Vernetzungen wuchs die Zahl der elektronisch erteilten Aufgabenstellungen in den Unternehmen um ein Vielfaches. Ungebremst wurden und werden immer neue Projekte initiiert und gleichzeitig die Empfängerkreise ausgedehnt. Mit einem Klick auf „SEND" vergrößerte sich Jahr um Jahr das bisherige Arbeitsvolumen jeder einzelnen Stelle.

- Die Aufgaben wurden internationaler, anspruchsvoller und komplexer.

- Wie ein roter Faden durchzieht mittlerweile das Phänomen der Überlastung nahezu alle Arbeitsplätze.

Mit zunehmender Verknappung ihrer Kapazitäts- und Zeitressourcen delegierte die Führungsmannschaft nicht nur die dringend notwendige Koordination und Organisation der Flut ihrer Aufgaben, sondern auch verstärkt Teile ihrer Managementfunktionen zur Assistentin und Sekretärin.

Die Komponenten der Koordination und Organisation, gepaart mit strategischem Denken, der Kerneigenschaft eines Managers, wurden zur zentralen Aufgabe der „Organisationsmanagerin" im Sekretariat.

Kommunikationsfähigkeit auf allen Ebenen, effektives Zeitmanagement, aktuelles Wissen zu IT-Anwendungen und Internetnutzung, Gesetzgebung und Controlling, mentale Stärke und souveränes Auftreten sind heute die gefragten Qualifikationen für diese Position.

1

Arbeitsmittel und Büroausstattung

1.1   Revolutionieren Sie Ihren Schreibtisch-Arbeitsplatz

1.1.1   Die richtigen Arbeitsmittel am richtigen Platz - Weniger ist mehr

Neben der Standardausrüstung wie Telefonapparat, Rechner/Tastatur/ Bildschirm, Rechenmaschine, wenn Sie mögen eine Schreibtischuhr mit integriertem Radio und Ihr Trinkgefäß, haben sich in den meisten Büros im Laufe der Zeit viel zu viele Utensilien auf dem Schreibtisch angesammelt: Büromaterial, das nicht täglich gebraucht wird, Stifte, Klebestreifen, Marker, Zettelblöcke sowie Listen, von denen man sich einfach nicht trennen kann, eingestaubte Urlaubssouvenirs, Lesestoff, der längst nicht mehr aktuell ist.

   Können Sie die Fläche Ihres Schreibtisches nicht mehr sehen,

weil sich Unterlagen in zahllosen Aktendeckeln, Klarsichthüllen oder Ordnern stapeln,

weil Zeitschriften, ein überquellender Wiedervorlage-Pultordner, E-Mail-Ausdrucke, lose Zettel und besonders Ihre heiß geliebte „zunotierte" Schreibtischunterlage den Arbeitsplatz zumüllen?

   Dann wird es allerhöchste Zeit für eine Veränderung:

> Nach der **Methode 4C** ist Ihre Schreibtischfläche nur die Plattform für
>
> - Ihre **Grundausstattung** und
> - Ihre **aktuelle Aufgabe**

Erreichen Sie dies in zwei Schritten:

- Schritt 1: Optimieren Sie Ihre Grundausstattung
- Schritt 2: Gewinnen Sie Platz für Ihre aktuelle Aufgabe

1.1.2 Schritt 1: Optimieren Sie Ihre Grundausstattung

Trennen Sie sich von Ihren „Gewohnheits-Arbeitsmitteln", die Sie nur sporadisch verwenden und sogar in unterschiedlicher Ausführung auf Ihrem Schreibtisch präsentieren. Verbannen Sie das Hilfsmaterial in eine Schublade.

Die **Grundausstattung** auf Ihrem Schreibtisch muss qualitativ hoch sein und soll sich nur auf das Wesentliche beschränken:

- Kalendarien

- Schnelles Datenverzeichnis

- Tagesnotiz

- 3-Farb-Kugelschreiber mit Radiergummi

Verwenden Sie die optimalen Kalendarien

Beim täglichen Einsatz Ihres elektronischen Terminkalenders werden Sie schon festgestellt haben, dass es sich beim Lese- und Geschwindigkeitskomfort ähnlich verhält wie mit der Tageszeitung: Die elektronische Informationsquelle des Internet konnte dem gedruckten Wort in Ihrer Morgenzeitung nicht den Rang ablaufen.

Die unstreitbaren Vorteile des elektronischen Kalenders liegen in der pluralen Zugangsmöglichkeit und der leichten Terminfindung für Besprechungen mit einem großen Teilnehmerkreis, aber in Punkto schnelles Durchblättern und rasches Erfassen der Termindetails ist der Papierkalender unstreitbar die Nummer Eins.

Arbeiten Sie neben dem elektronischen Kalender mit 2 Papierkalendern:

- **Schreibtisch-Wochenkalender:** Terminkalender in Wochenansicht für Kurzeintragungen (siehe Seite 65) und schnellste Information

- **Mehrmonatskalender:** 3- oder 4-Monats- Wand- oder Standkalender mit KW-Angabe für die rasche Zeitraumerfassung.

© Andre N. / PIXELIO *© Romy2004 / PIXELIO*

Kreieren Sie Ihr schnelles Tisch-Daten-Verzeichnis

Was unternehmen Sie, wenn Ihr Rechner wegen dringender Wartung oder Virenbeseitigung extrem langsam ist oder auf wichtige Datenbanken für ein paar Stunden gar kein Zugriff besteht?

 Bleiben Sie mit wichtigen Informationen und Daten autark!

> **Stellen Sie einen Print-Datenträger mit Ihren wichtigen Daten auf Ihren Schreibtisch.**

Tisch-Prospekthalter

1) Treffen Sie eine Auswahl aller Daten, die schnell von Ihnen erwartet werden. Zum Beispiel Produktnummern, Terminpläne, Lagepläne, Organigramme und Telefon-Nummern, sofern Sie keine technische Suchfunktion direkt an Ihrem Telefonapparat haben.

Vario Display System table 10 Nr. 5570 von DURABLE, DURABLE Hunke und Jochheim GmbH & Co. KG, Iserlohn

2) Drucken Sie einmalig die wichtigen Seiten aus Ihrer Datenbank aus:

   ▪ Haken Sie die Namen/Daten im jeweiligen Verzeichnis an

   ▪ und geben beim Druckauftrag „VIEW" an.

3) Schieben Sie die Ausdrucke in die Einhängehüllen Ihres „Datenträgers" auf Ihrem Schreibtisch. (Zum schnelleren Einschieben schneiden Sie die Ausdrucke eventuell etwas schmaler.)

Sie können für die Daten farblich unterschiedliche Einhängehüllen verwenden und seitliche Titelreiter einsetzen. Sie klappen den Datenträger auf und haben zu jedem Zeitpunkt die wichtigen Daten parat und doch nicht für jedermann sichtbar.

Wichtige Notizen oder den Ausdruck der Einladung zur gerade stattfindenden Sitzung nimmt der Datenträger ebenfalls *vorübergehend* (vorn oder mittendrin mit einem Clip angeheftet) auf.

Psycho-Faktor:
Sie bleiben gelassen, weil Sie mit wichtigen Daten und Informationen nicht von der Leistung Ihres Rechners abhängen.

Schluss mit Zetteln: ein A4-Speicher beendet das Chaos

Wohin nur mit den Notizen und telefonischen Informationen?

 Sie notieren Anrufe und wichtige Informationen auf farblichen Merkzetteln und kleben diese auf Ihren Bildschirm?

Nach Erledigung werfen Sie einige Merkblätter in den Papierkorb, andere zieren auf Dauer den Monitor?

Sie notieren Anrufe auf Ihre Schreibtisch-Unterlage und streichen die Notizen nach Erledigung wieder aus, so dass Ihre Schreibtisch-Unterlage in absehbarer Zeit chaotisch voll wird?

 Beenden Sie die Zettelwirtschaft auf Ihrem Schreibtisch!

> **Schreiben Sie Telefonate und Notizen auf einen A4-großen Notizenspeicher.**

> **Tagesnotiz**
>
> ▪ Notieren Sie Anrufername und Thema *sofort* bei Anruf auf Ihrer **Tagesnotiz**, einschließlich Rückruf-Nummer, sobald Sie Rückruf vereinbart haben.
>
> ▪ Halten Sie alles Wichtige, wann immer es Ihnen einfällt, als perfektes Brainstorming auf dem Stichwort-Feld Ihrer **Tagesnotiz** fest.

Sie können Ihre **Tagesnotiz** mit einem Clip auf die erste oder eine andere beliebige Seite Ihres „Datenträgers" klemmen oder neben Ihr Telefon legen und haben für sich und zur Information Ihres Chefs *sofort alles* im Blick.

Drücken Sie jeden Morgen den Eingangsstempel auf Ihr aktuelles Blatt und legen oder klemmen es auf die Tagesnotizen der Woche.

Psycho-Faktor:
Sie übergeben die Merkfunktion für Rückrufe und Informationen Ihrer Tagesnotiz und haben Kapazität und Konzentration für die gerade aktuelle Aufgabe. Sie bleiben ausgeglichen.

TAGESNOTIZ		
Vom		

ANRUFE

Name	Rückruf Tel.Nr.	Thema

STICHWORTE

Formular 1 (Download auf der Website des Verlags: www.edumedia.de/bueroorganisation)

Vielfalt in einem einzigen Schreibgerät: Der All-In One-Pen

Wie viele Schreibgeräte brauchen und benutzen Sie?

 Sie haben eine Schreibschatulle, einen Köcher, mehrere Pötte für allerlei Schreibutensilien, für Kugelschreiber, Bleistifte, Rotstifte, Marker, Radierer ?

Sie suchen ständig nach dem passenden Schreibwerkzeug, obwohl Ihre Behältnisse überquellen?

 Räumen Sie Ihre „Künstlerauswahl" komplett vom Schreibtisch!

Arbeiten Sie nur mit *einem* Allroundwerkzeug.

All-in-One-Pen

Mindestens 3 Einstellungen bietet der All-in-One-Pen:

- Kugelschreiber
- Bleistift
- Marker
- (integrierter Radiergummi)

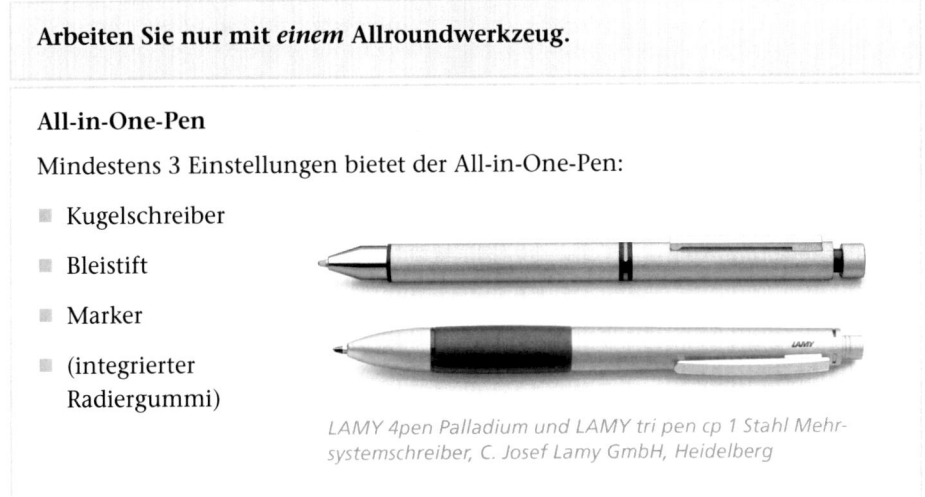

LAMY 4pen Palladium und LAMY tri pen cp 1 Stahl Mehr-systemschreiber, C. Josef Lamy GmbH, Heidelberg

Sie werden bald feststellen, dass Sie mit dem All-in-one-Schreibgerät völlig ausreichend versorgt sind. Sie ersparen sich Sucharbeit und den Wechsel zwischen verschiedenfarbigen Stiften.

Psycho-Faktor:
Zu viel Auswahl verleitet dazu, viel Unterschiedliches zu benutzen und nicht sofort zurückzulegen, sondern liegen zu lassen. „Ich habe ja genügend Material"
Arbeiten Sie nur mit einem Schreibgerät (aber „all in one"), bleibt es in Dauerbenutzung und Sie werden es selten verlegen! „Ich habe nur dieses"

1.1.3   Schritt 2: Gewinnen Sie Platz für Ihre aktuelle Aufgabe

Nach der klugen Reduzierung der Grundausstattung auf Ihrem Schreibtisch revolutionieren Sie nun meisterhaft mit der Methode 4C Ihre unzeitgemäße Aktensammlung und gewinnen freie Arbeitsfläche für die volle Konzentration auf Ihre Einzelaufgabe.

Zaubern Sie Ihre Unterlagen in Zuständigkeitsmappen

 Täglich wird Ihr Schreibtisch überfüllt mit immer neuen Papierbergen. Sie versuchen, unter Zeitdruck, wenigstens grob den Überblick zu behalten und hecheln trotzdem immer hinter der längst fällig gewesenen Aufgabe hinterher.

 Strukturieren Sie Ihre Aufgabenprojekte in Zuständigkeiten!!

> Auf Ihrem Schreibtisch übernehmen **4 Aktivitätsmappen** in 4 unterschiedlichen Farben die Ordnungshoheit und garantieren
>
> - die **freie Schreibtischfläche** für Ihre gerade aktuelle Aufgabe
> - den **schnellen Überblick** über den Aktivitätsstand aller Projekte.

> Zaubern Sie Ihre lose auf dem Schreibtisch verteilten Unterlagenstapel in vier 4C-Mappen:
>
> **C**reate   ERLEDIGEN
> **C**ontrol   DELEGIEREN/KONTROLLIEREN
> **C**ommunicate   RÜCKSPRACHE MIT DEM CHEF
> **C**onferences   TERMINVORBEREITUNGEN
>   (Zusatzmappe für die im Sekretariat
>   übliche hohe Terminklärungsfrequenz)

Ihre lose verteilten Unterlagen marschieren in Ihre 4 farblich unterschiedlichen 4C-Mappen, je nach der aktuellen **Aktivitätszuständigkeit**:

Sie selbst	**C**reate,
Andere	**C**ontrol
Ihr Chef	**C**ommunicate
Zusatzaktivität Terminklärungen	**C**onferences.

(Die Arbeitsweise mit der Erfolgsmethode 4C ist ab Seite 49 beschrieben.)

Platzieren Sie Ihre genialen Strukturhelfer griffbereit nebeneinander auf Ihrem Schreibtisch (an der Seite oder oberhalb der Fläche). Die Vier-Farb-Gestaltung unterstreicht das Ordnungsmoment auf Ihrem Schreibtisch, der nun angenehm aufgeräumt wirkt.

Die freigewordene Schreibtischfläche steht Ihnen nun exklusiv für die konzentrierte Bearbeitung der gerade aktuellen Aufgabe zur Verfügung.

Anstelle des ständigen Zeitdrucks mit hohen Stressgefühlen wird eine positive, entspannte Stimmung freigesetzt, die Sie souverän Ihre komplexen Aufgaben meistern lässt.

Zum Abschluss Ihres „Freiräum-Prozesses" stellen Sie noch ein dezentes Accessoire auf Ihren Schreibtisch, ein persönliches Lieblingsstück, das Ihrem Büro Ihre persönliche Note verleiht: ein gepflegtes Blumenarrangement, eine Fotografie, einen Kunstgegenstand - was auch immer.

Psycho-Faktor:
Wie bei einem Aufenthalt in zu engen, überfüllten Räumen fühlen Sie sich bei einem chaotisch vollen Schreibtisch unwohl, bedrängt. Freie Flächen hingegen sind wie große Räume, wie weite Landschaften; Sie können durchatmen und Ihre Gedanken ordnen.

1.2 Bereitschafts-System im Rollcontainer

Was klassische Hängemappen gut strukturiert leisten können!

> **In Schreibtisch-Nähe sollten Sie nur Unterlagen griffbereit halten, die Sie häufig und schnell brauchen und die nur befristet gültig sind.**

Rollcontainer und Hängesammler

Setzen Sie für diese Unterlagen moderne Rollcontainer ein, die Sie flexibel an genau den Platz rollen können, der für Sie am praktischsten ist;

hinter oder neben Ihnen oder auch direkt unter Ihrem Schreibtisch.

Bestücken Sie diese rollenden Archive mit klassischen Hängemappen in unterschiedlichen Farben.

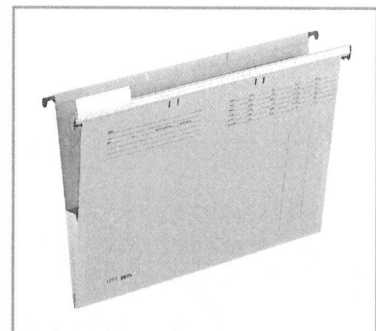

BETA° Hängetasche von Leitz,
Esselte Leitz GmbH & Co KG, Stuttgart

Es wird Sie überraschen,

- welche Dokumente zu den Bereitschaftsunterlagen im Rollcontainer zählen sollten,

- wie Sie den Zeitaufwand für das Handling mit Hängesammlern wesentlich verkürzen können.

1.2.1   Wiedervorlagen

Die Verwaltung der kurzzeitig geparkten Unterlagen sollte zuverlässig, unkompliziert und schnell organisiert sein.

 Legen Sie Ihre Wiedervorlagen in einen Wiedervorlage-Pultordner mit dem Register 1-31?

Platzieren Sie den Pultordner auf Ihrem Schreibtisch?

Rutschen Ihnen sehr dicke Unterlagen ständig aus den Fächereinteilungen des liegenden Pultordners?

Bereitet Ihnen das Suchen im einzelnen Fach des Pultordners ständig Mühe, weil Sie erst alle Unterlagen in der Waagerechten im aufgeklappten Zustand von rechts nach links schieben müssen?

 Verbannen Sie Wiedervorlage-Pultordner von Ihrem Schreibtisch!!

Verwenden Sie für Ihre Wiedervorlage ausschließlich Hängemappen im Rollcontainer.

Kreieren Sie für Ihre Wiedervorlage einmalig:

- ▪ 31 gleichfarbige Hängesammler für die tägliche Wiedervorlage.
  Stecken Sie in versetzter Reihenfolge (6 Reihen mit 5 Datumsreitern) die Ziffernreiter 1-31 auf .

- ▪ 12 gleichfarbige Hängesammler für die Monate Januar bis Dezember.
  Stecken Sie in versetzter Reihenfolge die Ziffernreiter I - XII auf.

- ▪ 1 breitere Hängemappe für das Folgejahr mit einem Reiter „Folgejahr"

Von oben können Sie neue Wiedervorlagen bequem dazulegen oder Unterlagen entnehmen. Sie können die gesamte Tages-Wiedervorlage mit der einzelnen Hängemappe herausnehmen.

Anstelle der begrenzten Aufnahmemöglichkeit eines Pultordners mit seinen 31 Innenfächern können Sie Ihre Wiedervorlagen im Rollcontainer auch nach Monaten und Folgejahr ordnen.

1.2.2 Wissensmanagement

Für betriebsinterne Regelungen und für Ihre persönlichen Recherchen und individuellen Arbeitshilfen haben Sie ein wertvolles Nachschlagewerk zusammengestellt.

 Aber wo finden Sie Ihre Informationen, wenn Sie diese schnell benötigen?

Als lose zusammengestellte Unterlagensammlung?

Nicht sehr praktisch, da Ihre unsortierte Sammlung Blatt für Blatt durchsucht werden muss, bis die richtige Unterlage gefunden wurde.

In einem Ordner abgeheftet?

Gegen den Ordner spricht das ganze Handling: Lochen, Register, Inhaltsverzeichnis, Platz im Schrank und der Zeitaufwand, den Ordner aus dem Schrank zu holen und zurückzubringen.

 Archivieren Sie Ihre Informationen nicht mehr im chaotischen Lose-Blatt-System und nicht in Ordnern

> **Verwenden Sie für Ihre persönliche Wissenssammlung ausschließlich Hänge-mappen im Rollcontainer.**

 Und wie erkennen Sie den Inhalt der Mappen im Rollcontainer?

Sie beschriften jeden einzelnen Reiter mit einem Inhaltsstichwort, per Computer oder hand-schriftlich?

Dies bedeutet erheblichen Zeitaufwand:

- Das Handling des Titelschreibens auf kleiner Kartonfläche und des Hineinschie-bens in den Plastikreiter ist ein Geduldsspiel und zeitintensiv.

- Inhalte, die heute wichtig sind, verlieren morgen ihre Aktualität, so dass das Schildchen-Handling erneut notwendig wird.

- Eine Aktualisierung der Reihenfolge der Hängemappen ist nur mit dem Verschie-ben aller Plastikreiter möglich.

Vermeiden Sie diesen Zeitaufwand!

> **Standardisieren Sie Ihre Hängemappen-Ordnung und setzen statt Titelreitern Ziffern-Reiter ein.**

- Stecken Sie in versetzter Reihenfolge fertige Ziffernreiter in derselben Farbe wie die Hängesammler auf, z.B. 1-20 (4 Reihen mit 5 Reitern).

- Legen Sie in Ihrem Excel-System eine Datei „Inhalt 20" an mit einem passenden Titel und in der ausgesuchten Farbe (sh. Muster).

- Hinter die Ziffern schreiben Sie per Computer oder auch im Ausdruck handschriftlich mit Bleistift oder Kugelschreiber den Inhalt der jeweiligen Mappe.

- Das Inhaltsverzeichnis legen Sie im Rollcontainer oben in das leere Ausziehfach für Schreibutensilien.

Bei Änderungen des Container-Inhalts passen Sie *nur das Inhaltsverzeichnis an.*

Das ist sehr schnell durchgeführt und erspart das aufwändige Neuanlegen des Titels und Auswechseln des Reiters auf dem Hängesammler.

Beispiele für Ihre persönliche Wissenssammlung auf der nächsten Seite:

Wissensmanagement

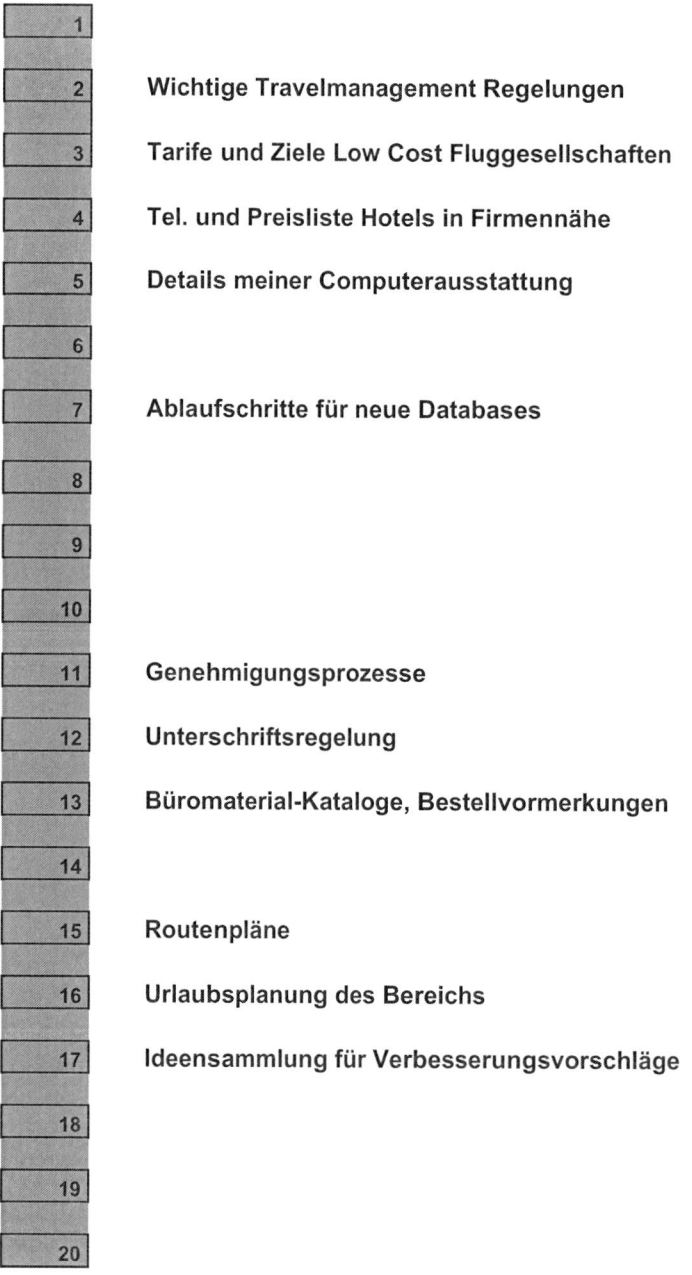

1	
2	Wichtige Travelmanagement Regelungen
3	Tarife und Ziele Low Cost Fluggesellschaften
4	Tel. und Preisliste Hotels in Firmennähe
5	Details meiner Computerausstattung
6	
7	Ablaufschritte für neue Databases
8	
9	
10	
11	Genehmigungsprozesse
12	Unterschriftsregelung
13	Büromaterial-Kataloge, Bestellvormerkungen
14	
15	Routenpläne
16	Urlaubsplanung des Bereichs
17	Ideensammlung für Verbesserungsvorschläge
18	
19	
20	

Formular 2 (Download auf der Website des Verlags: www.edumedia.de/bueroorganisation)

1.2.3 Aktuelle Projekte

In Ihrer Gesellschaft, in Ihrem Bereich, in der eventuell internationalen Zuständigkeit Ihres Chefs entstehen täglich neue Aufgabenstellungen, die in einem definierten Zeitraum abgeschlossen sein werden.

Ihr Chef erhält zu mehreren Projekten von unterschiedlichen Stellen Informationen in Form von Tabellen, Diagrammen und Berichten. Unterlagen zur weiteren Bearbeitung durch ihn oder zur Besprechung in Follow-up-Meetings. Einige Dokumente werden per E-Mail, einige auch nicht-elektronisch versandt.

 Bei all diesen Projekten beginnt Ihr Chef persönlich in seinem Büro „Stoff zu sammeln"? Berge von Unterlagen stauen sich auf seinem Schreibtisch und werden plötzlich, kurz vor Meetings, gebraucht und hektisch gesucht?

Sie selbst beginnen Kopien zu erstellen und diese ebenfalls zu sammeln?

 Vermeiden Sie eine doppelte Datensammlung für laufende Projekte!

> **Für die nicht papierlose Projektverwaltung verwenden Sie Hängemappen im Rollcontainer, der für Sie und Ihren Chef leicht zugänglich ist.**

Handschriftliche Notizen oder Projektunterlagen, die unbedingt in ausgedruckter Form vorliegen sollten und damit eine Projektmappe erforderlich machen, (siehe Beschreibung der rationellen Projektverwaltung, Seite 93) legen Sie zur befristeten Aufbewahrung und schnellen Griffbereitschaft für Projektmeetings in Hängemappen.

> **Standardisieren Sie Ihre Hängemappen-Ordnung und setzen statt Titelreitern Ziffern-Reiter ein.**

- Stecken Sie in versetzter Reihenfolge fertige Ziffernreiter in derselben Farbe wie die Hängesammler auf z.B. 1-20 (4 Reihen mit 5 Reitern).

- Legen Sie in Ihrem Excel-System eine Datei „Inhalt 20" an mit einem passenden Titel und in der ausgesuchten Farbe (sh. Muster)

- Hinter die Ziffern schreiben Sie per Computer oder auch im Ausdruck handschriftlich mit Bleistift oder Kugelschreiber den Inhalt der jeweiligen Mappe.

- Das Inhaltsverzeichnis legen Sie im Rollcontainer oben in das leere Ausziehfach für Schreibutensilien.

Legen Sie aktuelle Projektunterlagen grundsätzlich nicht in die Wiedervorlage zum nächsten Besprechungstermin, sondern immer in die Projektakte. Dort können Sie und Ihr Chef am schnellsten den aktuellen Stand einsehen.

Zum nächsten Meeting geben Sie ihm die komplette Akte mit und schreiben sich den Projekttitel auf die **Communicate**-Mappe „Projektakte zurückgegeben?"

Stellen Sie den Rollcontainer so auf, dass sowohl Ihr Chef als auch Sie jederzeit Zugang haben und schlagen Ihrem Chef vor, seine Basisunterlagen für die befristete Laufzeit des Projekts ebenfalls dort zu archivieren.

Legen Sie diesen Rationalisierungsvorschlag in Ihre **Communicate**-Mappe und sprechen die Details mit Ihrem Chef durch.

Beispiele für die Projektsammlung auf der nächsten Seite:

Aktuelle Projekte

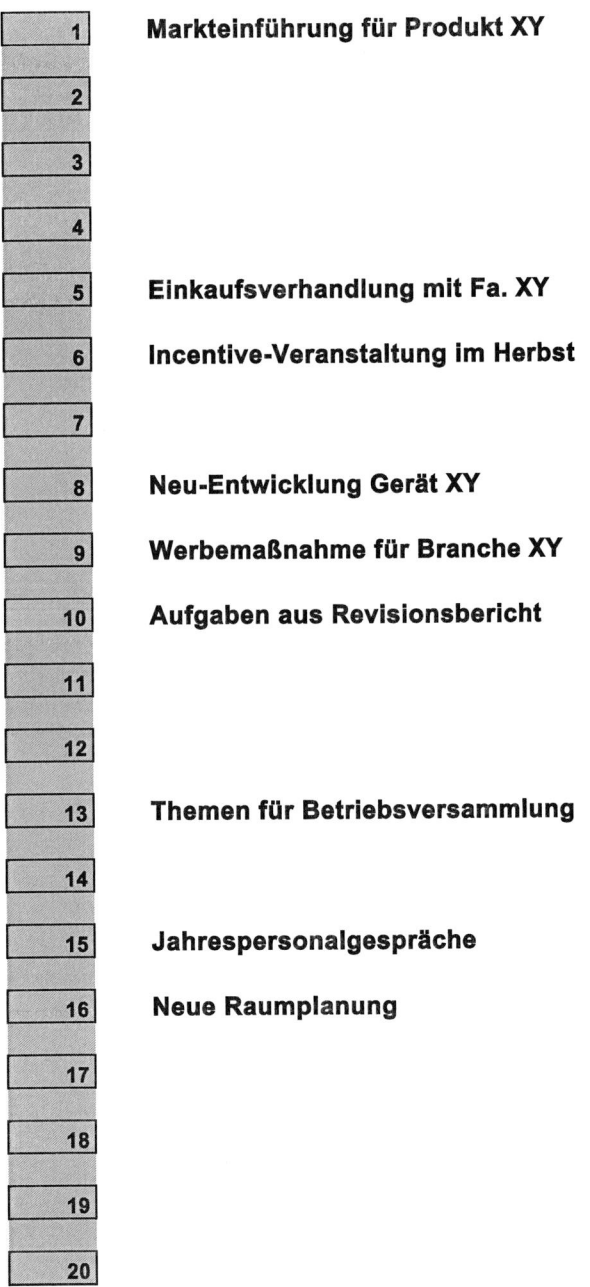

1	Markteinführung für Produkt XY
2	
3	
4	
5	Einkaufsverhandlung mit Fa. XY
6	Incentive-Veranstaltung im Herbst
7	
8	Neu-Entwicklung Gerät XY
9	Werbemaßnahme für Branche XY
10	Aufgaben aus Revisionsbericht
11	
12	
13	Themen für Betriebsversammlung
14	
15	Jahrespersonalgespräche
16	Neue Raumplanung
17	
18	
19	
20	

Formular 3 (Download auf der Website des Verlags: www.edumedia.de/bueroorganisation)

1.3 Neue Technik und Gesundheitsaspekte bei der Printausstattung

In Ihrer Schaltzentrale werden schnelle Reaktionen, Konzentration und Fitness erwartet. Als Gegenspieler kann sich Ihre ältere Druckerausstattung herausstellen, wenn z.B. permanente Brummgeräusche über einen längeren Zeitraum nicht nur unmerklich Ihre Konzentration empfindlich stören, sondern auch zu späteren Gesundheitsproblemen führen.

Nicht zu unterschätzen ist ein weiterer Störfaktor in Sachen Gesundheit, nämlich eine mögliche Gefahr der Raumluftbelastung. Lassen Sie daher die Luftfilter Ihres Druckers regelmäßig auf Funktionalität prüfen. Dies ist besonders wichtig, wenn Ihr Printer in einem nicht allzu großen Sekretariatsbüro aufgestellt ist.

Achten Sie generell darauf, dass Ihr Drucker

- mit einem gut funktionierenden Luftfilter ausgestattet ist,

- in genügend weitem Abstand zu Ihrem Schreibtisch und PC-Arbeitsplatz aufgestellt ist,

- geräuscharm ist.

Gehen Sie bei diesen Grundforderungen keine Kompromisse ein!

- Tauschen Sie, wenn eine Luftfilterinstallation fehlt oder der Drucker aus Verschleißgründen geräuschvoller arbeitet als bisher, Ihr altes Gerät gegen die neue Technik aus!

- Stellen Sie einen zu nah an Ihrem Schreibtisch platzierten Drucker unbedingt an einem entfernteren Platz auf.

- Bei der Neuanschaffung achten Sie darauf, dass der Drucker kein Ozon produziert.

- Suchen Sie ein staub-unempfindliches helles Gerät aus mit einer Bedienmöglichkeit von vorne, um den Wechsel von Trommel und Tonermaterial zu vereinfachen.

- Egal, ob geleast oder gekauft, achten Sie bei der Neuanschaffung auf die Herstellerangaben zu Druckgeschwindigkeit, Verbrauchswerten (Toner und Trommel) und Wartungserfordernissen.

1.3.1 Setzen Sie in Ihrem Büro ein All-in-one-Gerät ein

Mit einem technisch ausgefeilten All-in-one-Gerät drucken, faxen, kopieren und scannen Sie, ohne zusätzliche Wege zu anderen Geräten gehen zu müssen.

Dabei lässt sich mit der Stopp-Taste jeder einzelne Anwendungsauftrag (z.B. ein nicht-enden-wollendes Fax) sofort unterbrechen, wenn eine andere Anwendung (z.B. ein eiliger Tabellen-Ausdruck) im Moment Vorrang haben soll. Sobald der Druckauftrag für Ihre Tabellendatei abgeschlossen ist, wird der unterbrochene Fax-Eingang automatisch fortgesetzt.

1.4 Die ergonomischen Empfehlungen für das Büro

Am Arbeitsplatz verbringen wir durchschnittlich mehr Zeit als im privaten Bereich. Wir sitzen bewegungsarm und hochkonzentriert mit dem Druck eines großen Arbeitspensums Stunde um Stunde an unserem Schreibtisch und vor dem Bildschirm.

Vorzeitigen Verschleiß an Ihrer Wirbelsäule und an Ihren Gelenken gilt es zu vermeiden!

Bei der Gestaltung Ihres Büros sollten Sie daher konsequent die wesentlichen ergonomischen Erkenntnisse umsetzen und mehr Bewusstsein für die korrekte und dabei entspannte Sitzhaltung entwickeln.

Die wesentlichen ergonomischen Eckpunkte auf einen Blick:

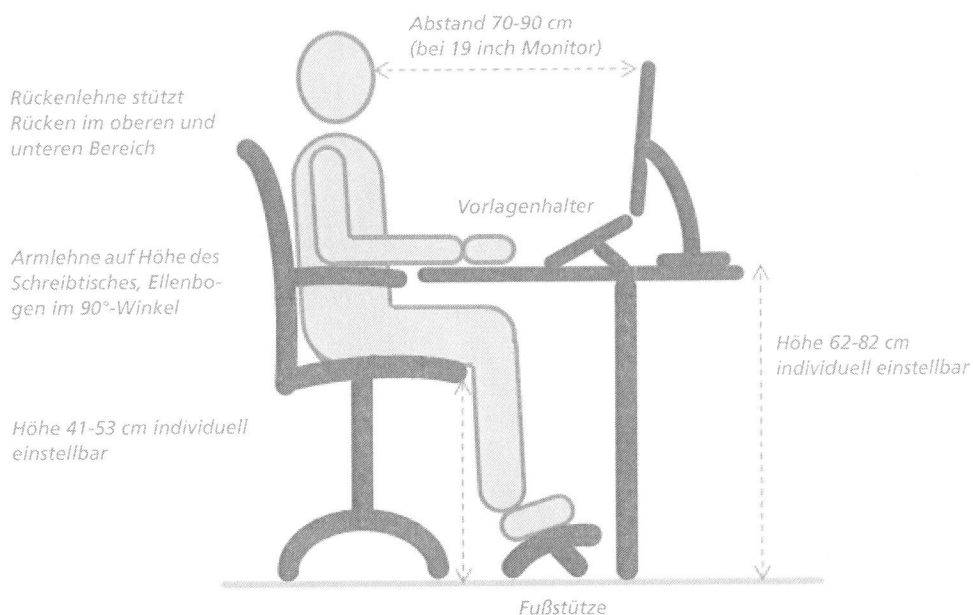

Neben der ungünstigen bewegungseingeschränkten bis bewegungsarmen Sitzhaltung ist auch eine unpassende Schreibtisch- und PC-Tischhöhe Ursache für Ermüdung und Beschwerden des Stütz- und Bewegungsapparates.

Arbeitsmediziner raten, mit ein paar Handgriffen an Stuhl, Schreibtisch oder Monitor die Ursachen für Beschwerden an Schultern und Rücken, die durch die falsche Höheneinstellung verursacht werden, zu beseitigen.

Nehmen Sie sich ein paar Minuten Zeit und testen Sie Ihre bisherigen Werte:

> Setzen Sie sich auf Ihren Schreibtischstuhl und legen entspannt, mit locker herabhängenden Schultern, Ihre Unterarme auf Stuhllehne oder Schreibtisch.
>
> ▓ Liegen die Unterarme waagrecht, im rechten Winkel, zur Tastatur?
>
> ▓ Ist die Sitzfläche in etwa so hoch wie Ihre Knie?
>
> ▓ Können Sie Ihre Füße entspannt auf den Boden stellen?

Wenn sich im Laufe der Zeit Abweichungen zu den medizinischen Standards eingeschlichen haben, passen Sie die die Höhe der Sitzfläche oder des Schreibtisches unbedingt an!

1.4.1   Arbeiten Sie mit flexibler Schreibtischhöhe

Sagen Sie der phantasielosen Sitzposition an Ihrem Schreibtisch Adieu und bringen Sie dosierte Bewegung in Ihren Tagesablauf.

> Arbeiten Sie am Schreibtisch mit **Steh-Sitz-Dynamik**, dem gesunden, häufigen Wechsel zwischen Sitzen, Stehen und Bewegen.

Verstellen Sie dazu Ihren Schreibtisch flexibel in der Höhe, so dass Sie nicht nur im Sitzen, sondern auch im Stehen arbeiten können.

Steh-Sitz-Schreibtisch Serie 6500 EM von ROHDE & GRAHL, ROHDE & GRAHL GmbH, Steyerberg

Falls Sie zum Telefonieren kein Head Set verwenden (siehe Seite 120), nehmen Sie Ihre Anrufe doch einfach im Stehen an. Entfernen Sie Ihren Telefonapparat von Ihrem Schreibtisch und platzieren ihn auf einem Stehpult. Probieren Sie es aus.

Neben dem eigentlichen Effekt der gesunden Bewegung, verbessert sich durch die aufrechte Haltung beim Sprechen ganz automatisch Ihre Telefonstimme und Sie vermitteln Ihrem Gesprächspartner eine höhere emotionale Gesprächsbeteiligung. (Siehe dazu auch Seite 126.)

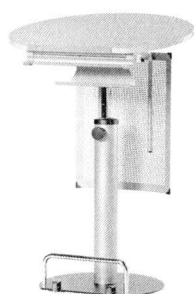

Stehpult mit Ablage von KETTLER, HEINZ KETTLER GmbH & Co. KG, Ense-Parsit

1.4.2 Finden Sie Ihren passenden Schreibtischstuhl

Die lang anhaltende starre Haltung gerade vor dem Monitor verursacht auf der einen Seite Muskelüberlastungen und -verhärtungen und auf der anderen Seite Muskelunterforderungen und bereitet dadurch den Nährboden für Störungen am gesamten Bewegungsapparat.

> **Legen Sie großen Wert darauf, dass Ihr Bürostuhl Bewegungen nicht nur zulässt, sondern auch fördert.**

Nach den heutigen Erkenntnissen sollten Rückenlehne, Sitzfläche und Flexibilität des ergonomisch geeigneten Sitzmöbels die folgenden Standards aufzeigen:

- Eine permanent neigbare Rückenlehne, die mindestens bis unter die Schulterblätter reicht,

- eine Rückenlehne, deren Bewegungswiderstand sich individuell auf das jeweilige Körpergewicht einstellen lässt,

- eine Rückenlehne mit integrierter Stütze für den Lendenwirbelbereich, um die Wirbelsäule in ihrer natürlichen Form zu unterstützen (Lendenbausch),

- eine anatomisch geformte neigbare Sitzfläche, die auf jeden Haltungswechsel reagiert, also z.B. beim Zurücklehnen leicht nach oben kippt,

- eine Synchronmechanik, die in jeder Sitzposition Rückenlehne und Sitzfläche in einem idealen Winkel hält,

- eine Sitzfederung, die beim Hinsetzen die Wirbelsäule abfedert.

Dass Schreibtischstühle mit fünf gleichartigen Gleitern bzw. gebremsten Rollen ausgestattet sein müssen und von 42 bis 53 cm höhenverstellbar sein sollten, ist bekannter Standard.

- Die Rückenlehne sollte so verstellbar sein, dass Sie weder nach vorn gedrückt werden noch das Gefühl haben, nach hinten zu fallen.

- Die Lendenwölbung der Rückenlehne befindet sich etwa auf Gürtelhöhe.

- Die ideale Armauflagenhöhe am Schreibtischstuhl entspricht der Ellbogenhöhe über der Sitzfläche. Beachten Sie, dass die Ellbogen bei hängenden Schultern locker aufliegen und kein Rundrücken gebildet wird. Die ergonomisch geformten Armauflagen sollten sich flexibel in der Höhe einstellen lassen und seitlich schwenkbar sein, um Verspannungen des Schulter- und Nackenbereichs sowie der Halswirbelsäule zu verhindern.

1.4.3   Die optimale Ausstattung Ihres PC-Arbeitsplatzes

Stellen Sie die allerhöchsten Ansprüche an die ergonomische Eignung Ihrer permanent eingesetzten Grundausstattung in der Kommunikation via PC. Bildschirm, Tastatur, Computermaus und Konzepthalter sollten nach dem aktuellen technischen Stand platziert und ausgestattet sein.

Standort, Licht, Abstand, Höhe und Neigung des Monitors

Stellen Sie Ihren Monitor so auf, dass keine Spiegelungen entstehen und Helligkeitsunterschiede bei Ihrem Blick auf den Bildschirm (heller Bildschirm und greller Hintergrund) ausgeschlossen sind.

Lampen und Fenster, die sich auf dem Monitor spiegeln, verlangen von Ihren Augen Hochleistungsarbeit. Einfache Rasterleuchten, nackte Glühlampen und Fluoreszenzlampen, Kunststoff- und Milchglas-Leuchten sind wegen der hohen Helligkeit und der gegebenen Reflexionen ungeeignet.

Platzieren Sie Ihren Monitor nicht mit Blickrichtung zum Fenster, da Sie bei Ihrer Bildschirmarbeit gleichzeitig die hohe Helligkeit von draußen oder von sonnenbeschienenen Außenwänden wahrnehmen müssen und für Ihre Augen eine ungünstige Blendung entsteht.

Stellen Sie Ihren Monitor **zwischen** zwei Decken-Leuchtbänder und **parallel zum Fenster** auf.

Welche Kopfhaltung nehmen Sie vor Ihrem Bildschirm ein?

Recken Sie Sie Ihren Kopf eventuell zu sehr in die Höhe?

Halten Sie ihn nach vorn gestreckt?

Bei diesen Körperhaltungen wird Ihre Halswirbelsäule Tag für Tag in eine unnatürliche Haltung gezwungen, die Muskeln verspannen sich und verursachen schließlich „unerklärliche Kopfschmerzattacken".

Der korrekte Abstand und die richtige Höhe sowie Neigung des Bildschirms lässt sich leicht einstellen und verhindert Fehlhaltungen und chronische gesundheitliche Beeinträchtigungen. Prüfen und korrigieren Sie diese wichtigen Einstellungskriterien Ihres Monitors nach den ergonomischen Empfehlungen:

 Stellen Sie Ihren Bildschirm optimal ein!

- Ihr Kopf sollte **leicht nach unten geneigt** sein, wenn Sie auf die Bildschirmmitte blicken.
- **Höhe:** Der obere Rand des Monitors liegt leicht unter Augenhöhe.
- **Ausrichtung:** Der Bildschirm steht senkrecht, allenfalls leicht nach vorn geneigt.
- **Abstand:** Die optimale Sehdistanz beträgt 60 cm (Zeichengröße dann mind. 3 mm).

Experten-Tipp

Lassen Sie von Ihrem Betriebsarzt oder Augenarzt prüfen, ob Sie eine so genannte **Bildschirmbrille** benötigen.

Jeder Betrieb ist nach dem Arbeitssicherheitsgesetz (ASIG) verpflichtet, im Abstand von drei Jahren das Sehvermögen der Mitarbeiter zu untersuchen und sich bei einem „ausgewiesenen Bildschirmarbeitsplatz" an den Kosten einer erforderlichen Bildschirmbrille zu beteiligen.

Keine falsche Armhaltung vor der Tastatur

Die Unterarme sollen entspannt, ohne hochgezogene Schultern, in einem Winkel von 90 Grad aufliegen. Die Hände bilden mit den Unterarmen eine gerade waagerechte Linie. Vermeiden Sie beim Schreiben ein Abwinkeln der Hände gegenüber den Unterarmen. Zwischen Tastatur und Tischrand soll ein Freiraum gelassen werden, auf dem die Handballen bei Schreibpausen abgestützt werden.

> Richten Sie Tisch- und Stuhlhöhe so ein, dass die Unterarme beim Tippen waagrecht oder leicht aufwärts gerichtet sind.

Seitlich aufklappbare Tastaturen (Winkeltastaturen) machen das übliche seitliche Abwinkeln der Hände überflüssig.

Die sogenannte Winkel-Tastatur, die das Tastenfeld nicht nur in einen Block für die linke und einen für die rechte Hand teilt, sondern auch eine dachförmige Anordnung ermöglicht, kann zur Vermeidung unnatürlicher Handhaltungen, Zwangshaltungen und den damit eventuell verbundenen Beanspruchungsfolgen beitragen.

Im Übrigen ist für den notwenigen Blick zur Tastatur, z.B. zum Antippen der F- oder Zahlentasten oder zur Aktivierung einiger Tastenkombinationen, für Ihre Augen eine helle Tastatur mit dunklen Ziffern besser geeignet als die modische dunkle Tastatur mit ihren hellen Zeichen.

Verwenden Sie passende Computermaus und neueste Gelauflage

Nach derzeitigem Erkenntnisstand können Gelenke, Sehnen und Muskeln durch schnelle, kurze und täglich vielfach wiederholte Bewegungen so geschädigt werden, dass sie sich in der arbeitsfreien Zeit und über Nacht nur unzureichend regenerieren können. Das ständige Klicken der Maus führt zu allerkleinsten Verletzungen im Gewebe. Es entstehen Narben und damit Schäden am Bewegungsapparat von Hand, Arm, Schultern und Nacken.

Der Mausarm (RSI) wurde und wird sehr intensiv von Ärzten und den Medien behandelt und stellt eine äußerst ernstzunehmende Krankheit dar, die hauptsächlich durch Computernutzung hervorgerufen wird. So ist RSI schon heute in den USA und Canada die Volkskrankheit Nummer 1. Der Prävention kommt eine enorme Bedeutung zu, weil RSI in der Tat nur schwer geheilt werden kann.

Hätten Sie's gewusst: Nicht zu unterschätzen ist der Faktor „Spaß an der Arbeit". Das haben Untersuchungen an der Universität von Surrey gezeigt, die die Europäische Union in Auftrag gegeben hat: Computerspieler sind trotz stundenlanger exzessiver Bedienung von Keyboard, Joystick oder Maus weniger RSI-gefährdet als Menschen, die beruflich und freudlos den ganzen Tag am Rechner arbeiten müssen.

> Die ideale Größe und Form der konventionellen Computer-Maus entspricht der individuellen Anatomie Ihrer Hand.

Für die zierliche Hand ist daher eine kleinere Maus (wie z.B. die „Reisemaus" bei Laptops) empfehlenswert, um Verkrampfungen durch eine zu große Wölbung der Hand zu verhindern.

> Drücken Sie die Maustasten nahe am Maus-Rand. Sie benötigen weniger Kraft durch die Hebelwirkung.

Die Benutzung und die Präferenz einer Gel-Auflage zur Schonung des Handgelenks richtet sich nach dem persönlichem Empfinden. Wichtig ist, dass der 90 Grad-Winkel Ihrer Armauflage und die waagerechte Haltung der Hände von der höheren Gelauflage nicht ungünstig verändert werden.

Innovation „RollerMouse"

Das Nonplusultra für die Schonung der Handgelenke und insbesondere des strapazierten Ellbogens ist eine neu entwickelte Leiste mit integrierten Maus-Bedienelementen, die man vor der Tastatur einschiebt. Der Clou daran ist eine Art schmale Gardinenstange (statt runder Maus) in der Mitte der Leiste, mit der Sie über das Bildschirmfeld navigieren und gleichzeitig Ihre Klicks setzen können. Dieses Zauberteil kann mit dem Zeige- Mittel-, Ringfinger sowohl der rechten als auch der linken Hand seitlich verschoben und gedrückt werden. Beide Hände liegen für Ihre Computer-Arbeit parallel vor der Tastatur auf dem Schaumstoffpolster. Die seitliche, ausgestreckte Haltung Ihres „Arbeitsarmes" und der Dauereinsatz Ihres rechten Zeigefingers haben ausgedient.

Angeschlossen wird die Maus-Bedienleiste super einfach am Key Board oder an Ihrer Dokking-Station oder Rechner mit USB-Stecker. Man wechselt quasi die angeschlossene Maus gegen die neue „Maus-Leiste" aus.

Achten Sie darauf dass Ihre Tastatur keine Verlängerung am vorderen Rand hat, damit Ihre Finger zum Schreiben direkt vor der Tastatur liegen und kein ungünstig verlängerter Weg entsteht!

Für unterwegs die scheckkarten-große Computermaus

Da small beautiful ist, wurde mittlerweile eine scheckkarten-große Computermaus entwikkelt. Die Swiss Bluetooth Maus der Firma Swiss Travel hat gerade das Format, um noch zur Handfläche zu passen, ist aber gleichzeitig flach genug für den Card-Steck-Platz am Laptop. Der Schacht dient als Ladestation, damit die Maus bis zu acht Stunden kabelfrei bedient werden kann. Eine hochklappbare Stütze bringt die Hand in eine angenehme Arbeitsposition.

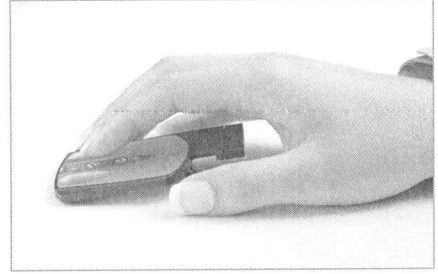

Mogo Bluetooth Mouse X54 von Swiss Travel Products, WorldConnect AG, Steinhausen

Der richtige Platz für den Konzepthalter

Wo platzieren Sie Ihre Konzepte für die Arbeit am Bildschirm?

 Legen Sie Ihre Schreibkonzepte auf den freien Platz neben Ihre Tastatur?

Bei der seitlichen Ablage neben der Tastatur wird Ihre Nackenmuskulatur in Kürze verkrampft sein, da Sie Ihren Kopf seitlich nach unten verdrehen müssen, um das Konzept zu lesen. Ebenfalls benachteiligt sind Ihre Augen, die von Zeile zu Zeile zwischen dem tiefliegenden Konzept und Bildschirm einen größeren Radius zu bewältigen haben.

 Wenn Sie persönlich die seitliche Konzeptablage präferieren...

> **Verwenden Sie einen Konzepthalter, der seitlich am Monitor befestigt ist.**

Bei der Positionierung der Vorlage auf Augenhöhe, bewegt sich Ihr Kopf seitlich auf gerade Linie, ohne Neigung und die Zeilen der Vorlage und des Bildschirms sind dichter beieinander.

Copy Flip von DATALINE, Esselte Leitz GmbH & Co KG, Stuttgart

 Der Königsweg allerdings ist nicht die seitliche, sondern die gerade Linie.

> Legen Sie Ihre Vorlagen in **gerader Linie** zwischen Tastatur und Bildschirm, zum Monitor ansteigend, auf einen Konzepthalter in Form einer **Buchstütze**.

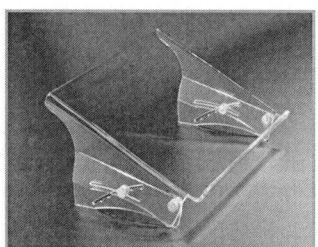

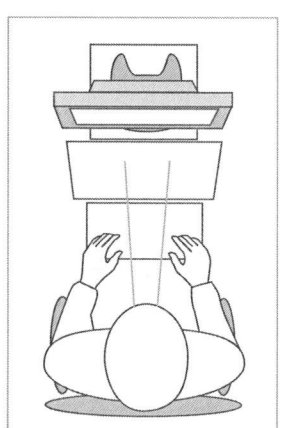

Q-doc-Dokumentenhalter von BakkerElkhuizen, Bakker&Elkhuizen International B.V., Almere

Ihren Kopf halten Sie gerade, ohne seitliche Verdrehung und Ihre Augen können bequem zwischen dem erhöht vor Ihnen liegenden Konzept und dem Monitor auf kurzer Bahn hin und her wandern.

Die seitliche Verdrehung des Kopfes und übermäßige Nackenbelastung entfallen!

Experten-Tipp

Wenn Sie nur sporadisch Konzepte via Bildschirm bearbeiten und die Auflagefläche des vor Ihnen liegenden Konzepthalters nicht permanent für Vorlagen benötigen, gibt es eine überaus originale Verwendung für den Konzepthalter:

Legen Sie Ihren **Schreibtisch-Kalender** darauf.

Sie haben freie Fläche auf Ihrem Schreibtisch gewonnen und können in bequemer Haltung Termineintragungen zwischen Ihrem PC-Kalender und Papier-Kalender vergleichen. Auch das Durchblättern und schnelle Terminfinden im Schreibtisch-Kalender gelingt in „erhobener Ablage" besser!

1.4.4 Kurzgymnastik zwischendurch

Wann immer es möglich ist, sollten Sie die Sitzposition verändern und zwischendurch aufstehen und sich bewegen. In Ihren Computerpausen, die eigentlich spätestens nach zwei Stunden angesagt wären, probieren Sie die drei einfachen, aber wirkungsvollen Übungen:

■ Die Arme über dem Kopf verschränken, den rechten Ellbogen in die linke Hand nehmen und den Ellbogen leicht zum anderen Arm ziehen. Einige Sekunden so verharren.

■ Einen Arm über den Kopf heben und mit der Hand das Ohr auf der anderen Seite des Kopfes fassen. Den Kopf seitlich zur Schulter ziehen. Zehn Sekunden verharren, dann wieder aufrichten. Mit dem anderen Arm wiederholen.

■ Die Hände in den Schoß legen und die Schultern nach hintern kreisen lassen. Dabei Kopf und Nacken gerade halten. Anschließend die Übung in der entgegengesetzten Richtung wiederholen.

Gegen die Beanspruchungen der „Maus-Hand" empfiehlt sich die folgende Übung zwischendurch:

■ Hände ausschütteln,

■ Finger mehrere Sekunden durch Spreizen anspannen und dann wieder lösen;

■ Faust ballen und wieder lockern.

Mit innovativer Software Dehnübungen vor dem Bildschirm

Eine geniale Lösung, während des Arbeitstages in regelmäßigen Abständen mit kleinen, aber wirkungsvollen Übungen etwas gegen Verspannungen zu unternehmen, ist die Nutzung des innovativen Software-Programms der Mannheimer Firma „Leben in Gesundheit".

Sie werden in von Ihnen gewünschten zeitlichen Abständen per E-Mail-Link an die Gymnastik erinnert. Per Video und Sprache werden Ihnen von sympathischen Trainern und Trainerinnen, realistisch vor dem Schreibtisch stehend oder auf dem Bürostuhl sitzend, einfache und absolut wirkungsvolle Dehnübungen gezeigt, die etwa 1 Minute dauern. Zwei Übungen sind pro Erinnerungsmail vorgesehen. Sie können sich jedoch ganz nach Ihrem Zeitbudget auch mehrere Übungen gönnen.

Einige vorbildliche Arbeitgeber ermöglichen Ihren Mitarbeitern bereits die gebührenpflichtige Nutzung dieser praktischen Lösung, am Arbeitsplatz fit zu bleiben. Wenn Sie noch nicht zu den Glücklichen gehören, sprechen Sie diese perfekte Idee, Ausfalltage durch Verspannungskrankheiten zu vermeiden, mit Ihrem Chef durch.

Die internetbasierte Software wird einfach im Internetbrowser geöffnet. Daher sind keine technischen Voraussetzungen oder Installationen notwendig:

Stellen Sie mit Ihrem Passwort einmalig Ihren persönlichen Erinnerungsmodus ein:

- Auf der Homepage des Anbieters **www.back2action.de** wählen Sie die Karteikarte „Einstellungen" und anschließend das Register „E-Mail-Erinnerungen konfigurieren".

- Markieren Sie Ihre gewünschten Erinnerungsuhrzeiten, die im Stundentakt angeboten werden, individuell für jeden Wochentag.

- Mit „Sichern" verlassen Sie die Konfiguration.

Starten Sie Ihre Arbeitsplatz-Gymnastik:

- Im täglichen Erinnerungs-E-Mail klicken Sie auf den Link „Login" und befinden sich sofort im Register „Funktionsüberblick" der back2action-Website.

- Je nach Wunsch und Befinden selektieren Sie aus dem Übungsprogramm „Frischmacher" oder „Ausgleicher" aus.

- Mit einem Klick auf den Pfeil des sich neu öffnenden Fensters beginnt die erste Video-Übung, die etwa 1 - 2 Minuten dauert. Möchten Sie diese Übung überspringen, wählen Sie einfach „Andere Übung".

- Nach Beendigung der ersten Übung setzen Sie die Gymnastik mit „Nächste Übung" fort und steigen wieder aus mit „Programm beenden".

2

Zeit- und Arbeitsmanagement

2.1 Souverän den Arbeitstag beginnen

 Sie greifen morgens zur ersten griffbereiten Unterlage und lesen sie durch?

Sie schalten manche Geräte ein, manche noch nicht?

Sie greifen als erstes zum Telefonhörer?

Sie schalten zuerst Ihren Rechner ein und lesen Ihre neuen E-Mails durch?

Psycho-Faktor:
Sie werden in kürzester Zeit das unruhige Gefühl haben, dass Sie alles angefangen und nichts erledigt haben.

 Ritualisieren Sie Ihren Arbeitsbeginn mit „STARTE".

Strom
PC und Drucker einschalten

Tagesverbrauch
Papier für Drucker und Fax nachlegen
Hefter und andere Geräte füllen

Aktuelles Datum
3-Monatskalender und Eingangsstempel aktualisieren

Rituale für das Wohlbefinden
Fenster ganz öffnen
Kaffee vom Automaten / Stilles Wasser einschenken
Blumen versorgen

Tagesüberblick
Telefon: Blinkt die „Anrufliste"?
Terminkalender: 1. Termin heute wann/wer
Fax-Gerät: Ist neue Post angekommen?
Wiedervorlagen entnehmen

Einloggen
Zum Schluss loggen Sie sich in Ihre Serververbindung ein

Erst nach dem **Einschalten, Versorgen und Überblicken** entscheiden Sie, mit welcher Aktivität Sie beginnen müssen.

Psycho-Faktor:
Sie haben das souveräne Gefühl, einen guten Überblick über das Tagesprogramm zu haben und wissen genau, dass Sie nun mit dem wirklich Wichtigen beginnen.

2.2 Lernen Sie Prioritäten richtig zu setzen

 Wählen Sie Menüvorschläge für die Mitarbeiter-Weihnachtsfeier aus,
weil es eine angenehme Beschäftigung ist?

Heften Sie einige dicke Unterlagen in Ordner,
weil Sie die lästige Ablage so schnell als möglich hinter sich bringen möchten?

Antworten Sie auf eine nicht eilige Mail sofort,
weil es schnell geht?

Wenn Sie sich mit schnellen, aber unwichtigen Dingen in der Hochleistungszeit des Vormittags beschäftigen, haben Sie und Ihre Firma wertvolle Zeit verschenkt, weil Sie für die kniffligen und wichtigen Aufgaben am Nachmittag in der Phase eines möglichen Leistungstiefs mehr Arbeitszeit aufwenden müssen.

Es hinterlässt im Übrigen keinen wirklich guten Eindruck, wenn Ihr Chef Sie um einen Zwischenbericht zu einem wichtigen Vorgang bittet und Sie mit tausend unwesentlichen Kleinigkeiten glänzen können, die Sie stattdessen „gemeistert" haben.

 Priorisieren Sie Ihre Aufgaben nicht nach persönlicher Neigung!

> **Die Aufgabe mit der größten negativen Auswirkung für die Firma bei einem Verschieben ist am wichtigsten und wird damit am eiligsten.**

- Erledigen Sie **Nicht-Wichtiges** (aber schnell zu Erledigendes) nicht in der Hochleistungsphase am Morgen.

- Aktivieren Sie Ihre Impulskontrolle (siehe Seite 276) und legen objektiv und klug fest, welche Aufgabe die 1. Priorität hat.

In aller Regel hat Wichtiges Vorrang vor Eiligem:

	Aufgabenart	Beispiel	Tageszeit
1. Priorität	Wichtige Aufgabe	Einbestellung der Betriebsvertretung zur Abstimmung einer geschäftspolitischen Maßnahme.	Vormittag
2. Priorität	Eilige Aufgabe	Einladung der Mitarbeiter für eine aktuelle Firmeninformation.	Vormittag
3. Priorität	Aufgabe mit späterer Terminstellung	Internet-Recherchen, Präsent für einen Geschäftspartner finden und vorschlagen	Nachmittag
letzte Priorität	Aufgaben, die leicht und schnell erledigt werden können	Büromaterial bestellen Ablagearbeiten	Später Nachmittag, kurz vor Feierabend

 Bei eiligen Zahlenpräsentation hat richtig Priorität vor schnell:

FALLBEISPIEL

Eine Kollegin musste in Abwesenheit ihres Chefs aus ihrem Bereich wichtige Unterlagen in kürzester Zeit zusammenstellen, die zu einem Benchmark mit einer anderen Einheit der Gesellschaft herangezogen werden sollten.

Sie recherchierte in größter Eile die Personalzahlen, Prozentsätze zu Umsatzanteilen und suchte in der Datenbank nach strategischen Plänen.
Alles wurde ohne grobe Prüfung auf Richtigkeit, aber „on time" per Mail abgesandt.

Das dazu einberufene Benchmark-Meeting musste allerdings bald unterbrochen werden, weil in der Eile die Umsatzanteile unvollständig abgeliefert wurden. Bei dieser Gelegenheit überprüfte der Gesellschaftsvertreter vorsichtshalber auch die Strategie und stellte fest, dass nicht die letztgültige Fassung mit wesentlich positiveren Zahlen, die noch im heutigen Mail-Schriftwechsel hing, vorgelegt wurde, sondern eine alte Version aus der Datenbank.

Die Kollegin hatte sich nur das Ziel gesetzt, die Daten **schnell** vor der eiligen Besprechung abzugeben. Bei Zahlen zu einem Benchmark (siehe Seite 268) sollten aber alle Alarmglocken läuten, da es hierbei um gravierende Veränderungen im Bereich gehen kann, wenn der Vergleich negativ verlaufen sollte.

Datenanalysen für laufende Verhandlungen geben Sie in 2 Schritten ab

1. Sofort die schnell verifizierbaren Daten

2. mit geringer Zeitverzögerung die wichtigen Geschäftsaussagen

Die Besprechung kann mit dem ersten Datenteil beginnen. Die Zahlenaussage mit großem Auswirkungspotenzial reichen Sie erst nach Ihrer 100%-igen Verifizierung den Sitzungsteilnehmern nach.

Psycho-Faktor:
Signalisieren Sie, dass Sie mitdenken und Verantwortung übernehmen und für Ihren Bereich souveräne Entscheidungen treffen können.

2.3 Qualifiziert organisieren: proaktiv und initiativ

Als wichtige Schaltstelle in einem Unternehmen haben Sie eine herausragende Funktion. Sie bereiten Entscheidungen mit weitreichenden Konsequenzen vor und arbeiten Seite an Seite mit einem Chef, der hochkarätige und schwierigste Aufgabenstellungen meistern muss.

Für Ihre zuverlässige und exzellente Organisation sollten Sie Ihren Tagesablauf nach wirkungsvollen Grundlagen schematisieren.

2.3.1 Denken Sie immer voraus

Lassen Sie sich Spielraum, flexibel auf kurzfristige Aktionen reagieren zu können, indem Sie strategisch Ihren Tagesablauf schematisieren und stabilisieren:

- Überblicken Sie schon morgens den Arbeitstag vollständig.

- Legen Sie im Kalender die komplette Woche auf.

- Schauen Sie sich auch die Wiedervorlage des Folgetags an.

- Verständigen Sie rechtzeitig vor Reiseantritt des Chefs seine wichtigen Mitarbeiter.

2.3.2 Arbeiten Sie zielführend und zeitsparend

Setzen Sie die geeigneten Schlüsselmethoden ein, um die verfügbare Zeit optimal zu nutzen und Reserve für kreative Pausen zu haben:

- Strukturieren Sie Aufgaben nach der Methode 4C.

- Befassen Sie sich mit einer aktuellen Aufgabe nur so lange, wie es vorangeht.

- Standardisieren Sie wiederkehrende Abläufe mit Checklisten.

- Arbeiten Sie diszipliniert und konzentriert.

2.4 Effizient Aufgaben managen mit der Methode 4C

Ungeachtet Ihres bereits bestehenden Aufgabenspektrums, werden Ihnen im Laufe des Tages von Ihrem Chef, Ihrem Bereich oder von externen Kontakten immer noch neue, meist eilige Themen zur raschen Erledigung übertragen.

In manchen Sekretariaten ist es nicht ungewöhnlich, dass fast im Viertelstundentakt neues Unterlagenmaterial auf den Schreibtisch flattert oder elektronisch über die Mailboxen (die eigene und die des Chefs) zugeht.

 Ihr Papierberg wächst und Ihr Überblick geht verloren.

Sie haben alle unterschiedlichen Vorgänge auf Ihrem Schreibtisch verteilt, in Aktendeckeln oder Klarsichthüllen? Sie stapeln diese übereinander? Neues kommt obenauf?

Sie bearbeiten den Vorgang, der gerade oben liegt? Oder - unter großem Zeitdruck - den, der schon überfällig ist?

Bei Anrufen zu den Vorgängen suchen Sie hektisch und mit Zeitaufwand die Akten in Ihrem Unterlagenberg und balancieren sie wieder dorthin zurück?

Allein für das hektische Suchen und das Handling geht ein unnötiges Maß an Energie und Zeit verloren!

Wichtiges liegt dann gerade im Unterlagenstapel ganz unten, bei einer telefonischen Rückfrage finden Sie die Papiere nicht sofort, der volle Schreibtisch verhindert konzentriertes Arbeiten und terminierte Aufgaben werden eventuell nicht rechtzeitig begonnen und zu spät erledigt.

Psycho-Faktor:
Die Gemütslage schwappt schnell über in nervöse Hektik und Gereiztheit.
Elan und Souveränität verabschieden sich.

 Beenden Sie diesen negativen Zustand mit der Erfolgsmethode 4C

Ihr Schreibtisch wird dadurch chaosfrei und ist nur die **Arbeitsplattform für Ihre aktuelle Aufgabe.**

2.4.1   Arbeitsweise mit der Methode 4C

Die Wirtschaftsunternehmen befinden sich in einer permanenten Anpassung an die immer rascher eintretenden technischen und ökonomischen Veränderungen und werden in Zukunft immer mehr Arbeit auf immer weniger Beschäftigte verteilen müssen.

Flexibilität und die richtige Arbeitsmethode sind in unserer hochinteressanten, aber auch hochveränderlichen Epoche überlebenswichtig.

> **Die strukturierte und standardisierte Arbeitsmethode ist der Schlüssel für die Bewältigung der Arbeitsmenge.**

Aufgaben werden in der Regel in maximal drei Phasen erledigt:

- selbst erledigen

- delegieren und kontrollieren

- dem Chef berichten

Und genauso lassen Sie jede einzelne Aufgabenakte nach Aktivitätsphase und -zuständigkeit durch Ihre 4C-Mappen touren:

Create = Ihre echten **Aufgaben**

Controll = **Delegierte** Aufgaben

Communicate = Ihre Rücksprache mit dem Chef

Für das Sekretariat wurde für den sehr umfangreichen Part der Terminabstimmungen ein Sonderzug angehängt:

Conferences = **Termin**vorbereitungen/-Abstimmungen

Gestalten Sie mit 4 verschiedenfarbigen (rot, grün, gelb, und blau) Mappen mit 12er-Einteilungen (Blitzspannern) Ihre persönlichen „4C-Tourenwagen":

Eckspanner für Format A4 von Esselte, Esselte Leitz GmbH & Co KG, Stuttgart

Für jede Ihrer 4C-Mappen benötigen Sie ein unkompliziertes und flexibles **Inhaltsverzeichnis**.

 Sie beschriften handschriftlich das Innen-Register mit Aufgabenstichworten?

Sie legen ein Inhaltsverzeichnis in die Mappe?

Beide Verfahren sind ungeeignet, weil bei neuen Projekten die Innen-Einteilung mit Radieren und Neubeschriften strapaziert wird und die Mappen schnell unbrauchbar werden. Bei einem innenliegenden Verzeichnis können Sie nicht schnell von außen sehen, was drinnen verborgen ist.

- Beschriften Sie das **Innen-Register** Ihrer Mappen mit den **Ziffern 1-12**. (Das gilt immer und muss nie verändert werden).

- Drucken Sie ein **Excel-Inhaltsverzeichnis** 1-12 mit dem Mappentitel als Überschrift aus (siehe Muster).

- Das Inhaltsverzeichnis **klemmen Sie auf die Mappe** und schreiben mit Bleistiftmine die jeweiligen Aufgabentitel. (Eine Reihenfolge nach Dringlichkeit muss nicht eingehalten werden; Sie schreiben auf, wie es zeitlich anfällt und radieren wieder aus.)

  Beachten Sie bitte: Das Inhaltsverzeichnis befindet sich **außen**, nicht innen. Es ist praktisch mit einem Clip auf die Mappe angeklemmt, flexibel zu beschriften und leicht gegen ein neues Verzeichnis austauschbar.

Nach dem Bereitlegen der vier Mappen und den noch leeren Inhaltsverzeichnissen kann es ruck-zuck losgehen:

Schicken Sie nun Ihre lose auf dem Schreibtisch verteilten Unterlagenstapel **nach Aktivitätsphasen** „on tour" in Ihre 4C-Mappen:

rote Mappe	Ihre echten Aufgaben	**C**reate
grüne Mappe	Ihre delegierte Aufgaben	**C**ontrol
gelbe Mappe	Ihre Rücksprache mit dem Chef	**C**ommunicate
blaue Mappe	Termine in Vorbereitung	**C**onferences

2.4.2   Effekt der Methode 4C

> Alle bisher offen und verstreut liegenden Unterlagen sind von Ihrer Schreibtischfläche entfernt und dennoch schneller griffbereit.

Keine zeitaufwändige, hektische Sucharbeit ist mehr nötig. Die Kunstgriffe, Papiere unter einem Stapel hervorzuziehen und dort zurückzubalancieren, entfallen ebenfalls.

> Sie sind sofort entlastet, sobald die Aufgabe Ihre **C**reate-Mappe verlässt.

Nicht Sie selbst sind permanent für die Erledigung einer Aufgabe zuständig, sondern entweder der Bereich, der Ihnen zuarbeitet oder auch Ihr Chef, der den nächsten Schritt zu entscheiden hat.

Die Aufgabenflut ist zunächst für Sie eingedämmt, denn in Ihrer Create-Mappe befinden sich nur Aufgaben, für die Sie konkret Schritte unternehmen müssen.

> Auf Ihrem Schreibtisch haben Sie genügend Platz für Ihre aktuelle Aufgabe.

Sie können hochkonzentriert die eigene, gerade aktuelle Erledigungsphase meistern.

Psycho-Faktor:
Ein heimliches Glücksgefühl wird Sie bei Ihrer Arbeit begleiten, weil Sie nie den Überblick verlieren und dabei angenehm konzentriert Ihren Aufgabenpart erledigen können.

2.4.3   4C-Phase: **C**reate / AUFGABEN

> Lassen Sie Unterlagen für eine neue Aufgabe, deren Erledigung heute nicht wichtig, eilig und terminlich fällig ist, **niemals auf dem Schreibtisch liegen!**
> (Gleich, ob diese in kurzer Zeit erledigt wäre oder größeren Zeitaufwand erfordert.)

Terminieren Sie neue Aufgaben immer auf den Zeitpunkt, zu dem Sie mit der fristgerechten Erledigung beginnen müssen.

Unterscheiden Sie **sofort** zwischen

wichtig	= **C**reate-Mappe
eilig	= **C**reate-Mappe
heute fällig	= **C**reate-Mappe
heute nicht wichtig/eilig leicht zu erledigen	= Wiedervorlage 1-2 Tage vor Fälligkeit
heute nicht wichtig/eilig aufwändig zu erledigen	= Wiedervorlage 3-4 Tage vor Fälligkeit

Ihre Aufgaben, die *heute*

▪ wichtig,

▪ eilig,

▪ terminlich fällig sind,

legen Sie in ein separates Register Ihrer **C**reate-Mappe und notieren den kurzen Aufgabentitel mit Bleistiftmine auf das außen angeklemmte Inhaltsverzeichnis.

Eine Reihenfolge nach Wichtigkeit ist nicht einzuhalten, da sich im Laufe des Tages die Dringlichkeiten oft ändern können und Sie alles neu sortieren müssten. Ganz eilige, wichtige Arbeiten können Sie mit einem Randstrich auf dem Inhaltsverzeichnis hervorheben.

▪ Legen Sie eine **Einzelaufgabe** aus Ihrer **C**reate-Mappe auf Ihren nun wunderbar freien Schreibtisch zur konzentrierten Bearbeitung.

▪ Ist Ihr Part erledigt, wird der Titel auf dem **C**reate-Inhaltsverzeichnis entfernt.
Die Unterlage wandert in die nächste Erledigungsstation, für die Sie zunächst nicht mehr zuständig sind.

CREATE

1

2

3

4

5

6

7

8

9

10

11

12

Formular 4 (Download auf der Website des Verlags: www.edumedia.de/bueroorganisation)

2.4.4 4C-Phase: Control / DELEGIERTES

Aufgaben werden aus verschiedenen Gründen von Ihrem Chef nicht immer konkret beschrieben oder mit festen Erledigungsterminen delegiert:

„Herr Maier wird ein Protokoll zum Sitzungsthema schreiben."

„Die IT-Abteilung wird den Workflow für Anträge überarbeiten."

Mitunter wird gerade dann ein Projekt vom verantwortlichen Mitarbeiter als weniger wichtig oder eventuell zu zeitintensiv eingeschätzt und als Erledigungsstrategie ein Verzögern oder Aussitzen eingesetzt.

Sie selbst sind zur Erledigung einer Aufgabe von der Zuarbeit Ihrer Kollegen abhängig und müssen auf die Erledigung warten.

 *Befristen Sie die Erledigung solcher Aufgaben auf maximal **zwei Wochen** und platzieren Sie die Unterlagen **nicht** in Ihre Wiedervorlage-Hängemappen.*

Alle delegierten Aufgaben Ihres Chefs

- ohne konkrete Erledigungsfristen,

- zu sensiblen Themen

sowie

- die von Ihnen **selbst delegierten** Teilaufgaben aus Ihrer **C**reate-Mappe

legen Sie in ein separates Register Ihrer **C**ontrol-Mappe und notieren den kurzen Aufgabentitel mit Bleistiftmine auf das außen angeklemmte Inhaltsverzeichnis.

Eine Reihenfolge nach Wichtigkeit ist nicht einzuhalten, da sich im Laufe des Tages die Dringlichkeiten oft ändern können und Sie alles neu sortieren müssten. Ganz eilige, wichtige Delegationen können Sie mit einem Randstrich auf dem Inhaltsverzeichnis hervorheben.

So behalten Sie die Erledigungen im Blick und die Unterlagen für Rückfragen jederzeit griffbereit, ohne sich einen Wiedervorlagetermin merken zu müssen.

Wurde die delegierte Aufgabe spätestens nach 14 Tagen erledigt, wird der Titel vom **C**ontrol-Inhaltsverzeichnis entfernt.

Die Unterlage wandert in die nächste oder in die Endphase.

CONTROL

1

2

3

4

5

6

7

8

9

10

11

12

2.4.5   4C-Phase: Communicate / BERICHT AN DEN CHEF

In Ihrer Kommunikationsschaltstelle erhalten Sie innerhalb kurzer Zeit neue Informationen und Fragestellungen, die Sie teilweise sofort oder nach weiterer Vorbereitung Ihrem Chef vorlegen sollten. Besonders bei seiner längeren Abwesenheit wird Ihr Informationsberg und der Klärungsbedarf enorm anwachsen.

Ihrem Informationsvolumen steht allerdings sein geringes Zeitbudget gegenüber. Diese Diskrepanz lässt sich mit einer standardisierten Routine meistern.

 Die Kommunikation mit Ihrem Chef muss exzellent vorbereitet und zu jedem Zeitpunkt möglich sein.

> **Alle Informationen, die Sie mit Ihrem Chef besprechen müssen**
>
> ▪ wichtige Anrufe (auf Ihrer Tagesnotiz)
>
> ▪ neue Termine
>
> ▪ dringende E-Mails (Ausdruck der ersten Seite)
>
> ▪ Vorbereitungen aus Ihrer **C**reate-Mappe
>
> legen Sie in ein separates Register Ihrer **C**ommunicate-Mappe und notieren den kurzen Aufgabentitel mit Bleistiftmine auf das außen angeklemmte Inhaltsverzeichnis.

Eine Reihenfolge nach Wichtigkeit ist nicht einzuhalten, da sich im Laufe des Tages die Dringlichkeiten oft ändern können und Sie alles neu sortieren müssten. Ganz eilige, wichtige Themen können Sie mit einem Randstrich auf dem Inhaltsverzeichnis hervorheben.

Tragen Sie im Terminkalender den erstmöglichen Termin für Ihre Rücksprache fest ein und sprechen die gut vorbereiteten Themen aus Ihrer **C**ommunicate-Mappe und Ihrer Tagesnotiz mit Ihrem Chef durch.

Themen, die eine schnelle Entscheidung Ihres Chefs erfordern, können Sie ihm jederzeit sofort oder in den Pausen zwischen zwei Besprechungen oder bei seinem Anruf während seiner Geschäftsreise mitteilen.

Je nach Entscheidung Ihres Chefs wird der Titel auf der **C**ommunicate-Mappe entfernt.

Die Unterlage wandert in die nächste oder in die Endphase.

COMMUNICATE 4C

Neue Termine:

	wann	Thema	wann	Thema
1				

2

3

4

5

6

7

8

9

10

11

12

Formular 6 (Download auf der Website des Verlags: www.edumedia.de/bueroorganisation)

2.4.6   4C-Phase: Conferences / TERMINVORBEREITUNGEN

Terminabstimmungen nehmen im Sekretariat in der Regel einen erheblichen Teil des Aufgabenkataloges ein.

- Sie selbst geben Terminalternativen für Meetings an und warten auf Zustimmungen,

- Besprechungen werden vorab nur mit der Kalenderwoche angekündigt,

- Das nächste Meetingdatum eines laufenden Projekts ist noch nicht genannt,

- zum nächsten Workshop sind zwar alle Details bekannt, aber Präsentationsfolien wurden noch erbeten, deren Erledigung Sie delegiert haben.

 In unserer Arbeitsmethode 4C wird daher für Ihr Sekretariat eine separate Warte-Mappe für Termine eingesetzt.

> **Alle Unterlagen zu**
>
> - angekündigten Terminen
> - Projektmeetings
>
> legen Sie in ein separates Register Ihrer Conferences-Mappe und notieren Meetingthema und -termin (evtl. auch den Ort) mit Bleistiftmine auf das außen angeklemmte Inhaltsverzeichnis.

Eine Reihenfolge nach Wichtigkeit ist nicht einzuhalten, da sich im Laufe des Tages die Dringlichkeiten oft ändern können und Sie alles neu sortieren müssten. Ganz eilige, wichtige Besprechungen können Sie mit einem Randstrich auf dem Inhaltsverzeichnis hervorheben.

So behalten Sie alle offenen Termine und Vorbereitungen im Blick und können bei Rückfragen Unterlagen jederzeit hervorzaubern, ohne sich einen Wiedervorlagetermin merken zu müssen.

Hat sich ein Termin konkretisiert und sind alle Vorbereitungen abgeschlossen, wird der Titel vom Conferences-Inhaltsverzeichnis entfernt.

Die Unterlage wandert endgültig in die Wiedervorlage zum Besprechungstermin.

CONFERENCES

Datum Ort

1

2

3

4

5

6

7

8

9

10

11

12

Formular 7 (Download auf der Website des Verlags: www.edumedia.de/bueroorganisation)

2.4.7 Konsequenz der Methode 4C im Sekretariat

Nach der Aufteilung Ihrer Arbeitsunterlagen in Aktivitätszuständigkeiten können Sie deutlich erkennen, dass auf Sie wesentlich weniger Aufgaben warten als Sie bisher glaubten.

Zahlreiche Teilaufgaben konnten Sie schon bisher delegieren, doch Sie ließen die Akte leider solange nicht los (und evtl. auf dem Schreibtisch liegen), bis die Zuarbeit bei Ihnen wieder eintraf. Für die Phase der Delegation wird jedoch weder Ihre Kreativität noch Ihre Erfahrung oder Ihr unermüdlicher Fleiß benötigt. Auch ein Misstrauen, ob auch wirklich alles fristgerecht erledigt wird, können Sie beiseite räumen. Ihre **C**ontrol-, **C**onferences- und **C**ommunicate-Mappen haben sämtliche begonnenen Projekte aufgenommen und Sie brauchen nur die Inhaltsverzeichnisse im Blick behalten.

Setzen Sie Ihre hervorragenden Eigenschaften dann wieder ein, wenn Sie Ihren Part beitragen müssen.

■ Sie meistern auf Ihrer nun leeren Schreibtischfläche voll konzentriert Ihre tatsächliche Aufgabe.

■ Kommen Zwischenfragen zu laufenden Projekten, ist es für Sie ein Kinderspiel, mit einem Blick auf Ihre Inhaltsverzeichnisse die Akte herauszuholen und einen kurzen Bericht zu geben.

Die zeitgerechte Zuarbeit oder Entscheidung Ihres Chefs behalten Sie sicher und stressfrei im Blick und können sie jederzeit kontrollieren oder anmahnen, ohne Ihren Schreibtisch durchwühlen zu müssen.

> Mit der Aufteilung aller Aufgaben in Zuständigkeitsphasen behalten Sie Ihren Überblick über sämtliche Aktivitäten, sind gedanklich entlastet, und können sich voll auf Ihre aktuelle Einzelaufgabe fokussieren und flexibel auf Neues reagieren.

Psycho-Faktor:
Gewinnen Sie mit der Methode 4C eine erhebliche Steigerung der Lebensqualität im Büro, nicht allein weil das Überlisten der täglichen Chaos-Attacke himmlische Freude bereitet und Stress minimiert, sondern wegen der Transparenz des Arbeitsablaufs, der Entlastung und des sichtbaren Arbeitserfolgs.

3

Ihr Organisationszentrum

Die deutsche Wirtschaft trägt kontinuierlich maßgeblich zum stärkeren Wachstum der Produktivität in der Euro-Zone bei. Nach einer Untersuchung der EU-Kommission erhöhte sich die Produktivität je Beschäftigtem im Euro-Land z.B. in 2006 um 1,4 % nach 1,0 % in 2005. Deutschland steuerte in 2006 2,7 % BIP bei.

In 2010 erhöhte sich, nach einer Analyse des Instituts für Wachstumsstudien, die durchschnittliche Produktivität aller EU-Mitgliedsstaaten um 1,8 %. Mit dem doppelten Wert, 3,6 %, steuerte Deutschland ein überdurchschnittliches Wachstumsplus bei. In Geld ausgedrückt, erwirtschafteten die 27 Länder der Europäischen Union in 2010 ein Gesamt-BIP von rund 12,3 Milliarden Euro und Deutschland steuerte ca. 2,5 Milliarden Euro bei.

Die erreichte kontinuierliche Produktivitätserhöhung ist jedoch auch unerlässlich und der zielführende Schlüssel, um im Wettbewerb gegen die Konkurrenz der Billiglohnländer erfolgreich zu sein. In wirtschaftlichen Krisenzeiten nimmt die Produktivitätssteigerung für Unternehmen gar eine elementare, überlebensnotwendige Bedeutung ein.

Geradezu als persönliche Herausforderung für Ihr klassisches Arbeitsgebiet liest sich unter dieser Prämisse das Ergebnis einer aktuellen Unternehmensberater-Studie, wonach immer noch rund ein Drittel der Arbeitszeit in deutschen Büros durch

- mangelhafte Planung

- fehlende Erfolgskontrolle

- ineffektive Kommunikation

verschwendet wird und für einen Gesamtschaden von 170 Milliarden Euro pro Jahr oder 32 Arbeitstagen pro Person und Jahr sorgt.

> Planungsfehlern sowie Koordinierungs- und Kommunikationsmängeln perfekt gegenzusteuern, ist Ihre wichtigste Aufgabe.

Mit Ihrer exzellenten Steuerung der täglichen Aktivitäten Ihres Chefs leisten Sie in Ihrem Bereich den wesentlichen Beitrag für kontinuierliche Produktivitätserhöhung und Verbesserung der Wettbewerbsfähigkeit in Ihrem Unternehmen!

War Ihnen diese enorme wirtschaftliche Bedeutung Ihres Arbeitsgebietes schon bewusst?

> Für Ihre verantwortungsvolle Arbeit, die im Führungsmanagement längst erkannt und angemessen honoriert wird, sollten Sie stets die **aktuellen und die besten Ressourcen** kennen und nutzen.

3.1 Termin-Management

Einen guten Teil Ihrer Arbeitszeit werden Sie der Termin-Organisation - der Besprechungsplanung in all ihren Facetten und der Unterlagen-Terminierung - widmen.

Gehen Sie stets strukturiert und rationell an diese Aufgabe heran. Setzen Sie für diese Thematik das aktuelle Know-How und den neuen Stand der Technik ein.

3.1.1 Terminplanung

Achten Sie bei der Terminplanung darauf, dass Sie neue Termine für Ihren Chef möglichst nicht nahtlos - ohne eine kleine Atempause - hintereinander legen! Versuchen Sie von der üblichen „Verplanung" geringfügig abzuweichen und schlagen bei Terminanfragen öfter mal einen 5 - 10 Minuten späteren Beginn vor.

Lassen Sie zwischen wichtigen Meetings eine Pause von 5-10 Minuten.

- Ihr Chef geht besser vorbereitet und konzentriert in die nächste Sitzung.

- Eilige Zwischenfragen aus Ihrer **Create**-Mappe lassen sich in dieser Kalenderlücke elegant einplanen.

- Wichtige Rückrufe können erledigt werden und bleiben nicht bis zum Ende aller Besprechungen auf Warteposten.

3.1.2 Kurznotiz im Schreibtischkalender

Den schnellsten Überblick über die Termineintragungen bietet der Schreibtischkalender. Auch zur Terminbesprechung und Neuterminierung zusammen mit Ihrem Chef, z.B. bei Ihrem Rücksprache-Termin, bietet der Papierkalender mehr Komfort.

 Tragen Sie jeden Termin in Ihrem Schreibtischkalender diszipliniert nur mit den folgenden wichtigen Merkmalen ein:

- Raum Nr.

- Einlader

- Thema

Für die Besprechungsdauer ziehen Sie eine Linie von der Beginn-Uhrzeit bis zur Ende-Uhrzeit.

Beispiel:

08:30	*Raum 32 H. Mayer*
09:00	*Budget*
09:30	
10:00	
10:30	*Raum „Milano" H.Schmitt,*
11:00	*Messevorbereit.*
12:00	

Der Name des **Einladers** ist wichtig, wenn Sie schnell etwas zu dieser Besprechung klären möchten.

3.1.3   Elektronische Terminverwaltung mit Ihrem Mailsystem

Dank der elektronischen Terminkalender, sei es Lotus Notes oder Outlook, können Terminabstimmungen mit einem weltweiten Teilnehmerkreis blitzschnell durchgeführt werden. Voraussetzung ist die Nutzung des gleichen Mail-Systems.

> Alle Empfehlungen für die elektronische Datenverwaltung (Terminierung, Mailing, Archivierung, Datenbanken) sind speziell für **Lotus-Notes-Nutzer** mit den genauen Ablaufschritten beschrieben in:
>
> **„LOTUS NOTES- und IT-Anwendung für Sekretariat, Assistenz und Management"**
> **Gabriele Ried-Hertlein**, EduMedia-Verlag, ISBN 978-3-86718-401-4

Freie Termine finden, einladen und Teilnahmestatus prüfen

Ihr Chef beauftragt Sie, ein kurzes Briefing für ein vertrauliches Projekt anzusetzen und eine geschlossene, persönliche Teilnahme der Projektverantwortlichen ist erforderlich?

Auch wenn Ihr Chef der „1. Mann im Haus" ist, werden nicht alle Mitarbeiter zu seinem Wunschtermin ihren Kalender frei räumen können: z.B. wegen eines Bilanzprüfungstermins mit dem Wirtschaftsprüfer, Besuch eines bedeutenden Kunden, Vorstellungstermins eines hoch geeigneten Bewerbers für eine wichtige Stellenausschreibung.

> Prüfen Sie vor Versand Ihrer Einladung die **Verfügbarkeit der Teilnehmer** mit der blitzschnellen Suchfunktion Ihres Mail-Systems **„FIND FREE TIME"**.

- Im Nu erhalten Sie per Diagramm die Teilnahmemöglichkeiten aller eingeladenen Personen. Sollte keine vollzählige Teilnahme möglich sein, schlägt Ihnen das System Alternativtermine vor. (Voraussetzung ist, dass alle Teilnehmer ihren elektronischen Kalender aktuell halten!)

- Ergänzen Sie anschließend die restlichen Daten, wie Besprechungsort und Agenda und ab geht die Post per kurzen Klick auf die Aktivierung des Sendemodus.

Experten-Tipp:

Ergänzen Sie die Einladungen, die Sie für Ihren Chef versenden, immer mit **Absendedatum und Ihrem Namen**:

sent 12.12.2010/Beate Meyer

Die beiden im elektronischen Kalendersystem leider nicht standardmäßig geforderten Angaben erhöhen sowohl für Versender als auch Empfänger die Transparenz.

Bei Erhalt einer „Invitation" (oder zu einem späteren Zeitpunkt als Korrektur der ursprünglichen Zusage) sendet der Eingeladene ein

„ACCEPT"	als Zustimmung
„TENTATIVELY ACCEPT"	bei nur zeitweiser Teilnahme
„DECLINE"	als Absage
„DELEGATE"	als Absage und Entsendung eines Ersatzteilnehmers
„PROPOSE NEW TIME"	als Absage und Vorschlag eines Alternativtermins

Zur perfekten Meetingorganisation sollten Sie den Teilnahmestatus rechtzeitig vor der Besprechung prüfen, um für evtl. Absagen Ersatzteilnehmer einzuladen oder möglicherweise eine Neuterminierung zu veranlassen. Daneben ist die genaue Teilnehmerzahl natürlich auch für Ihre Bewirtungsdisposition wichtig.

Prüfen Sie in Ihrem Mailsystem den aktuellen Stand der **Zu- oder Absagen** mit der Funktion „VIEW PARTICIPANT STATUS".

Die nicht so flinken Teilnehmer, die überhaupt noch nicht reagiert haben, können Sie gegebenenfalls auch telefonisch zu ihrer Teilnahme abfragen.

Wie Sie vorbereitete Einladungen „zwischenparken"

Ihre gerade verfasste Einladung mit zahlreichen Angaben kann in letzter Minute noch nicht abgesandt werden, weil noch ein wesentliches Detail zu klären wäre?

Vielleicht muss zu einem Agenda-Punkt noch ein Telefonat mit einem im Moment nicht erreichbaren Teilnehmer geführt werden oder Ihr Chef ruft Ihnen gerade zu, dass die geplante Besprechungsuhrzeit erst nach telefonischer Klärung nach der Mittagspause möglich ist.

 Sie senden die (unkomplette) Einladung trotzdem ab?

Sie löschen die vorbereitete Einladung wieder aus dem Kalender?

Wenn Sie die Einladung trotzdem absenden, werden Sie kurze Zeit später eine korrigierte Fassung hinterher senden. Alle Teilnehmer müssen wiederum ihre Zusagen oder Absagen eingeben und hatten dadurch zweimal das gleiche Handling! Auch Sie erhalten in Ihrer Mailbox von allen Teilnehmern ein zweites Mal Zu- oder Absagen.

Wenn Sie die Einladung kurzerhand wieder löschen, geht Ihnen Ihre komplette Dateneingabe verloren und bei der nochmaligen Verfassung hätten Sie den doppelten Zeitaufwand.

> Speichern Sie noch **unvollständige Einladungen** vorübergehend als „APPOINTMENT"

> ▓ Sie senden die Einladung noch nicht ab, sichern aber alle Eintragungen einschließlich Teilnehmernamen, obwohl diese dann nicht mehr sichtbar sind.
>
> ▓ Nach Komplettierung der Daten stellen Sie wieder auf „MEETING" um und können die endgültige „Invitation" auf den Weg bringen.

Vorsicht bei Meeting-Absagen mit einem „DECLINE"

Meetings, die zeitlich nicht passen, mit einem „DECLINE" zu beantworten, wäre eine naheliegende Reaktion.

Allerdings ist mit dieser Art Absage verbunden, dass Sie bei Terminverschiebungen zu diesem Meeting keine Information per „RESCHEDULED MEETING" mehr erhalten. Der Einlader hat Ihren Chef bei seiner Neuterminierung nach wie vor auf seiner Teilnehmerliste stehen, erhält von ihm aber automatisch wiederum eine Ablehnung.

Das Besondere daran ist, dass weder der Einlader noch der Eingeladene von alldem etwas wissen!

Beantworten Sie wichtige Einladungen niemals per „DECLINE", ohne „**KEEP ME INFORMED**" anzuhaken. Senden Sie alternativ den Vorschlag für einen Ihnen passenden Ersatztermin.

Frühzeitig Appointments eintragen

Oftmals werden Termine bereits während einer Besprechung abgestimmt und anschließend im Meetingprotokoll genannt, so dass eine nochmalige Einladung über das Mailingsystem entfallen kann.

Internationale Konzernmeetings werden bereits Monate im Voraus mitsamt Agenda und Bekanntgabe des Veranstaltungsortes per E-Mail angekündigt.

Die Daten Ihrer Flugbuchung bestätigt Ihr Reisebüro per E-Mail.

Schieben Sie **Mails mit Termindetails** von der Mail-Ansicht in den **Kalender-Modus** zum Meetingtag und kreieren eine „APPOINTMENT"-Eintragung

Allerdings sollten Sie streng beachten, dass Ihre Mail standardmäßig zum *heutigen* Kalenderdatum kopiert wird. In der Eile tragen Sie fleißig zu den kopierten Daten alle weiteren Details zum Meeting ein und speichern die Eintragung ab. Später wundern Sie sich über Ihre Neueintragung für den heutigen Tag, während Ihnen am eigentlichen Meetingtag gähnende Leere entgegenblinkt!

Experten-Tipp

Überschreiben Sie zuerst das automatisch gezeigte heutige Datum mit dem Meeting-Datum, bevor Sie Ihre Appointment-Eintragung mit weiteren Details, wie Besprechungsthema, Ort und Uhrzeit, ergänzen.

Wo finden Sie alle Einladungen mit Antworten auf einen Blick?

Einladungen, die mit „ACCEPT" oder „DECLINE" oder „PROPOSE NEW TIME" oder „TENTAVELY" beantwortet wurden, wandern automatisch in den Kalendermodus und verabschieden sich gleichzeitig aus der Mailbox.

Dieser sinnvolle Automatismus ist für die Zwei-Nutzer-Konstellation „Chef/Sekretärin" allerdings mit dem Nachteil verbunden, dass nur der aktiv gewordene User die Entscheidung zur Einladung kennt. Der passive Teil bleibt in der Mailbox-Ansicht im Dunkeln.

Beantwortet Ihr Chef eine Invitation mit seinem „ACCEPT", noch bevor Sie die Einladung in der Mailbox gesehen haben oder sich eine Hardcopy zur Seite gelegt haben, sind Sie nicht mehr über den Status informiert. Umgekehrt ist es natürlich genauso: Ihr Chef ist nicht eingeweiht, wenn Sie für ihn eine Einladung im Mail-System akzeptieren.

Sogar aus der Kalender-Ansicht machen sich Einladungen aus dem Staub: Sie haben bestimmt schon bemerkt, dass Einladung sich sofort aus dem Kalendermodus verabschieden, wenn Sie „PROPOSE NEW TIME" eingegeben haben. Den vorgeschlagenen neuen Zeitpunkt sollten Sie jedoch im Kalender vermerken.

Hat Ihr Chef ein „DELEGATE" zu einem Termin eingegeben, stehen Sie in der Kalenderansicht ebenfalls vor einem Rätsel, wo die ursprünglich akzeptierte Einladung geblieben ist.

Für die Suche nach bearbeiteten Invitations wechseln Sie im Kalendermodus von der Wochenanzeige in die „MEETING"-Ansicht.

In der „MEETING"-Ansicht erhalten Sie für jeden einzelnen Tag eine detaillierte Auflistung aller Invitations und aller Reaktionen zu Ihren abgeschickten Einladungen:

- Ob Einladungen bereits akzeptiert, abgelehnt oder noch gar nicht geöffnet wurden und daher noch rot markiert sind, ist kein Geheimnis mehr.

- Ob von Ihnen oder Ihrem Chef delegiert oder mit einem Alternativtermin beantwortet wurde, alles kann blitzartig nachgeschaut werden.

3.1.4 Professionelle Terminierung mit Ihren Geschäftspartnern

Termine mit einem Teilnehmerkreis außerhalb Ihrer Firma können nicht sofort fixiert werden. Hier muss eine Abfrage mit den Beteiligten per Telefon oder per E-Mail gestartet werden.

 Sie nennen einen Termin, der im Kalender Ihres Chefs am besten passt?

Sie bieten sogar 2 Terminmöglichkeiten an?

Bei nicht passenden Terminen fangen Sie noch ein paar Mal von vorne an?

 Vermeiden Sie den Fehler, Ihren wichtigen Geschäftspartnern nur eine einzige Terminalternative anzubieten!

> Kreieren Sie eine schnelle Excel-Tabelle mit den Teilnehmernamen und **drei Terminvorschlägen.**

- ▪ Telefonieren Sie mit den Sekretariaten und tragen die Antworten ein

- ▪ oder senden den Teilnehmern die Tabelle per E-Mail mit kurzer Rückgabefrist. Bitten Sie höflich, alle vorgeschlagenen Termine, nicht nur einen bevorzugten, mit ja oder nein zu beantworten.

Bei den durchweg sehr beschäftigten Besprechungsteilnehmern, sei es aus Ihrem Kunden- oder Lieferantenkreis, aus Ihrer beratenden Anwaltskanzlei, Ihrer Hausbank oder Ihr möglicher Kooperationspartner, können Sie nicht erwarten, dass der erste Terminvorschlag gleich der Passende ist. Darüber hinaus gebietet es die Höflichkeit, mehrere Alternativen zur Auswahl zu offerieren.

Halten Sie die Terminalternativen bis zur Entscheidung sowohl im elektronischen als auch im Schreibtischkalender mit Fragezeichen vor.

Für die Zeit der schriftlichen Abstimmung legen Sie die Terminabstimmungstabelle in ein Register Ihrer **C**onferences-Mappe.

3.1.5   Die schnelle webbasierte Terminfindung via Doodle

Wer kennt nicht den Zeit- und Energieaufwand, einen passenden Termin mit einem großen Teilnehmerkreis, der nicht mit Ihrem lokalen Firmenserver verbunden ist, zu finden. Mails und Tabellen werden verschickt, Antworten müssen angemahnt werden und nach Ihrer Einladung erhalten Sie mitunter trotzdem nochmals Absagen.

 Gestalten Sie Terminumfragen sowohl für sich als auch für die Teilnehmer einfach, transparent und absolut zeitsparend.

> Besuchen Sie den webbasierten Terminfindungs-Service
> **www.doodle.com**

- Selektieren Sie auf der Homepage „TERMIN FINDEN" und tragen Sie in der sich öffnenden Maske den Titel des Meetings, Ihren Namen und Ihre E-Mail-Adresse ein.

- Definieren Sie in der nächsten Maske Ihre Vorschlagstermine per Klick auf die gewünschten Tage in der angezeigten Kalendermonatsansicht.

- Geben Sie anschließend zu den vorgeschlagenen Tagen die passenden Uhrzeiten ein (mehrere Zeiten können für jeden vorgeschlagenen Tag angegeben werden).

Sie erhalten sofort per E-Mail eine Bestätigung Ihrer Angaben mit einem Link (kryptischer Code) zu Ihrer Terminabstimmung. Per Mail-Forward leiten Sie diese Mail an Ihren Teilnehmerkreis weiter, mit der Bitte per Klick auf den Link Namen und Terminmöglichkeiten in der Doodle-Terminumfrage einzutragen.

Das Doodle-System bietet den großartigen Vorteil, dass nicht nur alle Antworten für die Teilnehmer sichtbar sind, sondern dass aus den einzelnen Terminzusagen gleich die höchste Trefferquote angezeigt wird. So können die Teilnehmer ihre Terminplanungen evtl. anpassen und sich mit ihren Antworten an dieser Prognose orientieren.

Mit einem weiteren Mail des Web-Anbieters erhalten Sie im Übrigen per Link Administrationsrechte zu Ihrem Terminvorschlag, damit Ihnen nachträgliche Änderungen sowie das spätere Löschen Ihrer Terminabfrage möglich sind.

Das Abstimmungssystem eignet sich für einen weltweiten Teilnehmerkreis, vorzugsweise für Ihre internationalen Kollegen, aber auch für Geschäftspartner, die dem modernen webbasierten Abstimmungssystem positiv gegenüber stehen und ihre zeitliche Verfügbarkeit einem firmenfremden und vielleicht noch unbekannten Teilnehmerkreis nennen möchten.

Das einfache und benutzerfreundliche Abstimmungssystem ist in 25 Sprachen übersetzt und wurde erst 2003 von einem Schweizer Elektrotechnik-Studenten erfunden, der in 2007 die Doodle AG mit einem weiteren ETH-Absolventen gründete.

Ein großes Glück für alle Meetingorganisatoren, die nun Termine mit einem vielbeschäftigten Teilnehmerkreis wesentlich zeitsparender finden und für die erhaltenen Teilnahmezusagen eine höhere Zuverlässigkeit erwarten dürfen.

Legen Sie sich diese Web-Adresse als Internet-Favoriten ab (siehe Seite 253) oder übertragen Sie die URL als Shortcut in einen separaten Mail-Folder (siehe Seite 239) oder als Bookmark auf Ihre Bildschirmoberfläche (siehe Seite 246).

3.1.6 Nutzen Sie die Vorteile einer Phone Conference

Sie haben mit Ihrem Teilnehmerkreis keine gemeinsame Teilnahmemöglichkeit für eine kurzfristig erforderliche Besprechung gefunden?

Bitten Sie den Teilnehmerkreis um Prüfung, ob ein kurzes Unterbrechen des nicht verschiebbaren eigenen Meetings möglich ist, um an einer Telefonkonferenz teilnehmen zu können. Die Teilnehmer nehmen nur eine Unterbrechung, nicht aber eine Absage oder Neuterminierung Ihres eigenen Meetings in Kauf und haben zudem den Zeitaufwand (je nach Standort) für den Weg zu Ihrem Chef gespart.

Abhängig von der Telefontechnik in Ihrem Haus und den eingesetzten Telefonanbietern sind unterschiedliche Teilnehmerzahlen und Kostenverteilungen möglich.

An Ihrem Telefonapparat Konferenzen makeln

Bei einer geringen Teilnehmerzahl (3-8) bietet Ihre firmeneigene Telefonausstattung die technische Möglichkeit, Gespräche zu makeln.

Die Technik des Makelns variiert je nach Anbieter. So können Sie zum Beispiel nach der Anwahl des ersten Teilnehmers die Rückfrage-Taste aktivieren und bis zu sieben weitere Teilnehmer nacheinander anwählen und sie zum Schluss mit einer vom Geräteanbieter definierten Konferenztaste miteinander verbinden oder lediglich eine 3er-Konferenz durch nachgeschaltete Anwahl ohne weitere Tastenaktivierung makeln.

Bei Gesprächen, die der Konferenzleiter selbst verbindet, trägt er auch selbst die Telefonkosten aller Teilnehmer.

Die große oder weltweite Telefonkonferenz organisieren

Für eine Telefonkonferenz mit mindestens 10 Teilnehmern setzen Sie professionell einen Telefonkonferenz-Dienstleister ein. Vergleichen Sie die unterschiedlichen Tarife und Bedingungen der Dienstleister unter der Web-Adresse

www.telefonkonferenz.info

Als Beispiel für eine Telefonkonferenz mit bis zu 20 Teilnehmern, die in einwandfreier Hörqualität stattfindet, wäre die Deutsche Telekom zu nennen. Die Telefonverbindung wird hierbei mit einem Telekom-Server hergestellt, die bei den Teilnehmern eingesetzte Telefontechnik ist dabei unerheblich.

Organisieren Sie beispielsweise eine Telekom-Telefonkonferenz:

- Der Konferenzleiter legt einen fünf- oder sechsstelligen PIN zwischen 10000 und 99999 fest (nehmen Sie z.B. einfach Ihre Postleitzahl) und informiert per E-Mail-Einladung zur Konferenz die Teilnehmer über den festgelegten PIN.

- Zum vereinbarten Termin wählen sich alle Teilnehmer unter 01805 1009 (die Telekom-Konferenz-Telefonnummer) ein und geben nach der Begrüßungsansage den vereinbarten PIN ein und bestätigen den Code mit der Raute-Taste (#) am Telefonapparat. (Am Telefonapparat der Teilnehmer muss dabei die Mehrfrequenz-Wahl -MFV- per Menüauswahl aktiviert werden.)

Auch weltweit abgehaltene Telefonkonferenzen können für die Teilnehmer aus Zeit- und Kostengründen ein sinnvoller Ersatz für Vor-Ort-Meetings sein.

Die Dienstleister

www.meetyoo.de/telefonkonfernez

www.genesys.com

bieten nicht nur die Verbindungstechnik zu einer Telefonkonferenz, sondern auch zur Video-unterstützten Sitzung an.

Verbinden Sie zu einer internationalen Genesys-Telefonkonferenz:

- Der Konferenzleiter erhält einmalig von Genesys per Mail seine Konferenz-Telefon-Nummer, beispielsweise 030 756493215 und seinen 4-stelligen Pin Code, am Anfang und Ende mit Stern einzugeben, beispielsweise *1994*.
  Der virtuelle Konferenzraum steht dem Konferenzleiter nun mit diesen Angaben im Zeitraum eines Jahres immer wieder zur Verfügung.

- Mit der Einladung der internationalen Telefonkonferenzteilnehmer nennt der Konferenzleiter (nur) die Konferenz-Telefon-Nummer.

- Nach der Anwahl der Konferenz-Telefon-Nr. bittet der Telefon-Operator (nur) den Konferenzleiter um Eingabe des Pin Codes. Dazu drückt er an seinem Telefonapparat die Mehrfrequenzwahl-Taste (MFV) und erhält im Telefondisplay die Anzeige "MFV deaktiv." (die Anzeige ist als Aktivierungsangebot zu verstehen und bedeutet nicht den aktuellen Zustand).

Bei Einsatz eines Telefonkonferenz-Dienstleisters trägt jeder Teilnehmer die Kosten des Gesprächs selbst.

Virtuelle Konferenzen via Web

Für eine Web-Konferenz, eine Telefonkonferenz mit gleichzeitiger Datenpräsentation und Datenbearbeitung über die Bildschirme der Teilnehmer, loggen Sie sich auf der Website

www.telekom.de/konferenzportal

ein und wählen den Konferenztyp „WebMeeting" aus. Sie spezifizieren anschließend die gewünschten Details (z.B. Teilnehmerzahl beschränken, Sicherheitscode, Gesprächsmitschnitt, Art der Konferenzbeendigung, usw.).

Mit der Buchungsbestätigung erhalten Sie einen WebMeeting-Link zur Telekom-Website, Zugangscodes für Teilnehmer und Konferenzleiter sowie die Konferenz-Einwahlnummer. Per Invitation teilen Sie Ihren Teilnehmern die Zugangsdaten mit und zur angegebenen Uhrzeit kann das WebMeeting starten.

3.2 Wiedervorlagen

3.2.1 Richtiger Input

Die Veranstaltung, die Ihr Chef besuchen möchte, findet von Dienstag, 3. April, 8:00 Uhr bis Mittwoch, 4. April in Lissabon statt. Die Anreise ist am Vortag, 2. April am Abend.

 Sie legen die kompletten Veranstaltungsunterlagen auf den Anreisetag, 2. April?

Diese Regelung ist absolut ungünstig, wenn Ihr Chef selbst in der Wiedervorlage einige Details zum Meeting nachsehen möchte. Wo wird er die Unterlagen selbstverständlich als erstes vermuten? Natürlich am Veranstaltungstag und er wird dort zunächst nichts finden.

> **Legen Sie Reise-Wiedervorlagen grundsätzlich zum 1. Tag (Beginn) einer Veranstaltung.**

Maßgebend für die Terminierung ist nicht die Anreise am Vorabend, sondern grundsätzlich der Veranstaltungsbeginn. Warum Sie dennoch die Anreiseunterlagen nicht zu spät entnehmen, lesen Sie im nachfolgenden Tipp.

3.2.2 Den Output zuverlässig bearbeiten

Gemäß **STARTE** entnehmen Sie gleich morgens Ihre Wiedervorlagen. Legen Sie diese Unterlagen keineswegs irgendwo auf die freie Fläche Ihres Schreibtisches!

Verteilen Sie Wiedervorlage-Unterlagen sofort in die Register der

- **C**ommunicate-Mappe (Chef erinnern, Unterlagen vorlegen)
- **C**reate-Mappe (meine Aufgaben für heute).

Wenn Ihre Zeit knapp ist, deponieren Sie die Unterlagen zunächst auf die einzelnen Mappen und sortieren die Dokumente in der nächsten freien Minute in die Register und schreiben den Titel auf die Inhaltsverzeichnisse.

> **Entnehmen Sie Wiedervorlagen immer für zwei Tage**, für den heutigen Tag und für den nächsten Arbeitstag. (Am Freitag bedeutet das, die Unterlagen des Wochenendes und des folgenden Montags herauszunehmen.)

So sind Sie auf der sicheren Seite, dass Sie

- vor früh beginnenden Terminen schon am Vortag alles Wichtige in die Wege leiten können.

- Anreise-Unterlagen für Meetings am Folgetag rechtzeitig herausnehmen und Ihrem Chef zusammen mit den Meetingunterlagen vorlegen.

Experten-Tipp:

Legen Sie ein Deckblatt auf die Wiedervorlagen und bewahren Vertraulichkeit über die Tagesaufgaben Ihres Chefs.

- Drucken Sie in maximaler Schriftgröße auf A4-Papier die Überschriften „HEUTE", „MORGEN", und wenn Sie möchten „ÜBERMORGEN".

- Laminieren Sie die Ausdrucke, um ihnen mehr Stabilität zu geben.

- Legen Sie die Deckblätter auf die entnommene Unterlagen aus Ihrer Wiedervorlage.

Dokumente für den neuen Arbeitstag, die Sie nicht mit Ihrem Chef durchsprechen müssen (Reisemappe, Unterlagen für heutige Meetings) deponieren Sie morgens, bevor Ihr Chef im Büro ist, auf einen vereinbarten Platz auf seinem Schreibtisch oder Sideboard.

3.3 Archivierung mit Papierablage

Das elektronische Zeitalter hat den Aufwand der traditionellen Papierablage zwar reduziert, doch immer noch nicht im wünschenswerten Maß. Das papierlose Büro ist erst in Ansätzen erreicht.

Nach wie vor ist es erforderlich, Verträge und Vereinbarungen auszudrucken, um sie rechtsverbindlich eigenhändig zu unterschreiben. Zahlen und Tabellen müssen zur Vorbereitung einer Präsentation per Beamer und Laptop vor einem größeren, meist auch hochwichtigen Teilnehmerkreis, erst in gedruckter Form studiert und dazu am besten nebeneinander gelegt werden. Mit wichtigen Geschäftspartnern werden Dateien nicht immer per Beamerprojektion besprochen, sondern repräsentativ gestaltete PowerPoint-Ausdrucke zum Besuchstermin mitgebracht und verhandelt. Auch bei Redemanuskripten, Plänen und Abrechnungen ist die Printversion nicht wegzudenken.

Im realistischen Tagesgeschäft geht eben manches zunächst (noch) nicht ohne Ausdruck.

Für die anschließende Archivierung gilt es, stets die Rationalisierung im Blick zu haben und die aktuellen technischen Möglichkeiten einzusetzen.

3.3.1 Die aktuelle Ausstattung

Neue Technik bei Ordnern und Rückenschildern

Bei der Ausstattung Ihrer Ablage achten Sie auf die Ordnerqualität. Die Stabilität ist ein wichtiges Kriterium, Ordner werden sich schnell verbiegen, wenn die Pappe nicht genug haltbar ist. Bei Reduzierung des Ablagevolumens reduziert sich die benötigte Ordneranzahl und der Verbrauch Ihres Büromaterialbudgets, so dass der Verwendung der stabilen, höherpreisigen Markenordner nichts im Wege stehen sollte.

Ein renommierter Hersteller hat eine Innovation auf den Markt gebracht mit dem System „180 Grad". Die Neuheit stellt ein komplett nach hinten verlegbarer Hebel dar, der eine 50 % größere Öffnung für die Papierablage und -entnahme und eine leichtere Papierablage, sowohl nach links als auch nach rechts, ermöglicht. Alles in allem eine schnelle, bequemere Arbeitsmöglichkeit.

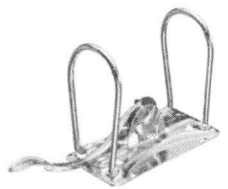 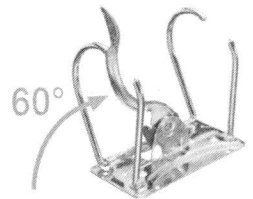 

Standard-Ordner 180° von Leitz, Esselte Leitz GmbH & Co KG, Stuttgart

Diese Technik wird auch bei der praktischen Neuheit eines **runden Ordnerrückens** mit einem ABS-Knopf und Gummizug angeboten. Die Ordner aus Polyfoam könnten für Ihren Chef das ideale Mitnahmearchiv werden für Meetings außer Haus mit umfangreichem Prospektmaterial oder ausgedruckten Memos und Verträgen.

Die Ordnerrücken-Etiketten sind bedruckbar und selbstklebend und in fünf verschiedenen Farben erhältlich, so dass die Archive mit wenig Aufwand gut lesbar sind und professionell aussehen. Auch ein Überkleben der Etiketten im Folgejahr ist problemlos, da ein blickdichtes Papiermaterial verwendet wird.

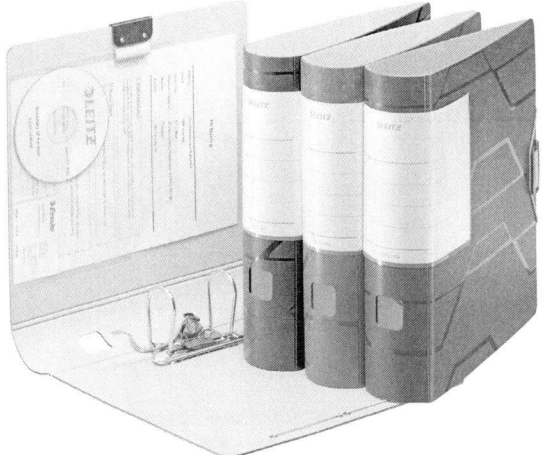

Prestige Active Ordner von Leitz, Esselte Leitz GmbH & Co KG, Stuttgart

Zum schnellen Beschriften Ihrer Ordner empfiehlt es sich die kostenlose Software des Herstellers auf Ihren Rechner zu laden. Zeitsparend speichern Sie sich die aktuelle Jahreszahl und ergänzen nur noch den Titel. Sie suchen sich die passende Etikettengröße aus und können per Grafik-Import gleich Ihr Firmenlogo einfügen.

Beispiele für optimale Heftgeräte und Locher

Die optimale Ablage beginnt nicht erst beim Ordner, auch Hefter und Locher sollten selbstverständlich ideale technische Qualitäten aufweisen. Heftgerät sollen zum Beispiel Kraft, Arbeit und sogar Platz im Ordner sparen.

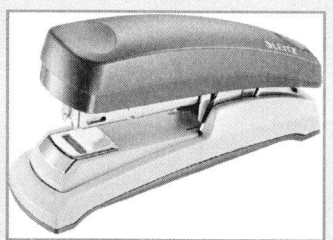

Tischgerät mit flacher Hefttechnik

Ein Spezialist für Bürotechnik bietet ein starkes Tischheftgerät an mit einer Hefttechnik, die das geheftete Papierbündel flach hält, indem die Klammerenden absolut flach umgelegt und an das Papier gedrückt werden, so dass sich das Ergebnis platzsparend im Ordner archivieren lässt

Starkes Flachheftgerät von Leitz, Esselte Leitz GmbH & Co KG, Stuttgart   .

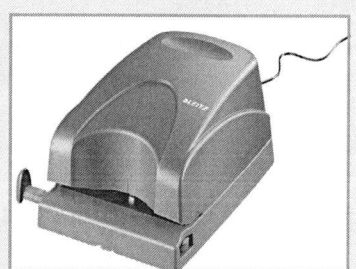

Elektrolocher

Für den nur sporadischen Einsatz im Büro mit wenig Papier bietet sich beispielhaft ein kleiner moderner Elektrolocher mit Anschlagschiene an, stationär mit einem 230 V Adapter über das Stromnetz oder mobil mit 1,5 Volt Micro Batterien zu betreiben.

.   *Elektrischer Locher von Leitz, Esselte Leitz GmbH & Co KG, Stuttgart*   .

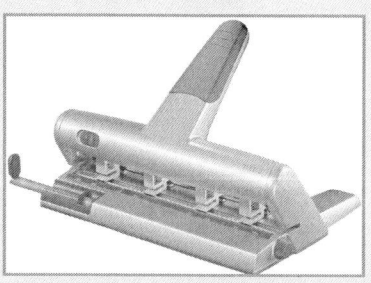

Speziallocher

Für variable Lochungen gibt es ein robustes Gerät am Markt mit verstellbaren Lochabständen. Ausgestattet ist der Locher mit mehreren Skalen zur Einstellung gängiger Lochabstände und bearbeitet bis zu 30 Blatt Standardpapier

Variabler Mehrfachlocher AKTO® von Leitz, Esselte Leitz GmbH & Co KG, Stuttgart   .

Experten-Tipp:

Die 4-fach-Lochung gelingt auch ohne Speziallocher.

Verstellen Sie die Papierhalteschiene an Ihrem Standardlocher einfach auf die Auswahlmöglichkeiten „888". Lochen Sie das Papier dann einmal von oben und einmal von unten. Sie erhalten eine akkurate 4-fach-Lochung.

Schieben Sie anschließend die Papierhalteschiene Ihres Lochers wieder auf die Grundeinstellung „A4".

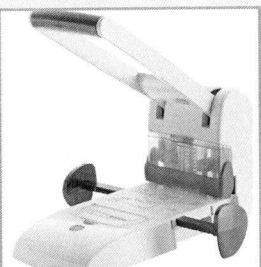

Blocklocher

Dank elektrischer Kraftübertragung lassen sich mit dem großen Blocklocher mit geringster Kraftanstrengung zeitsparend bis zu 200 Blatt Papier gleichzeitig lochen. Auch die 4-fach Lochung mit unterschiedlichen Papierformaten ist ruck-zuck möglich. Das moderne Design wurde in weiß gewählt mit Sichtfenster und rotem Griffschutz.

Blocklocher NOVUS B 2200, Novus GmbH & Co. KG, Lingen (Ems)

3.3.2   Reduzieren Sie konsequent Ihr Ablagevolumen

Für Projekt-Follow-up-Meetings werden von den Teammitgliedern per E-Mail-Anhang zahllose Abstimmungsdateien und Präsentationsfolien versandt. Der Projekt-Owner versendet Protokolle und Agenda-Punkte zu den nächsten Besprechungen. Informationen zum Tagungsort gehen an den manchmal international besetzten Teilnehmerkreis heraus, der wiederum seine Reisedaten an die Projekt-Organisatorin sendet.

Meeting-Unterlagen archivieren Sie grundsätzlich papierlos.

▪ Legen Sie für Projektmeetings in der Mailbox Ihres Chefs einen Folder (siehe Seite 104) mit dem Titel des Projektes an und schieben sämtliche E-Mail-Eingänge (ob Agenda, Dateien, Protokolle, Reiseorganisationen) zu diesem Folder.

▪ Legen Sie genau wie bei Ihrer Papierablage Unterordner im E-Mail-Folder an, z.B. für jedes Meeting-Datum oder für Teilgebiete des Projektes.

Per Notebook hat Ihr Chef bei den nächsten Follow-up-Meetings alle versandten Unterlagen dabei. Auch die möglichen wenigen Ausnahmen, die trotzdem einen Print verlangen, dürfen Sie ruhigen Gewissens nach dem Meeting wegwerfen und sollten nicht abgelegt werden.

Archivieren Sie Online-Reiseabrechnungen und Statistiken papierlos.

Reiseabrechnungen werden von Ihnen, wie in den meisten Unternehmen bereits seit einigen Jahren, online mit einem SAP-Modul erledigt und gleichzeitig papierlos archiviert.

Die ausgedruckte und unterschriebene Abrechnung mit den eingereichten Originalbelegen und der versicherungstechnisch wichtigen Reisegenehmigung wird in den Personalabteilungen aufbewahrt, da dort die regelmäßige steuerliche Belegprüfung stattfindet.

Beachten Sie, dass mit der Online-Eingabe und -Archivierung der Reiseabrechnung in Ihrem Sekretariat weder eine ausgedruckte Fassung noch Kopien der Belege als Doppelablage in Ordnern aufbewahrt werden sollten.

Experten-Tipp:

Die Aufgaben der Personalabteilung variieren in den Unternehmen.

Mitunter wird der Reisende wieder selbst für den steuerlichen Belegnachweis zuständig, so dass er in diesen Fällen die unterschriebene Reiseabrechnung sowie sämtliche eingereichten Belege mit 10-jähriger Aufbewahrungspflicht (siehe Seite 85) für die Steuerprüfung vorhalten muss.

Im Sekretariat wird dann zusätzlich zur Online-Archivierung doch wieder die Archivierung erforderlich.

Sprechen Sie mit Ihrer Personalstelle, ob es für die Sekretariate nicht eine bessere Lösung geben kann. Zum Beispiel eine zentrale Stelle in Ihrem Unternehmen, die sich ausschließlich um Reiseabrechnungen kümmert.

Statistiken, die per Mail-Anhang versandt werden, verschieben Sie in einen Statistik-Mail-Folder (siehe Seite 104). Das nimmt weniger Zeit in Anspruch, als Printauftrag, Heften, Lochen und das Handling der Ablage von Ihnen fordern würden. Die ganze Armada an Statistik-Ordnern gehört für alle Zeiten der Vergangenheit an und Sie sollten sich strikt daran halten.

Die Gesellschaftsdaten z.B. wird Ihre Controlling-Abteilung für einen definierten Nutzerkreis ohnehin papierlos in eigenen Teamrooms zur Verfügung stellen (siehe Seite 247).

Vermeiden Sie Doppel-Ablagen.

Legen Sie keinen (allgemeinen) Schriftwechsel und Notizen von anderen Abteilungen ab, da schon aus seinem eigenen Interesse die Archivierungspflicht beim Verfasser besteht.

Legen Sie keine Dokumente ab mit unwichtiger Historie.

Wer hat nicht schon die Erfahrung gemacht, mehrere Monate einfach keine Zeit für Ablagearbeiten gehabt zu haben und ein beträchtlicher Papierberg hat sich aufgebaut?

Wenn Sie zu der interessanten Feststellung gelangt sind, dass weder in diesem noch in den Folgemonaten irgendeine Unterlage aus Ihrer Aktensammlung benötigt wurde, wird es Zeit, die Notwendigkeit, jedwedes Papier im Büro ablegen zu müssen, ernsthaft zu hinterfragen!

Keine Archivierung ist notwendig für

- Terminabstimmungen (auch langwierige)
- Messevorbereitungen
- Veranstaltungsorganisationen

Lagern Sie die Unterlagen zunächst in einem praktischen Ablagekarton und legen sich einen Hinweis in die Wiedervorlage, wann Sie den Kartoninhalt endgültig wegwerfen möchten.

Reduzieren Sie Ihre Ablageordner auf die wichtigen Sachgebiete Ihres Bereichs.

Beispiele:

Ordner-Inhalt	Ordner-Titel
Projekte z.B. Produktneuentwicklungen, Konzernprojekte, eigene Projekte	Projekt „XY"
Verträge	Verträge nach Alphabet
Externer Briefwechsel des eigenen Bereichs	Kunden/Lieferanten-Korrespondenz nach Alphabet
Daten aus Ihrem Abteilungsbereich mit gesetzlicher Aufbewahrungspflicht z.B. Gutschriftanzeigen, Finanzberichte	Gutschriften Finanzberichte
Vereinbarungen zu Gehalt und Tätigkeit der Mitarbeiter Ihres Bereichs	Personal

> Beschriften Sie jede Ordner-Neuanlage mit der **Zeitspanne des Inhalts** und mit dem Datum, an dem die **gesetzliche Aufbewahrungspflicht** endet (siehe Seite 84).

Zum Beispiel sind Kalkulationsunterlagen an die 6-jährige Aufbewahrungspflicht gebunden, firmeninterne Protokolle und Präsentationen brauchen nur 2 Jahre in den Ordnern (falls ausgedruckt) zu überleben.

Wenn Ihr Chef selbst ein neues Projekt initiiert hat oder als verantwortlicher Projektleiter in einem renommierten internationalen Konzernprojekt mitwirkte, klären Sie unbedingt mit ihm, ob er für die Projektmappe in Ihrem Rollcontainer eine längere Aufbewahrungszeit als 2 Jahre wünscht (**C**ommunicate-Mappe).

3.3.3 Wann ist die beste Zeit für die laufende Ablage?

Es gibt eine einfache und wirkungsvolle Regel:

- Sobald Sie eine Unterlage mit wenigen Seiten das erste Mal in die Hand bekommen, legen Sie diese ab. Ruck-zuck ist das Papier verschwunden.

- Größere Akten oder Unterlagen für die Neuanlage eines Ordners legen Sie sich (als Stichwort) in die **C**reate-Mappe oder in die Wiedervorlage, genau wie andere Aufgaben.

Als nicht anspruchsvolle Routinearbeit nehmen Sie sich die umfangreichere Ablage am Nachmittag oder kurz vor Feierabend vor, wenn Ihre Leistungskurve nicht mehr in Höchstform ist.

Beachten Sie, dass Sie wirklich nur die wesentlichen, wichtigen Dokumente abheften und Doppeltablage in Ihrem Haus vermeiden. Mit einiger Konsequenz lässt sich dann der berüchtigte „Papierberg" vermeiden.

Wann vernichten Sie Akten, deren Aufbewahrungsfrist abgelaufen ist?

Weil die gesetzlichen Ablagefristen immer am Jahresende auslaufen, bietet sich als beste Jahreszeit natürlich der meist ruhigere Monat Januar an. Lassen Sie sich in Ihrer Monats-Wiedervorlage daran erinnern!

3.3.4 Kennen Sie die gesetzlichen Aufbewahrungsfristen?

Für die Archivierung der wirklich wichtigen Geschäftsunterlagen gelten die nachstehenden Bestimmungen, die im Wesentlichen auf folgenden Grundlagen basieren:

- Handelsgesetzbuch (HGB) §§ 257 ff

- Abgabenordnung (AO 1977) § 147

- Verordnung über die Preise bei öffentlichen Aufträgen (VO PR 30/53) § 9 Abs. 1

Gemäß § 257 HGB und § 147 AO sind alle Handelsbücher, Inventare, Eröffnungsbilanzen, Jahresabschlüsse, Lageberichte, Konzernabschlüsse, Konzernlageberichte sowie die zu ihrem Verständnis erforderlichen Arbeitsanweisungen und sonstigen Organisationsunterlagen und auch alle Buchungsbelege zehn Jahre aufzubewahren.

Nach dem Entwurf zum Jahressteuergesetz 2012 der Bundesregierung vom 23. Mai 2012 soll ab dem Jahr 2013 die zehnjährige Aufbewahrungsfrist für steuerrelevante Unterlagen auf acht Jahre und in einem 2. Schritt ab 2015 auf sieben Jahre verkürzt werden.

Die sechsjährige Aufbewahrungspflicht gilt weiterhin für empfangene Handelsbriefe, die Wiedergaben der versandten Handelsbriefe sowie für sonstige, für die Besteuerung bedeutsamen Unterlagen.

Die Aufbewahrungsfristen beginnen mit dem Schluss des Kalenderjahres, in dem die letzte Eintragung in das Handelsbuch gemacht, das Inventar aufgestellt, die Eröffnungsbilanz oder der Jahresabschluss festgestellt, der Konzernabschluss aufgestellt, der Handels- oder Geschäftsbrief empfangen oder abgesandt worden, der Buchungsbeleg entstanden, die Aufzeichnung vorgenommen worden oder die sonstige Unterlage entstanden ist.

Experten-Tipp:

Beachten Sie, dass die Aufbewahrungsfristen für Rechnungen i.d.R. nur für die Buchhaltung gelten. Nur dort besteht (mit der Original-Rechnung) Nachweispflicht. Falls Sie in seltenen Fällen Rechnungskopien in Ihrer Abteilung verwahren, ist die Aufbewahrungsdauer in Ihr Ermessen gestellt.

Welche Papiere müssen Sie 10 Jahre aufbewahren?
(ab 2013 ist für steuerrelevante Unterlagen eine Archivierungspflicht von 8 Jahren geplant)

- **Abrechnungsunterlagen**
- Abtretungserklärungen
- Akkreditive
- Anlagevermögensbücher und Karteien
- Ausgangsrechnungen
- Außendienstabrechnungen
- Bankbelege
- **Belege mit Buchfunktion**
- Betriebskostenrechnung
- **Bewirtungsunterlagen**
- **Bilanzen (Jahresbilanzen)**
- Darlehensunterlagen

- Dauerauftragsunterlagen
- Depotauszüge
- Debitorenlisten
- **Eingangsrechnungen**
- Einheitswertunterlagen
- **Fahrtkostenerstattungsunterlagen**
- Gehaltslisten
- Geschäftsberichte
- **Geschenknachweise**
- Gewinn- und Verlustrechnung
- Grundbuchauszüge
- Grundstücksverzeichnis
- Gutschriftanzeigen
- Handelsbücher
- Handelsregisterauszüge
- Hauptabschlussübersicht
- Investitionszulage
- Inventare
- Inventurunterlagen
- Jahresabschlusserläuterungen
- Journale f. Hauptbuch u. Kontokorrent
- Kassenberichte
- Kassenbücher und -blätter
- Kassenzettel
- Kontenpläne u. Kontenplanänderungen
- Kontenregister
- Kontoauszüge
- Konzernabschlüsse
- Kreditunterlagen
- **Lageberichte**
- Lagerbuchführungen

- Lohnbelege
- Lohnlisten
- Magnetbänder mit Buchfunktion
- Mietunterlagen
- Nachnahmebelege
- Nebenbücher
- Organisationsunterlagen der EDV-Buchführung
- Pachtunterlagen
- Prozessakten
- **Rechnungen**
- **Reisekostenabrechnungen**
- **Repräsentationsaufwendungen**
- Sachkonten
- Saldenbilanzen
- Schadensunterlagen
- Scheck- und Wechsel-Unterlagen
- Spendenbescheinigungen
- Steuerunterlagen
- Überstundenlisten
- Verbindlichkeiten
- Verkaufsbücher
- Vermögensverzeichnis
- Vermögenswirksame Leistungen
- Versicherungspolicen
- **Verträge**
- Wareneingangs- u. Zahlungsausgangsbücher
- Wechsel
- Zahlungsanweisungen
- Zollbelege
- Zwischenbilanz (bei Gesellschafterwechsel)

Aufbewahrungsfrist von 6 Jahren für Handelsbriefe

- Angebote
- **Aktennotizen** (soweit sie ein Handelsgeschäft betreffen)
- Betriebsabrechnungsbögen
- Betriebsprüfungsberichte
- Bewertungsunterlagen
- Einfuhrunterlagen
- Essenmarkenabrechnungen
- Exportunterlagen
- Finanzberichte
- Frachtbriefe
- **Geschäftsbriefe *)**
- **Handelsbriefe *)**
- Kalkulationsunterlagen
- **Lieferscheine**
- Preislisten
- **Protokolle** (soweit sie ein Handelsgeschäft betreffen)
- Versand- und Frachtunterlagen

*) Handels- und Geschäftsbriefe sind solche, die ein Handelsgeschäft betreffen. Hierzu gehören empfangene u. abgesandte Briefe (Kopien), Telefaxe, E-Mails.

Aufbewahrungsfrist von 5 Jahren für Preise / Kalkulation

- Preislisten
- Kalkulationsunterlagen wie Materialentnahmescheine, Lohnbelege, Stundennachweise, Tätigkeitsberichte.

Die Aufbewahrungsfrist beginnt bei Markt- und Selbstkostenpreisen mit der Abgabe des Preisangebotes, bei Selbstkostenerstattungspreisen ab der Erstellung der Schlussabrechnung.

3.3.5 Gewusst wie - Praxistipps für die rationelle Ablage

Trends für die Visitenkarten-Archivierung

Vielleicht kennen Sie noch den drehbaren Visitenkartenhalter, dessen Trommel ringsum eine stattliche Anzahl Visitenkarten aufnahm, die schnell mit Vorwärts- oder Rückwärtsdrehungen aufgeklappt werden konnten. Das runde Monstrum zählte für ganze Generationen zur Zierde nahezu jeden Schreibtischs, hat aber als antiquarisches Relikt aus den Siebzigern in einem modernen Büro von heute und auf Ihrer gerade vorbildlich frei geräumten Schreibtischfläche rein gar nichts mehr verloren!

 Für die Adressensammlung und -verwaltung gibt es wesentlich elegantere Lösungen:

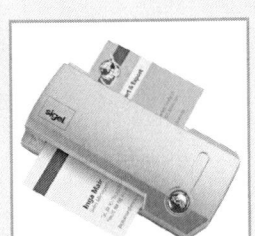 **Scannen Sie** blitzschnell die Daten der Visitenkarte in einen USB-Visitenkarten-Scanner ein und übertragen sie in Ihren Rechner.

VZ600 - VisitenkartenScanner von Sigel, Sigel GmbH, Mertingen

Die aktuellen Visitenkartenscanner können innerhalb Sekunden mit einer eigenen Texterkennungssoftware alle Kontaktdaten mit einer Auflösung von z.B. 600x1200dpi einlesen und sie problemlos in Microsoft Outlook, Microsoft Outlook Express, Symantec Act, Lotus Organizer und viele weitere Kommunikationsprogramme übertragen. Auf Knopfdruck können die Kontakte auch mit PDAs und Smartphones synchronisiert werden.

Ein eigenes Stromkabel wird meist nicht benötigt, da die Energie über den USB-Port bezogen wird, das heißt die Daten werden über ein USB-Kabel an den Rechner übertragen.

Mit seinen geringen Abmessungen und Gewicht könnte der Visitenkartenleser der ideale Begleiter Ihres Chefs auf Geschäftsreisen werden. Technisch begeisterte Chefs nehmen den direkten Einscannvorgang, zum Beispiel bei einem längeren Messeaufenthalt, gern in ihr Arbeitsprogramm auf. Ohne Zeitverlust können die Daten zu einem neuen vielversprechenden Geschäftskontakt sofort an die zuständigen Bearbeiter zur weiteren Veranlassung weitergeleitet werden.

Hinweis:
Wenn Sie Ihre Visitenkartendaten auf einer für Ihre Mitarbeiter oder andere Bereiche zugänglichen Datenbank archivieren möchten, müssen Sie die Richtlinien des Datenschutzgesetzes beachten. Sprechen Sie daher vorher mit dem Datenschutzbeauftragten Ihrer Gesellschaft.

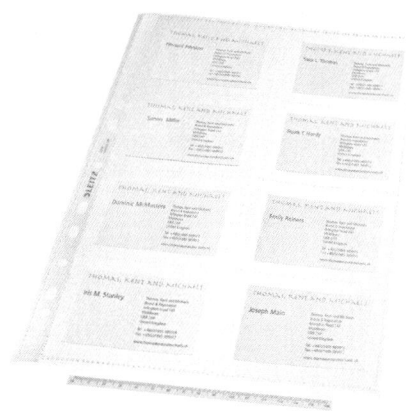

Visitenkarten-Prospekthüllen von Leitz,
Esselte Leitz GmbH & Co KG, Stuttgart

Möchten Sie rechnerunabhängig bleiben, kommen Sie um die physische Ablage der Visitenkarten leider nicht herum. Sie gewährleisten damit zweifelsfrei die Einhaltung des Datenschutzgesetzes und behalten den Überblick über Neuzugänge.

Legen Sie ein alphabetisches Register in Ihren Visitenkarten-Ordner und stecken die Karten in vorbereitete gelochte Visitenkartenhüllen, die auf der Vorder- und Rückseite insgesamt 20 Karten aufnehmen.

Die schnellste Archivierung für die Visitenkarten-Aufbewahrung ist das „**Schubladen-System**":

- Reservieren Sie eine ganze Schreibtischschublade in Ihrem Rollcontainer mit mehreren alphabetischen Kartei-Registern.

- Sie können unterscheiden nach Ländern, Personengruppen oder was auch immer.

- Sortieren Sie Ihre Visitenkarten einfach in das passende alphabetische Register ein. Schneller geht es nicht!

- Sollten Sie sich von Ihrem früher üblichen Register mit Karteikarten noch nicht getrennt haben, können Sie die Karteikarten ebenfalls integrieren.

Alle Informationen sind auf diese Art an einer Stelle gebündelt, sicher aufbewahrt und ohne Wegeaufwand schnell verfügbar.

Experten-Tipp:

Wägen Sie vor der Archivierung der Visitenkarten ab,

- ob Sie auf der Rückseite das Kontaktdatum vermerken sollten,

- die Adresse in Ihre nächste Weihnachts-Glückwunschliste aufnehmen.

Akkurat Originalverträge versenden und ablegen

Wie verteilen Sie neu abgeschlossene Verträge Ihrer Abteilung?

 Sie versenden mit Ihrer handschriftlichen Notiz des Verteilers auf der ersten Seite des original unterschriebenen Exemplars Kopien und das Original?

Abgesehen davon, dass der Vertrag ein wichtiges Dokument darstellt und handschriftliche Vermerke unpassend sind, sollten Sie beachten, dass zu einem späteren Zeitpunkt Nachträge oder Erweiterungen vereinbart werden oder in manchen Fällen eine vorzeitige Kündigung erforderlich wird. Sie stehen dann vor dem Problem, die Originalfassung vorlegen zu müssen, die Sie an eine andere - aber an welche Stelle? - weitergegeben haben.

Sie ergänzen, ebenfalls handschriftlich, welche Abteilung das Original erhalten hat?

Von der Sache her richtig, von der Optik und der korrekten Behandlung eines juristischen Dokuments durchaus verbesserungsfähig.

Schreiben Sie in Ihrem Word-System eine standardisierte Deckblatt-Vorlage

- mit den wesentlichen Vertragsdaten,

- dem Empfängernamen des Vertragsoriginals,

- den Namen der Kopien-Empfänger,

- dem Verteildatum mit Ihrem Namen und Ihrer Abteilung

und verteilen Ihre Verträge grundsätzlich mit dem Deckblatt als 1. Seite.

Den nachfolgenden Mustertext können Sie in Word bei jedem neuen Vertrag aufrufen und brauchen nur die Vertragsdaten zu ergänzen. Das Vertragsoriginal bleibt unbeschriftet.

Mit Ihrem Deckblatt haben alle Verteilerstellen die gleiche Information, wer den Vertragsinhalt kennt und wo das Original verwaltet wird.

Das komplette Vertragsexemplar Ihrer Abteilung wandert in den Ordner „Verträge". Dort sind alle Verträge alphabetisch abgelegt.

Verteiler zum

Vertrag
zum Projekt „Logistik"

zwischen
Firma Feld
München

und
Firma Bauer
Wien

vom.......

Original: Firma Bauer   Herr Dr. Ochs
                   Bauer-Abt. Einkauf   Herr Maier

Kopie: Feld Geschäftsführung   Herr Dr. Müller
                   Feld-Abt. Buchhaltung   Herr Schmitt

am ....

Ihre Abteilung und Ihr Name

Formular 12 (Download auf der Website des Verlags: www.edumedia.de/bueroorganisation)

Wer hat wann Unterlagen entnommen?

Sie kennen die folgende Situation sicher: Für Ihren Chef oder einen Mitarbeiter haben Sie eine wichtige Unterlage aus einem Ordner geholt und ausgerechnet dieses Papier wird ein paar Wochen später in einer Sitzung schnell gebraucht.

Können Sie sich noch erinnern, ob das Dokument überhaupt schon abgelegt war und wer es wann und warum evtl. entnommen hat?

 Unkomplizierte Lösung bei Entnahme wichtiger Unterlagen (z.B. Originalverträge, handschriftliche Notizen Ihres Chefs):

> Kleben Sie einen **Post-It-Zettel** an die Stelle der entnommenen Unterlage und lassen ihn **oben etwas überstehen**.
>
> **Vermerken Sie darauf:**
>
> Entnommen am................Grund:........................ Name....................

Nehmen Sie später den Ordner zur Hand, fällt Ihnen der oben hervorstehende Klebezettel auf und Sie können den „Übeltäter" an die Rückgabe der entnommenen Seiten erinnern.

3.3.6   Projekte rationell gestalten und archivieren

Unterlagen zu wichtigen laufenden Projekten, die aus unterschiedlichen Gründen, evtl. aus rechtlicher Erfordernis oder weil Ihr Chef Projektverantwortlicher ist, nicht per Mail-Folder gesammelt werden, sondern in ausgedruckter Form vorliegen sollten, archivieren Sie grundsätzlich zunächst als Handakte (ohne zeitaufwändiges Lochen). Stationieren Sie diese Projektakten, sowohl für Ihren Chef als auch für Sie jederzeit griffbereit, im gut platzierten Rollcontainer.

Projektmappe

Bei umfangreichen Projektakten kann eine Mappe mit Einteilungen (z.B. Blitzspanner) für die einzelnen Projektetappen notwendig werden, die leicht in einer Hängemappe Platz findet.

> **Den Projekttitel schreiben Sie natürlich nicht handschriftlich auf die Mappe.**
>
> - Kleben Sie auf den Blitzspanner eine transparente Einstecktasche
> - und schieben eine schnell mit dem Projekttitel beschriftete passende Einsteckkarte hinein (jederzeit austauschbar).

Wie beschriften Sie die Inneneinteilungen der Projektmappe?

 Sie schreiben handschriftlich den Text auf die Registereinteilung?

Bei verändertem Status überkleben Sie den Titel oder radieren ihn aus?

 Es gibt eine viel praktischere Lösung:

Schreiben Sie die Projektabschnitt-Titel handschriftlich auf **stabile Plastik-Signalstreifen** oder Haftmarker und kleben die wieder abziehbaren Streifen auf die einzelnen Innenregister.

Bei Veränderungen in der Projektentwicklung und neuen Einzelaufgaben ziehen Sie die Haftmarker ab und kleben sie in der neuen Reihenfolge an; die Unterlagen wandern mit.

Post-it Index von Post-it, 3M Deutschland GmbH, Neuss

Projektabschluss

Ist Ihr Chef Projekt-Leiter, werden die Arbeitsunterlagen, die Grundlage für die wesentlichen Entscheidungen zum Projekt waren, auch nach Abschluss des Projektes noch einige Zeit wichtig sein und sollten deshalb archiviert werden. (Ablage immer dort, wo die Verantwortung liegt, siehe auch Seite 81).

Entnehmen Sie dazu den Inhalt der Projekt-Handakte und kleben die Signalstreifen des Blitzspanners etwas vorstehend wieder als Unterteilung - anstelle neuer Trennblätter! - einfach auf das erste Blatt des Registerinhaltes. Gelocht können Sie nun den ganzen Stapel, so wie er ist, im Ordner zu Ihrer Ablage im Schrank stellen.

Vermerken Sie wie bei jeder Neuanlage eines Ablageordners zum Ordnertitel grundsätzlich das geplante Vernichtungsdatum.

Verwaltung der eigenen Projekte

Als Teamleiterin beispielsweise für ein Teilgebiet eines Strategieprojektes oder zur Erarbeitung einer Ablauforganisation oder für ein bereichsinternes Kai Zen- Projekt sollten Sie per Excel-Sheet Zeitpläne einsetzen und die einzelnen Aufgabenetappen zeitlich definieren und regelmäßig kontrollieren.

Die Unterlagen zum abgeschlossenen Projekt sollten rationell wie im vorangegangenen Abschnitt beschrieben archiviert werden.

Für Ihre Gästebetreuungs- und Event-Projekte verwenden Sie die in Kapitel 5 vorgestellten Checklisten als Inhaltsverzeichnis und nummerieren die Inneneinteilungen der Mappe einfach entsprechend der nummerierten Reihenfolge der Aufgaben.

Nach den Veranstaltungen sollten die Arbeitsunterlagen nicht archiviert werden. Ihre leeren Projektmappen mit Inhaltsangaben dienen Ihnen wieder bei den nächsten Events.

3.4 Elektronische Archivierung

Den Speicherplatz auf Ihrem Server für Ihre Mail-Files sollten Sie in regelmäßigen Zeitabständen entlasten und einen Teil der Datenmenge auf Ihre Festplatte oder auf CD, DVD, USB-Stick auslagern.

Lassen Sie die Menge Ihrer Mailfiles auf höchstens 300 MB anwachsen.

Die meisten Unternehmen haben die IT-Verwaltung ausgelagert und mit dem IT-Serviceunternehmen für die Servernutzung pro User eine Preispauschale für eine definierte MB-Zahl pro Monat vereinbart.

Alles darüber Hinausgehende wird monatlich als zusätzliche Nutzerrate in Rechnung gestellt, so dass je nach Mitarbeiterzahl ansehnliche Zusatzbelastungen entstehen, die vermeidbar wären.

Spätestens dann, wenn Sie bemerken, dass sich die Rechnerleistung in der Geschwindigkeit erheblich verschlechtert und der „Besuch der Sanduhr" immer häufiger Ihre Geduld strapaziert, wird es Zeit zum Handeln!

Hätten Sie's gewusst: Die gesetzliche Aufbewahrungspflicht für Handelsbriefe von 6 Jahren gilt uneingeschränkt auch für die elektronisch versandte Geschäftspost. Daher ist auch für Ihren E-Mail-Schriftwechsel (der die Pflichtangaben wie auf Ihren Briefbögen enthalten hatte) mit Geschäftspartnern, Kunden, Lieferanten, Behörden eine Archivierung über den gesetzlich vorgeschriebenen Zeitraum unerlässlich.

E-Mails in wenigen Schritten auf die Festplatte auslagern

Die optimale Rechnerleistung und Vermeidung zusätzlicher Gebühren erreichen Sie bei den meisten Mailsystemen in wenigen Schritten.

1. Archivierungsplatz auf Ihrer Festplatte feststellen

2. Neues Archivierungsfile anlegen

3. Archivierungsmails markieren

4. Archivierungsmails verschieben/archivieren

Die markierten Mails werden damit gleichzeitig aus Ihrer aktuellen Mailbox herausgenommen und in einen neuen Archiv-Ordner auf Ihrer Festplatte übertragen.

Wenn Sie auf dem zuvor festgestellten Speicherplatz auf Ihrer Festplatte den Archiv-Ordner öffnen, wird automatisch ein Bookmark auf Ihrem Arbeitsplatz angelegt. So können Sie jederzeit auf Ihrem Workspace bequem von Ihrer aktuellen Mailbox zur Archivierungs-Mailbox navigieren.

In Sekundenschnelle E-Mails auf externe Datenträger speichern

Zum Archivieren außerhalb Ihres Computers ziehen Sie im Explorer die neu angelegte Archivierungsdatenbank einfach von C: auf das Laufwerk D: oder E: und kopieren die Daten auf eine CD (maximale Aufnahme 700 MB), DVD oder einen USB-Stick. Beachten Sie die unterschiedlichen Speicherkapazitäten.

Wenn es sinnvoll ist, können Sie anschließend die neu angelegte Archivierungsdatenbank auf Ihrer Festplatte wieder löschen.

Beschriften Sie den Archivierungsdatenträger mit dem Mailbox-Usernamen und den enthaltenen Zeiträumen und bewahren sie ihn in einem abschließbaren Schrank auf.

4

Ihr Kommunikationszentrum

4.1   E-Mailing

1971 hatte Ray Tomlinson die E-Mail erfunden - kaum beachtet von der Öffentlichkeit. Durchgesetzt hat sich die neue Kommunikationsform erst mit der Erfindung des Internets 1991. Dieses ursprünglich für Wissenschaft und Forschung gedachte Medium wurde zunächst auch vornehmlich von den Universitäten genutzt und die Studenten stürzten sich begeistert auf die E-Mail-Möglichkeiten. Die 90er Jahre standen im Zeichen der wachsenden Verbreitung der Personal Computer. Heute ist fast jeder Haushalt - Erwachsene und Kinder - mit Rechnern, Notebooks oder Netbooks ausgestattet.

Grammatikalisch richtig heißt das Kommunikationsmedium, das heute fast 80 % unseres Arbeitstages ausfüllt, *„die* E-Mail".

Gelegentlich wird der Begriff aus Bequemlichkeit falsch, wie ein Metall „das Email" geschrieben. Falsch wäre auch „das E-Mail", weil die deutsche Übersetzung nicht „das Schriftstück", sondern „die elektronische Post" lautet.

4.1.1   „Fräulein Müller, bitte zum Diktat!"

Dieser verstaubte und heute fast schon provokant anmutende Satz soll aufzeigen, wie weit weg sich die Tätigkeit sowohl der Sekretärin/Assistentin als auch des Chefs bewegt hat. Vorgesetzte schreiben heute in der Regel ihre elektronische Korrespondenz selbst, sogar Protokolle werden zeitsparend und textabgestimmt schon während einer Besprechung im Notebook festgehalten und direkt an die Teilnehmer verteilt oder in Teamrooms eingestellt.

Dagegen hat die Sekretärin/Assistentin heute mehr denn je alle Voraussetzungen, im Informationsstand mit Ihrem Chef gleichzuziehen. Sie ist ebenso schnell und aktuell über Aktivitäten und News des Tages informiert, da der geführte E-Mail-Schriftwechsel für sie genauso zugänglich ist wie für ihren Chef.

Dennoch gibt es noch die Einzelfälle, dass eine Sekretärin keinerlei Einblick in die E-Mail-Korrespondenz Ihres Chefs hat. Sollte Ihr Vorgesetzter „als Einzelfall" dazugehören und seine Korrespondenz als Geheimsache erklären, so kontern Sie geschickt: Die Berufsbezeichnung Sekretärin leitet sich nämlich tatsächlich von „le secret", das Geheimnis, ab und nichts sollte in Ihrer Vertrauensposition vor Ihnen verborgen werden!

Sind allerdings Sie selbst absolut nicht an seinem elektronischen Schriftwechsel interessiert, dann mutet dieses Desinteresse tatsächlich an die Zeit des Stenodiktats. Mit welchem Wissen wollen Sie ihn ohne aktuelle Informationen proaktiv und initiativ unterstützen?

> Grundsätzlich muss die Sekretärin/Assistentin Zugang zu den E-Mails ihres Chefs haben! Laden Sie sich daher das Icon seiner Mailbox auf Ihren Mailing-Workspace (s. Seite 244).

4.1.2 Besser kommunizieren mit dem E-Mail-Knigge

Lassen Sie sich nie dazu verleiten, aus einer emotionalen Stimmung heraus spontan eine E-Mail abzusenden, die aus aggressiven oder arroganten Formulierungen besteht. Allein der leichte Weg, seinen Zorn und Unmut dem in diesem Moment widerspruchslosen Gesprächspartner via E-Mail „ins Gesicht schleudern" zu können, verführt leicht zur Spontaneität. Sie werden die unüberlegten schriftlichen Äußerungen spätestens am nächsten Tag bereuen, wenn Sie mit mehr Zeit und Abstand feststellen, dass die Angelegenheit auch ruhiger und sachlicher zu lösen gewesen wäre.

Behalten Sie in Ihrer Vertrauensposition und Schaltstelle eines Bereichs in erster Linie Ihre Souveränität und bedenken, dass ein Abwarten oder gar keine Antwort zu geben, oftmals genau die richtige Reaktion auf aggressive Mails sein kann.

Anrede und Gruß, das neue Gesetz für die Fußzeile

Anrede und Gruß gehören bei der elektronischen Post genauso dazu wie bei jedem anderen Schriftwechsel auch.

Im Kollegenkreis passt immer ein „Hallo", bei allen anderen Mail-Empfängern ist ein „Guten Tag, Herr/Frau..." zeitgemäß und richtig. Beenden Sie Ihre Mailbotschaft immer mit einem freundlichen Schlussgruß.

Ersetzt Ihre E-Mail-Korrespondenz an einen Geschäftspartner einen per Post versandten offiziellen Brief, so müssen Sie nach dem ab 1. Januar 2007 in Kraft getretenen Gesetz die E-Mail mit der gleichen Fußzeile ausstatten, wie sie auf Ihren Geschäftsbriefen ausgedruckt ist.

Nach dem zum 1.1.2007 in Kraft getretenen Gesetz über elektronische Handelsregister und Genossenschaftsregister sowie das Unternehmensregister (EHUG) sind auch in E-Mails,

- die an einen Empfänger außerhalb der eigenen Gesellschaft gerichtet sind

- und eine geschäftsbezogene Mitteilung enthalten,

die „auf Geschäftsbriefen notwendigen Angaben" erforderlich.

Anzugeben sind danach Firma und Sitz, Registergericht und HR-Nummer, Geschäftsführer bzw. Vorstände und ggfs. der Aufsichtsratsvorsitzende (§§ 35a GmbHG, 80 AktG, 37a HGB, 125a HGB, 177a HGB).

Hinterlegen Sie die notwendigen Firmendaten mit einem Kürzel und fügen Sie den „Brief-Fuß" nur in offizielle E-Mails außerhalb Ihrer eigenen Gesellschaft ein.

Das Duzen in E-Mails

Sollten Sie sich in Ihrer Firma duzen, nennen Sie in Ihren E-Mails niemals nur die Vornamen der erwähnten Kollegen und Kolleginnen: „Barbara, bitte Hans eine Benachrichtigung senden". Richtig muss es heißen „Barbara Müller, bitte Hans Schmitt eine Benachrichtigung senden". Sie würden in einem offiziellen Brief ja auch nicht nur die Vornamen erwähnen!

Bei internen Protokollen mit Vermerk der Zuständigen auf dem rechten Seitenrand sind die Abkürzungen von Vor- und Zunamen erlaubt und korrekt: für Barbara Müller z.B. „BaMü".

Kennen Sie die gängigen Emoticons?

In der internen Korrespondenz ist es durchaus angebracht, sich ab und zu „nonverbal" und witzig auszudrücken:

Ich freue mich	:-)
Ich bin enttäuscht	:-((
Ich bin glücklich	:-))
Ich bin erstaunt	:-o
Ich bin traurig	:-(
Ich bin skeptisch	:-/
Ich sage dazu gar nichts	:-|

Hätten Sie's gewusst: Nonverbal „ich freue mich" wird in Japan ein wenig anders als wir es kennen ausgedrückt: ^^

Im Land der aufgehenden Sonne wird der emotionale Gesichtsausdruck nicht über die Lippen, sondern über die Augen dargestellt.

4.1.3   Wie verwalten Sie zeitsparend und klug Ihr E-Mail-Konto?

> E-Mails:
> Des Einen Segen (des Versenders),
> des Anderen Fluch (des Empfängers)!

Für den Versender eine große Verführung, ungebremst einen riesigen Empfängerkreis mit einer einzigen E-Mail gleichzeitig zu erreichen, aber für den Empfängerkreis eine multiplizierte Last, lawinenartig künftig mit zahlreichen Details und Meinungen der Empfänger (und auch der Kopie-Empfänger) per Reply auf dem Laufenden gehalten zu werden.

Darum gilt nach dem morgendlichen Anklicken der E-Mail-Icons (gemäß STARTE):

Öffnen Sie nicht jede E-Mail sofort!

- Öffnen Sie am Morgen zuerst Ihre eigene Mailbox
  und registrieren zunächst nur Absender und Betreff und Eil-Symbole.

- Anschließend öffnen Sie die Mailbox Ihres Chefs.
  Schauen Sie zuerst nach E-Mails seines Vorgesetzten
  und anschließend nach allen neuen Maileingängen.
  Registrieren Sie auch hier nur den/die Betreffs sowie Eil-Symbole.

- Erst daran anschließend öffnen Sie die E-Mails mit den wichtigen Betreffs oder
  von wichtigen Absendern/Vorgesetzten.

Die nicht wichtigen Informations-E-Mails öffnen Sie zu einem späteren Zeitpunkt, um sie kurz zu überfliegen und - seien Sie mutig! - sofort zu löschen.

Schauen Sie keinesfalls in jeder Minute wie ein Süchtiger nach neuen E-Mail-Eingängen, die Sie sofort beantworten möchten, sondern planen Sie zeitliche Freiräume für wichtige Aufgaben ein. Halten Sie sich in dieser Phase grundsätzlich von Ihrem E-Mail-Konto fern.

Beantworten Sie einfache Sachverhalte nicht mit einem E-Mail-Reply, sondern telefonisch und löschen die Anfragemail sofort!

Nicht alle Vorgänge benötigen einen „beweisführenden Schriftwechsel mit Zeugen". Das Bewusstsein für diese Tatsache ist mit dem Medium E-Mailing leider etwas abhanden gekommen. Schwimmen Sie daher bei einfachen E-Mail-Anfragen gegen den Trend und setzen Ihren gesunden Menschenverstand und die direkte, schnelle Kommunikation per Telefon ein. Der Zeitaufwand ist geringer, Ihre Mailbox wird entlastet, Ihr Handgelenk geschont und Ihre Telefonstimme trainiert.

In welcher Reihenfolge öffnen Sie neue E-Mail-Eingänge?

 In der zeitlichen Reihenfolge, wie sie eingegangen sind, von unten nach oben, FIRST IN - FIRST OUT?

Bei dieser weit verbreiteten Reihenfolge verschwenden Sie enorm Zeit, da Sie sich meist durch die ganze Chronologie eines Vorgangs lesen, die Sie mit einem einzigen Klick auf die *zuletzt* geschriebene Mail als Reply auf die angehängten Vor-Mails komplett präsentiert bekommen.

 Sparen Sie sich unbedingt diesen Zeitaufwand

> Prüfen und öffnen Sie E-Mails grundsätzlich in der Reihenfolge
>
> **von oben**
>
> **nach unten**

Informieren Sie auch Ihren Chef über diese Reihenfolge. Er wird den Zeitgewinn schätzen und darüber hinaus Ihre selbständigen Mail-Forwards oder andere Veranlassungen zu weiter unten wartenden Mails vorab lesen und nicht noch einmal selbst (doppelt) durchführen.

Psycho-Faktor:

Wenn Sie diszipliniert erst nach dem Gesamtüberblick, anschließend von oben nach unten nur das wirklich Wichtige öffnen und den Rest im Ihnen passenden ruhigeren Moment, haben *Sie* die E-Mail-Flut im Griff und nicht umgekehrt die E-Mail-Flut Sie.

4.1.4 Strukturieren Sie gekonnt die E-Mail Flut Ihres Chefs

Wählen Sie für die Bearbeitung der täglichen Informationsmasse via E-Mail eine zeitsparende Routine:

Öffnen Sie Mails nicht zweimal, sondern handeln Sie sofort beim ersten Durchlesen:

- Schieben Sie Mails zu Projekten (sowohl kurz- als auch langfristige) sofort nach dem Lesen in Mailbox-Ordner (siehe Seite 104).
  Für langfristige Projekte haben Sie damit eine papierlose Archivierung. Kurzfristige Projekt-Ordner für Fragen und Antworten lösen Sie am Ende wieder auf.

- Mails mit Aufgabenstellungen wandeln Sie wieder in rote Schrift um, als Ihr Marker, dass der Inhalt noch zu bearbeiten ist.

- Meetinginformationen (Reisepläne, Agenda, Hoteladresse) schieben Sie sofort zum Kalendereintrag.

- Erhaltene Antworten zu Routinefragen, die Sie ausnahmsweise nicht per Telefon, sondern per Mail gestellt haben, löschen Sie nach dem Lesen sofort wieder.

Archivieren Sie den Inhalt der Mailbox in regelmäßigen Zeitabständen, bevor Ihnen Ihr Server Geschwindigkeitseinbußen durch die hohe Anzahl der gespeicherten Mails beschert und die häufige Anzeige der Sanduhr Ihre Geduld strapaziert (siehe Seite 95).

E-Mails mit Aufgabenstellungen zuverlässig managen

Gut 70 % aller eingehenden Mails beinhalten eine irgendwie geartete Aufgabenstellung für Sie oder Ihren Chef. Nach dem Lesen des Inhalts reagieren Sie als perfekte Unterstützung Ihres Chefs sofort und wählen aus den beiden Möglichkeiten die individuell am besten Geeignete:

Alternative A

Verschieben Sie die E-Mail zur Aufgaben-Liste in Ihrem Mail-System zu einem passenden Termin, damit Sie und Ihr Chef in der Kalenderansicht rechtzeitig vor Fälligkeit erinnert werden:

Im Mail-Kalender erscheint am definierten Tag der Aufgabentitel als Erinnerung und Aufforderung zur aktiven Bearbeitung.

Alternative B

Markieren Sie die E-Mail wieder in rot als ungelesen/unerledigt und legen einen E-Mail-Ausdruck mit Stichwort in Ihre **C**ommunicate-Mappe. Besprechen Sie mit Ihrem Chef zeitnah die Veranlassungen.

Die Rotmarkierung, als unerledigte Mail, wird automatisch entfernt, wenn Sie die Mail zu Ihrem fristgerechten Reply wieder öffnen.

Zeitnah den aktuellen Status der unerledigten E-Mails vorlegen

Planen Sie es als Ihre regelmäßige Assistenzaufgabe ein, möglichst wöchentlich den Stand der Erledigung (Anzeigen aller rot markierten oder zur Aufgabenliste verschobenen Mails) nachzuschauen.

Grundsätzlich sollten offene E-Mail-Aufgaben spätestens vor einer längeren Abwesenheit Ihres Chefs geklärt sein oder Delegationen besprochen werden sowie **nach** seiner Reise die neuen rot markierten unerledigten Mails vorgelegt werden.

> Legen Sie Ihrem **Chef vor und nach längerer Abwesenheit** einen Ausdruck aus der Gesamtansicht aller rot markierten Mails per **Screenshot** (siehe Seite 237) vor.
>
> Legen Sie den Screenshot-Ausdruck zur Besprechung in Ihre **C**ommunicate-Mappe.

Verwalten Sie Rückfragen und Antworten in Mail-Ordnern

Ihr Chef erbittet per E-Mail von seinen Mitarbeiten zu einem definierten Erledigungstermin Vorschläge für eine Besprechungs-Agenda.

Sie bitten Ihre Niederlassungsleiter im Ausland um Zuarbeit für Ihre vertrauliche Übersicht über die Wochenarbeitszeit jedes Mitarbeiters im Ausland, die Sie zur nächsten Aufsichtsratssitzung vorlegen sollen.

 Sie sehen am Stichtag in der Mailbox-Ansicht nach Personen bei den einzelnen zuständigen Mitarbeitern nach, ob Antworten eingetroffen sind und drucken sie aus?

Die Aufgabe lässt sich zeitsparender bewältigen:

> **Schieben Sie die Aufgabenstellung vorübergehend in einen separaten Ordner Ihrer E-Mail-Box und betiteln Sie ihn mit „ANTWORTEN".**

- Alle Antworten ziehen Sie sofort bei Eingang zu diesem Folder.
  (In Ihrem Mailsystemen können Sie per „Quick Rule" die Antworten automatisch bei Eingang in den definierten Folder verschieben lassen.)

- Legen Sie sich das Aufgabenstichwort einen Tag vor der Deadline in die Wiedervorlage.

Bei Vollständigkeit können Sie Ihrem Chef vorschlagen, sich im automatisch auch in seiner Mailbox angelegten Ordner „ANTWORTEN" papierlos oder per Ausdruck einer Zusammenfassung (alle Stellungnahmen per Copy in eine neue Mail) über den aktuellen Stand zu informieren.

Anschließend werden der vorübergehend angelegte Folder oder die Antworten wieder gelöscht!

4.1.5   Wie können Sie Invitation-Accepts aus Ihrer Mailansicht fernhalten?

Sie versenden täglich mehrere Einladungen und meist an einen großen Teilnehmerkreis. Am Jahresende nimmt die Flut der Invitations ihren Höhepunkt mit Ihren zahlreichen Einladungen für das Folgejahr: Große Teilnehmergruppen werden Sie zu ganz unterschiedlichen regelmäßigen Review-Sitzungen oder Quartalsberichten einladen.

Damit die Invitations in den Kalendern fest eingetragen werden, geben die Teilnehmer ihr **ACCEPT** ein oder ihr **PROPOSE NEW TIME** oder ihr **TENTATIVELY ACCEPT**. Was ist die Folge für Ihre Mailbox? Sie wird zugemüllt mit Informationen zu den Invitationreaktionen aller Teilnehmer!

 Sie löschen jedes ACCEPT oder PROPOSE NEW TIME oder TENTATIVELY ACCEPT?

Damit löschen Sie automatisch auch in der Kalenderansicht die Teilnahmezusagen oder Terminverschiebungsvorschläge. Sie werden die Teilnehmer zur Reaktion auf Ihre Einladungen anmahnen und bei ihnen großes Unverständnis auslösen, da durch die abgegebenen Antworten die Einladungen bei ihnen bereits in Kalendereinträge umgewandelt wurden.

> **Blocken Sie Einladungsantworten „ACCEPT" mit einer „Mail-Rule" automatisch von Ihrer Mailansicht (nicht in Ihrer Kalenderansicht).**

> Selektieren Sie in Ihrem Mail-Menü die Möglichkeit der Regeleingabe und geben Sie mit einer so genannten „Wenn-Dann-Festlegung" das Blockieren der Einladungsantworten ein.

4.1.6 Drei Möglichkeiten, E-Mails nach Stichworten zu finden

Ihr Chef möchte einen Kollegen in Ägypten anrufen, dessen Name er auf der Verteilerliste eines bestimmten E-Mail-Vorgangs einmal gelesen hat und die genaue Schreibweise nicht mehr in Erinnerung hat:

Sie suchen in Ihrer Ansicht nach Personen nach Namen, die so ähnlich klingen, wie er es in Erinnerung hat?

Sie rufen in der Organisationsdatei Ihrer Gesellschaft das Länderverzeichnis Ägypten auf und klicken von einer Funktion zur anderen auf der Suche nach ähnlichen Namen?

Natürlich ist das nicht schnell genug und nicht zielführend.

> **Suchen Sie mit einem Betreff-Stichwort nach der erwähnten E-Mail und finden dort im Verteiler den gesuchten Namen.**

> **Alternative A:** Anzeige aller Mails mit dem genau angegebenen Betreff.
>
> ▣ Aktivieren Sie das Lupensymbol im Microsoft-Menüfeld und geben im sich öffnenden Feld den genauen Betreff des gesuchten Mails ein.
>
> ▣ Sie erhalten nur eine Auflistung der Mails, die genau dem Suchwort entsprechen.

Alternative B: Anzeige aller E-Mails mit dem genau angegebenen Betreff und mit Texterweiterungen.

- Ihre Mails sind nach den Begriffen „Datum", „Absender", „Betreff" sortiert. Klicken Sie „Betreff" an und geben im sich öffnenden Fenster den genauen Betreff des gesuchten Mails ein.

- Alle E-Mails, die als Betreff den Suchbegriff genau oder mit einer anschließenden Texterweiterung enthalten, werden in einem Block, mit dem ältesten Datum zuerst, angezeigt. Wurde der Betrefftext erweitert, schließen sich diese E-Mails, wiederum mit dem ältesten Datum zuerst, wiederum als Block an.

- Drücken Sie „Betreff" erneut, damit sich die Mail-Sortierung wieder in der Ursprungsfassung darstellt.

Alternative C: Anzeige aller E-Mails mit einem definierten Stichwort innerhalb des Betrefftextes.

- Aktivieren Sie in Ihrem Mail-Menü einen Dienst „Stichwort-Finder" und geben einen Begriff, der im Betreff enthalten sein muss, ein.

- Der Stichwort-Finder markiert vom ältesten Datum der Reihe nach alle E-Mails, die den Suchbegriff im Betreff-Text enthalten. Sie können die gefunden Mails jeweils öffnen und aktivieren mit der OK-Taste den Sprung zum nächsten Maileingang mit dem gesuchten Begriff.

Haben Sie mit der Betreffsuche nach Alternative A, B oder C die E-Mail des Kollegen aus Ägypten gefunden, ist es ein Leichtes, Ihrem Chef nun seinen Namen und Telefonnummer zu nennen.

Experten-Tipp:

Sie können auf diese Weise auch in einem sehr großen E-Mail-Verteiler gezielt und schnell nach Namen suchen.

Zum Beispiel, ob Ihr Chef im Adressfeld als direkter Empfänger oder nur zur Kenntnis im Copy-Feld definiert wurde. Oder ob der Name eines wichtigen Mitarbeiters bereits im Empfänger- oder Copy-Feld enthalten ist, damit Sie nicht unnötig eine Weiterleitung an ihn auslösen.

- Kopieren Sie den Verteiler in das Textfeld,

- markieren die Gruppe

- und geben den gesuchten Namen ein.

4.1.7   Sie können per E-Mail-Message um Rückruf bitten

Grundsätzlich sollte der E-Mail-Weg nicht auf alle Bereiche der Kommunikation ausgedehnt werden. Einige Fragen lassen sich bekanntermaßen schneller per Telefon beantworten.

Wenn Sie Ihren Gesprächspartner jedoch häufig nicht erreichen können und ihm vorab den Grund des Gesprächs mitteilen möchten, wäre eventuell die schnelle E-Mail-Möglichkeit zu erwägen:

   Aktivieren Sie in Ihrer Mail-Menüleiste den Service „PHONE MESSAGE":

Schreiben Sie die Details in das Phone-Message-Formular und senden es als E-Mail an den Empfänger.

In der Mailbox des Empfängers erscheint „Phone Message from".

From: Gabriele Ried-Hertlein on 10.07.2007 13:51
To:
cc:
bcc

While You Were Out

Contact:

of:

Phone: FAX:

☐ Telephoned   ☐ Will Return
☐ Please Call   ☐ Left Package
☐ Will Call Again ☐ Please See Me
☐ Returned Call ☐ Urgent
☐ Was In

Message:

4.1.8 Definieren Sie Lese- und Schreibrechte für E-Mails und Kalender

Für Urlaubs- und Geschäftsreisezeiten sollten Sie zusammen mit Ihrem Chef rechtzeitig definieren, welche Rechte für welche Mailbox, eventuell zeitlich befristet, an wen delegiert werden sollten.

Legen Sie in Ihrem Mailsystem rechtzeitig Delegationen zum Lesen oder Bearbeiten Ihrer Mails oder der Mails Ihres Chefs fest und informieren Sie die Berechtigten hierüber.

Bei zeitlich befristeten Delegationen legen Sie sich das Stichwort auf Wiedervorlage und nehmen die Festlegungen im System wieder zurück.

4.1.9 Sensibler Umgang mit vertraulichen E-Mails

Klären Sie rechtzeitig mit Ihrem Chef, ob und welche „Confidential"- oder „Strictly Confidential"-Mails Sie in Ihrer Funktion als enge Mitarbeiterin lesen sollten. Auch für die Zeit seiner Abwesenheiten sollte eine eindeutige Regelung getroffen worden sein. Legen Sie diese Fragestellung in Ihre **C**ommunicate-Mappe.

Der genehmigte Zugang zu den vertraulichen Mails setzt selbstverständlich Ihren vertrauensvollen Umgang mit dem Inhalt dieser Mails voraus.

> **Kein Einblick in „strictly confidential - Mails" ohne die Genehmigung des Mailbox-Owners!**

Nach seinem Einverständnis und Einstellung Ihres IT-Administrators wechseln Sie mit dem Mailbox-Passwort zunächst in den lokalen E-Mail-Bereich Ihres Chefs. Bitte beachten Sie, dass die von Ihnen nun geöffneten Mails für Ihren Chef in schwarz, als gelesen erscheinen würden.

Wie lesen Sie in seinem lokalen E-Mail-Bereich die zugangsgenehmigten vertraulichen E-Mails, ohne dass diese für Ihren Chef missverständlich als erledigt (wieder in schwarz) erscheinen?

> **Experten-Tipp:**
>
> Teilen Sie Ihre Bildschirmansicht und blicken auf den geöffneten Teil
>
> - In manchen Mail-Systemen können Sie dazu einen quer verlaufenden Balken am unteren Ende der Mail-Ansicht hochziehen und ihn unmittelbar vor der Mail, die Sie öffnen möchten, absetzen.
>
> - Mit einem einfachen Klick (auf keinen Fall doppelt klicken) auf die Mail lesen Sie anschließend im unteren Bildschirmbereich den Inhalt, ohne die Mail offiziell geöffnet zu haben.
>
> - Oft hat die Mail-Software am unteren Ende des Bildschirms auch eine Voransicht eingestellt, dessen Pfeil Sie einfach anklicken müssen, um wieder mit halbem Bildschirm Ihre Ansicht zu erhalten.

Für die Rückkehr zu Ihrer ID klicken Sie wieder den Pfeil mit dem Namensfeld, das noch den Namen Ihres Chefs angibt, an, selektieren Ihren Namen und geben Ihr eigenes Passwort an.

4.1.10 Abwehr der leidigen „Spam-Mails"

Wie vertraut sind Sie mit den gesetzlichen und technischen Abwehrmöglichkeiten?

Die Verbreitung von Spam-Mails - ungewollt zugesandte elektronische Post - nimmt rasant zu. Weltweit sind nahezu drei von vier E-Mails unerwünschte Werbepost gewesen. Ursache für den Spam-Überfall sind vor allem neue intelligente Schädlinge, wie z.B. der Trojaner „SpamThru", der sich in Computer einschleicht und mit verschiedenen Taktiken versucht, seine Erkennung zu verhindern. Auch so genannte „Würmer" wie z.B. „Warezov" sind schwierig auszumachen, da sie sich permanent verändern und manche Antivirenprogramme erst einmal überfordert sind.

> **Absendern von unerwünschten Spam-Mails droht ein Bußgeld von bis zu 50.000 EUR.**

> Seit März 2007 darf in der Kopf- und Betreffzeile weder der Absender noch der kommerzielle Charakter der Nachricht verschleiert oder verheimlicht werden.

Hätten Sie´s gewusst: Mit „Spam" wird eine amerikanische Dosenfleichsorte (Spiced Pork And Meat). bezeichnet. Der Begriff stammt aus einem Monty-Python-Sketch, der in einem Restaurant spielt, in dem trotz der Vielzahl der Gerichte alle Speisen mit Spam, der amerikanischen Dosenfleischsorte, „bereichert" werden. Vielleicht gönnen Sie sich einmal den Besuch des schrägen Musicals „Monty Python´s SPAMALOT", das nach New York und London für eine befristete Gastspielzeit in Köln zu besuchen ist.

Schalten Sie die Beschwerdestelle für „Spam"-E-Mails ein

Unerwünschte Werbe-E-Mails können an eine neue Beschwerdestelle der Verbraucherzentralen weitergeleitet werden:

beschwerdestelle@spam.vzbv.de

Die weitergeleiteten Spams sollten die kompletten Angaben zu Absender, Datum und Empfänger enthalten.

Der Bundesverband „Informationswirtschaft, Telekommunikation und neue Medien" hat die so genannte „Robinson-Liste" eingerichtet, in der sich jeder eintragen kann, der keine Werbung per E-Mail (oder per Festnetz oder Mobilfunk) erhalten möchte:

www.robinsonliste.de

Wer sich per Mail-Spam belästigt fühlt, kann dies auf der Webseite unter „Spam-Melder" eintragen. Seriöse Vermarkter gleichen ihre Werbedaten mit der Robinson-Liste ab und halten sich meist daran.

Eine weitere Möglichkeit zur Abhilfe bei belästigender Mail-Webung ist Ihr Eintrag auf der Web-Seite

www.internetbeschwerdestelle.de

Was Sie aktiv unternehmen bzw. strikt unterlassen sollten

Gehen Sie vorsichtig mit der Bekanntgabe Ihrer E-Mail-Adresse um. Schnell sind z.B. in Umfragen oder verlockenden Preisausschreiben unbedacht die Absenderangaben geschrieben.

Die Mailbox Ihres Chefs wird in Kürze mit neuen Werbe-E-Mails zugemüllt, wenn Sie seine Daten einem unbekannten Anrufer für die Übermittlung seiner Werbung genannt haben.

Weil Ihre Mail-Adressen gegen Gebühr z.B. an Werbegemeinschaften weitergegeben wurden, finden immer mehr Junk Mails oder Spams Zugang zu Ihrer Mailbox. Über Cookies (siehe Seite 300) sammeln Anbieter oder Werbegemeinschaften zum Beispiel Ihre besuchten Webseiten und können dann mit Kenntnis der genauen Mail-Daten gezielt nach den Interessen des Surfers ihre Werbe-E-Mails versenden.

> Verändern Sie Ihre E-Mail-Adresse mit einer **Erweiterung Ihres Vornamens.**

Bitten Sie Ihren IT-Administrator um Änderung Ihrer E-Mail-Adresse oder die Ihres Chefs. Erweitern Sie Ihre Daten zum Beispiel mit einem zweiten Vornamen oder einem Anfangsbuchstaben.

Antworten Sie nie auf eine Spam-Mail oder unbestellten News-Letter.

Drücken Sie nie den in der E-Mail vorbereiteten Antwort-Button, mit dem Sie angeblich den News-Letter oder andere regelmäßige Angebote automatisch abbestellen könnten. Der Absender sieht damit Ihre genaue E-Mail-Adresse und wird Sie weiter mit Spams oder nicht gewünschten Informationen bombardieren.

Beschweren Sie sich auch nicht per Reply-Mail bei dem Absender, das hätte dieselbe Folge.

Lassen Sie Spam-Absender sperren.

Leiten Sie die Spams oder Newsletter an Ihren IT-Administrator weiter und lassen diese Absenderadressen sperren und einen Spam-Filter anlegen. Die eingehenden Werbe-Mails der definierten Absenderadressen werden automatisch in die Müllbox geschoben und Ihre Mailbox bleibt verschont.

Schreiben Sie einen Verteilerkreis nicht offen in das TO-Feld, sondern **in das Kopie-Feld: BCC.**

Beim Versenden von Mails an mehrere Empfänger außerhalb Ihres Unternehmens schreiben Sie die Mailadresse nicht ins Adressfeld (TO), sondern in das Blind Carbon Copy-Feld (BCC). So sehen die Empfänger nur Ihre eigene Adresse, nicht die des gesamten (noch unbekannten) Empfängerkeises.

Öffnen Sie niemals Dateianhänge in Mails von unbekannten Absendern.

Auch wenn in Ihrem E-Mail-Programm und in Ihrem Server Firewalls und die neuesten Virenabwehrprogramme installiert sind, öffnen Sie niemals Anhänge in Mails von unbekannten Absendern.

4.2 Briefpost

4.2.1 Ausgangspost

Nach wie vor wird es den Briefversand über den Postweg geben.

▪ **Schriftstücke mit gesetzlich vorgeschriebenen Unterschriften**
wie z.B. vertragliche Vereinbarungen, Kündigungen, gesellschaftsrechtliche Mitteilungen

▪ **Beweisführende und fristgebundene Briefe**
wie z.B. Mahnungen, Reklamationsfeststellungen, Anmeldung von Gewährleistungsansprüchen

▪ **Post mit Werbungshintergrund**
wie z.B. Flyer zu neuen Produkten oder Dienstleistungen, Messeeinladungen mit Eintrittsgutscheinen, Kataloge

werden nicht elektronisch zugestellt.

Sie finden hier die wesentlichen technischen Hilfsmittel und Tools für die zeitsparende und korrekte Aussendung der Post.

Mit einem Klick zu den Postleitzahlen

Für die korrekte Adressierung holen Sie sich die PLZ aus dem Web: Die deutschen Postleitzahlen finden Sie zum Beispiel unter

www.teleauskunft-24.de,

www.telefonbuch.com,

www.klicktel.de

Legen Sie sich eine Web-Adresse als Internet-Favoriten ab (siehe Seite 253) oder übertragen Sie die URL als Shortcut (siehe Seite 239) in einen separaten Mail-Folder oder als Bookmark auf Ihre Bildschirmoberfläche (siehe Seite 246).

Schnelles Finden der korrekten Postgebühren

Hand aufs Herz: Kennen Sie die gängigen Porto-Staffelungen der Deutschen Post? Von einem Seminarleiter hörte ich kürzlich den interessanten Satz: „Eine Sekretärin muss nicht alles selbst wissen; sie muss nur wissen, wo sie es findet."

Vorausgesetzt, in Ihrem Unternehmen befasst sich nicht eine firmeneigene Poststelle mit diesem Thema, hier die wunderbarste aller Lösungen. Unter der Web-Adresse:

www.deutschepost.de

können Sie den „Portokalkulator" zum Kalkulieren jedweder Portoart der Deutschen Post verwenden.

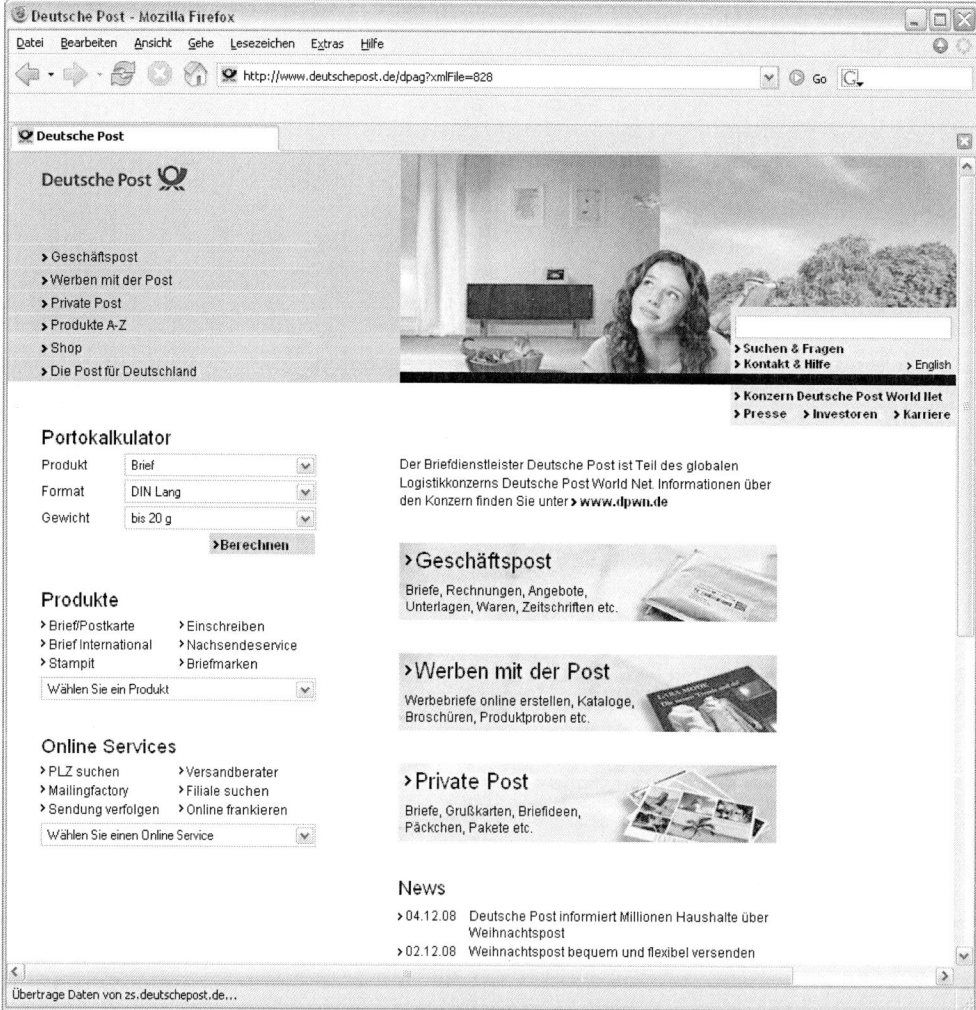

> **Experten-Tipp:**
>
> Bevorzugen Sie nach Möglichkeit Standardkuverts im üblichen reißfesten DIN C4-Umschlag (L 35 cm x B 25 cm; bis H 2 cm, bis 500 g). Die nur 5 cm längeren Umschläge (L 40 cm x B 28 cm), die als Übergröße gelten, kosten das Doppelte.

Neben der Deutschen Post AG (DPAG), deren Postmonopol seit 2006 eingeschränkt wurde, haben sich neue Briefdienste etabliert, die Briefe abholen und beim Empfänger bis zu einer definierten Zeit abliefern. Per 1. Juli 2010 ist die DPAG, wie bisher schon die privaten Postdienste, gesetzlich verpflichtet, ihren Geschäftskunden Mehrwertsteuer auf Briefdienste zu berechnen. Die Wirtschaft lässt sich die Vorsteuer vom Finanzamt wieder erstatten.

Vorsortierte Postsendungen ab 500 Stück werden - gesetzlich im Postgesetz geregelt - von der DPAG je nach Anzahl zwischen 8 und 26 Prozent rabattiert. Diese Sortierarbeit nach Größe und/oder PLZ können ebenfalls private Anbieter übernehmen, die den Kostenvorteil dem Kunden nach Quantum gestaffelt weitergeben.

2008 wurde es nochmals interessant, als das letzte Monopol der Deutschen Post AG fiel: der Transport von Standardbriefen bis 20 g. Diese Sparte ist der Hauptanteil der Sendungen. Per 1. Januar 2008 wurde damit in Deutschland der Markt für Briefe und Pakete aller Größen vollständig geöffnet (in den restlichen Ländern der Europäischen Union fällt erst im Jahr 2013 das Post-Monopol).

Es wird sich zeigen, ob es mehr Service geben kann und wird, wie man beim Paketdienst schon sieht. Zu wünschen wäre, wenn beide nebeneinander bestehen könnten, die traditionelle DPAG und neue Anbieter!

Nutzen Sie die richtigen Adress-Etiketten

Sparen Sie Zeit beim Versenden Ihrer Ausgangspost.

Einen Stapel Aussendungen vom Tisch zu bekommen, kann zeitaufwändig und mühsam sein. Eine hilfreiche Lösung ist die Verwendung von Adress-Etiketten mit Abziehhilfe. Einfach Abziehstreifen lösen, so dass eine Reihe Etiketten hervorsteht und ganz leicht vom Bogen abgezogen werden kann.

Bei hohem Versandaufkommen, z.B. bei Ihrer Weihnachtspost, kann bis zu einem Viertel der Zeit bei der Vorbereitung der Postsendungen gespart werden.

Wenn Sie Etiketten in etwas größeren Formaten mit dem individuellen Firmenlogo oder Firmenbotschaft verwenden, kann Ihre Post bei den Empfängern eventuell mehr Aufmerksamkeit erwecken.

Eine meist kostenlose Software zum Bedrucken der Etiketten halten die Spezialisten für Adress-Etiketten zur leichten Bedienung bereit.

4.2.2 Eingangspost

Eingangspost digitalisiert erhalten

Kennen Sie das interessante Angebot der Deutschen Post AG? Firmenkunden der Deutschen Post AG können ihre Briefe digitalisieren und direkt in ihre Datenverarbeitungssysteme einspeisen lassen. Ende 2006 nahmen so genannte Digitalisierungs-Stationen in Frankfurt, Berlin, Hamburg, Hannover, Essen, Köln, Stuttgart, München, Nürnberg, Leipzig ihren Betrieb auf. In diesen Stationen öffnen, entklammern, glätten und sortieren Mitarbeiter die an die Unternehmen adressierten Briefe und scannen die Dokumente ein.

Ärgernis Werbesendungen

Erhalten Sie fast täglich von immer gleichen Absendern Einladungen zu Seminaren oder Angebote zu Artikeln und Leistungen, die nicht in Ihrem Tätigkeitsfeld liegen? Selbst ein Anruf bei den Absendern bringt keine Veränderung?

 Sie legen die Werbung immer wieder in die Eingangspostmappe für Ihren Chef?

Sie leiten die Kuverts an andere Abteilungen weiter, obwohl Sie nicht überzeugt sind, dass dies gewünscht ist?

Sie werfen die Kuverts jedes Mal in Ihren Papierkorb?

Zu viel Aufwand und kein Nutzen! Greifen Sie bei unverlangter, wiederholter Werbepost zu einer wirksamen Maßnahme:

 Senden Sie clever unverlangte Sendungen zurück und dämmen die Werbeflut ein.

> Kleben Sie konstant über eine nicht zu kurze Zeitspanne auf die ungeöffneten Kuverts einen **Aufkleber „Unfrei zurück"** und senden diese postwendend und portofrei zurück.

> Der Versender der unverlangten Post zahlt bei jeder Rücksendung die hierfür geltenden Portogebühren und wird sich mit Sicherheit bald die Mühe machen, Ihre Adresse aus seinem Verteiler zu streichen.
>
> Verwenden Sie dazu selbstklebende Etiketten (z.B. von Zweckform Nr. 3659) mit folgendem Text: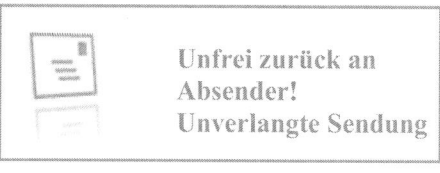

Formular 8 (Download auf der Website des Verlags: www.edumedia.de/bueroorganisation)

Werbepost an ausgeschiedene Kollegen

Wenn Sie für Ihren Bereich Post an einen kürzlich ausgeschiedenen Mitarbeiter mit implementiertem Nachfolger erhalten, leiten Sie diese Kuverts direkt an den neuen Mitarbeiter weiter. Überlassen Sie es ihm selbst, eine Namensänderung in der Anschrift bei den Absendern zu veranlassen.

Gibt es evtl. nach Rationalisierungsmaßnahmen in Ihrer Firma keine Nachfolger für ausgeschiedene Mitarbeiter, dürfen Sie die nicht-persönliche oder nicht-private Post (siehe Seite 142) öffnen, damit Sie bei wichtiger Korrespondenz den Absender über die personelle Veränderung informieren können. Ebensolches gilt für pensionierte Mitarbeiter und Mitarbeiterinnen.

Erkennen Sie bei diesen Empfängern am stets gleichen Werbeaufdruck oder in der ganz speziellen Art der Kuvertgestaltung, dass es sich um regelmäßige Werbepost handelt, senden Sie auch in diesem Fall die ungeöffneten Kuverts eine überschaubare Zeit lang mit einem speziellen Aufkleber portofrei zurück.

Nach einiger Zeit sind Sie sind von der zusätzlich Postbearbeitung befreit.

Verwenden Sie dazu selbstklebende Etiketten (z.B. von Zweckform Nr. 3659) mit folgendem Text:

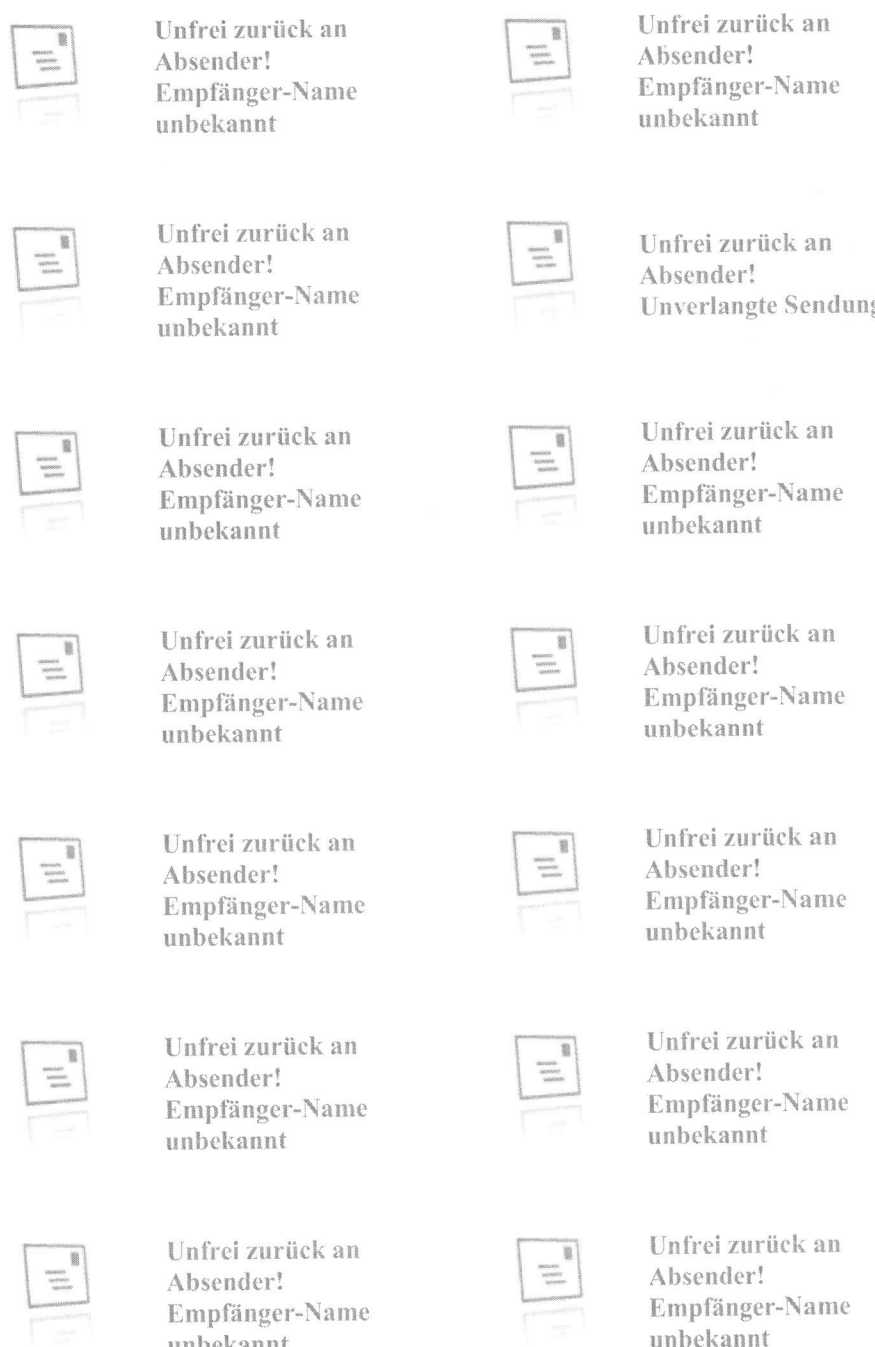

Formular 9 (Download auf der Website des Verlags: www.edumedia.de/bueroorganisation)

4.3 Telefonie

4.3.1 Tauschen Sie Ihren Telefonhörer gegen ein modernes Head-Set ein

 Schmerzt nach etlichen Telefonaten und gleichzeitigen Notizen Ihr Nacken mal wieder?

 Trennen Sie sich doch von Ihrem meistens zwischen Kopf und Schulter eingeklemmten Telefonhörer!

Setzen Sie ein angesagtes **Telefon-Head-Set** ein und telefonieren mit freien Händen, machen sich dabei Notizen oder holen während Ihres Telefonats im Nachbarbüro Unterlagen

© Konstantin Gastmann / PIXELIO

Sie telefonieren entspannt, ohne störendes Kabelgewirr und der Kopf bleibt dabei in seiner natürlich geraden Haltung.

Empfehlenswert sind schnurlose Head-Sets, die für herkömmliche Telefonanlagen und für die Internet-Telefonie (VoIP) eingesetzt werden können.

Sie haben mit einem schnurlosen Head-Set eine Reichweite von ca. 100 Metern. Mit gerade einmal 26 Gramm sind manche Head-Sets am Ohr kaum spürbar und dadurch den ganzen Tag über bequem tragbar. Ihre schlanke Form integriert einen dezenten Mikrofonarm mit einem geräuschfilternden Mikrofon.

Falls die Mobilität während des Telefonats für Sie nicht an erster Stelle steht, gibt es die etwas kostengünstigeren Modelle mit Kabelführung.

Drei Tragemöglichkeiten stehen Ihnen zur Verfügung:

- Während der **Überkopfbügel** das Head-Set sicher am Ohr hält,
- schmiegt sich der **Ohrhaken** dezent und kaum sichtbar dem Ohr des Trägers an.
- Das bequeme **Hinter-dem-Nacken-Design** schont die Frisur und kann auch bequem von Brillenträgern verwendet werden.

Fast alle Head-Sets können problemlos von den Endanwendern installiert werden.

4.3.2 Per Tastenkombination zu allen internen Telefonnummern

Für Ihre telefonische Kommunikation stehen Ihnen online etliche Verzeichnisse mit Telefonnummern der Mitarbeiter Ihrer Arbeitsstätte, des Inlands, weltweit oder nach Funktionen geordnet für den ganzen Konzern zur Verfügung. Mittlerweile marschiert eine ganze Armada Icons auf; für interne Organisationsdaten, für Gesellschaftsadressen, Länderzuständigkeiten, Funktionsträger, Projektzuständige.

 Sie möchten eine Telefonverbindung herstellen und klicken sich ergeben erst zum Verzeichnis, dann zum Anfangsbuchstaben und schließlich zum Namen, der mehrmals vorkommt?

 Überraschen Sie Ihren Chef ab sofort mit dem blitzschnellen Verbinden und der sekundenschnellen Auskunft.

> Sprechen Sie mit Ihrem System-Administrator und bitten ihn, alle Telefonnummern Ihrer Region oder Ihres Landes in Ihrem Server in einer separaten Datenbank zur Verfügung zu stellen und mit einer definierten Tastenkombination eine schnelle Verlinkung zu ermöglichen.

Es bedarf einer Regelung zwischen Ihrer Personalverwaltung und Ihrer IT-Abteilung, wie Einträge automatisiert eingepflegt werden können.

Mit einer definierten Tastenkombination, z.B. „STRG/ALT + T" öffnet sich für jeden PC-Nutzer Ihrer Gesellschaft, gleich in welchem Anwendungsprozess er sich befindet, das alphabetische Telefonverzeichnis der Mitarbeiter. Im Suchfeld gibt er den Teilnehmernamen ein und erhält die gewünschte Telefonnummer und evtl. noch zusätzliche Daten, wie Standort, Zimmer-Nr. oder Kostenstelle.

Noch schneller kann es gehen, wenn Sie in Ihrem Unternehmen Telefonapparate einsetzen, die mit einem integrierten Key Board ausgestattet sind. Sie geben in der kleinen Tastatur am unteren Rand des Telefonapparats die Anfangsbuchstaben des Teilnehmers in Ihrem Bereich ein und drücken im Mittelfeld des Telefonapparates auf die OK-Taste.

Blitzschnell erscheinen im Telefondisplay alle Teilnehmer, die zu den eingegebenen Anfangsbuchstaben passen. Sie starten einfach per Tastendruck bei dem gesuchten Teilnehmer (neben dem Display) den Wählvorgang.

Voraussetzung ist auch hier eine aktuell eingepflegte Datenbank mit den Namen und Telefonnummern der Mitarbeiter.

4.3.3   Telefonnummern worldwide

Auskunft zu Telefon-Anschlussnummern

Ihr Chef möchte mit einem potenziellen inländischen Geschäftspartner erstmals telefonieren, von dem Sie nur Firmenname und Ort kennen.

   Sie blättern ein Branchen-Telefonbuch durch?

Sie rufen die Auskunft an 11833 (Telekom) oder 11819 (Mobilcom)?

Sie schauen im Internet nach einer Web-Adresse und Erreichbarkeiten?

Diese Aktivitäten sind nicht schnell genug zielführend!

> Klicken Sie die Standard-Webseite für **Telefonnummern in Deutschland an.**
>
> ▨ www.dasoertliche.de
>
> ▨ www.klicktel.de
>
> ▨ www.bundes-telefonbuch.de
>
> Für **Telefonnummern-Verzeichnis der ganzen Welt, nach Kontinenten:**
>
> ▨ www.telauskunft-24.de
>
> ▨ www.telefonbuch.com

Legen Sie sich eine Web-Adresse als Internet-Favoriten ab (siehe Seite 253) oder übertragen Sie die URL als Shortcut (siehe Seite 239) in einen separaten Mail-Folder oder als Bookmark auf Ihre Bildschirmoberfläche (siehe Seite 246).

Die schnellste aller Möglichkeiten ist der Einsatz einer Suchmaschine: Geben Sie bei **Google** in die Suchmaske „Telefon EduMedia" oder „Telefon ABB Vaasa" ein und Sie erhalten blitzschnell zum Stichwort Links und die Telefonnummer.

Wo finden Sie blitzschnell Telefon-Vorwahlen?

In Ihrer Abwesenheit hat der Telefonspeicher einen Anrufer für Ihren Chef aus dem Ausland mit einer Ihnen unbekannten Ländervorwahl registriert. Sie möchten Ihren Chef vor seinem eventuellen Rückruf informieren, aus welchem Land der Anruf kam? Die Internetseite:

www.xdial.de/vorwahlen

verrät Ihnen ruck-zuck nach Eingabe der Vorwahl-Nr. das dazugehörige Land.

Natürlich ist auch umgekehrt mit der Eingabe des Ländernamens die Suche nach Vorwahl-Nummern möglich. Sie können sowohl Ortsvorwahlen als auch Landesvorwahlen mit diesen beiden Eingabemöglichkeiten suchen.

Legen Sie sich diese Web-Adresse als Internet-Favoriten ab (siehe Seite 253) oder übertragen Sie die URL als Shortcut (siehe Seite 239) in einen separaten Mail-Folder oder als Bookmark auf Ihre Bildschirmoberfläche (siehe Seite 246).

4.3.4   Die nationale und internationale Buchstabier-Tabelle

Die unverzichtbare Buchstabier-Tabelle ist internationaler Standard und Sie sollten die Idiom-Wörter bestens kennen. Legen Sie die nachfolgende Buchstabiertabelle in Telefonnähe, in Ihren Tisch-Prospekthalter, falls Sie (noch) nicht hundertprozentig fit sind in diesem Standard.

Hätten Sie's gewusst: Das deutsche Buchstabieralphabet setzt sich hauptsächlich aus Vornamen, das internationale (außer Edison und Xanthippe) aus geographischen Begriffen zusammen.

	Deutsch	International	Funk / International
A	Anton	Amsterdam	Alpha
Ä	Ärger	A E	
B	Berta	Baltimore	Bravo
C	Cäsar	Casablanca	Charlie
Ch	Charlotte	C H	
D	Dora	Dänmark	Delta
E	Emil	Edison	Echo
F	Friedrich	Florida	Foxtrott
G	Gustav	Gallipoli	Golf
H	Heinrich	Havanna	Hotel
I	Ida	Italia	India
J	Justus	Jerusalem	Juliet
K	Kaufmann	Kilogramm	Kilo
L	Ludwig	Liverpool	Lima
M	Martha	Madagascar	Mike

	Deutsch	International	Funk / International
N	Nordpol	New York	November
O	Otto	Oslo	Oscar
Ö	Ökonom	O E	
P	Paula	Paris	Papa
Q	Quelle	Quebec	Quebec
R	Richard	Roma	Romeo
S/ Sch	Samuel/Schule	Santiago	Sierra
T	Theodor	Tripolis	Tango
U	Ulrich	Uppsala	Uniform
Ü	Übermut	U E	
V	Viktor	Valencia	Victor
W	Wilhelm	Washington	Whisky
X	Xanthippe	Xanthippe	X-Ray
Y	Ypsilon	Yokohoma	Yellow
Z	Zacharias/Zürich	Zürich	Zulu

4.3.5   Gesprächsnotiz

Bei wichtigen telefonischen Informationen, die Sie für Ihren Chef entgegennehmen, bei allen Themen, die Sie anschließend einem größeren Teilnehmerkreis weitergeben, bei Ihren eigenen telefonischen Vereinbarungen z.B. mit Dienstleistern zu Event-Projekten, ist es unabdingbar, die Statements sofort während des Telefonats festzuhalten.

Wenn es angebracht ist, gehen Sie das Notierte am Ende des Telefonats mit dem Gesprächspartner noch einmal kurz durch, damit Interpretationsmissverständnisse von Anfang an ausgeschlossen sind.

> Füllen Sie das **Gesprächsnotiz**-Formular **während des Telefonats** aus und legen es zu Ihrer Projektakte oder in die **Communicate**-Mappe zur präzisen Information Ihres Chefs.

Ihre Veranlassungen oder die Festlegungen während Ihrer Rücksprache mit Ihrem Chef können Sie anschließend sehr praktisch in der Veranlassungs-Spalte der GESPRÄCHSNOTIZ kurz notieren.

Gesprächsnotiz

Tel.Nr.		
Firma		
Name		
Thema		
Datum	**Inhalt**	**Veranlassung**

Formular 10 (Download auf der Website des Verlags: www.edumedia.de/bueroorganisation)

4.3.6   Trainieren Sie Ihre Telefonstimme

Nicht allein Kompetenz und authentische, vertrauenswürdige Persönlichkeit entscheidet über Erfolg oder Misserfolg im beruflichen oder privaten Kontakt. Ein besonders wichtiger Baustein im Gesamtbild ist Ihre Stimme als Wiedergabe für Ihre emotionale Haltung!

Ihre Stimme ist für Ihren Telefongesprächspartner Ihre Visitenkarte. Sie ist die Assoziation zu Ihrer Persönlichkeit und beeinflusst ihn unbewusst zu Zurückhaltung oder seinem Entgegenkommen während der telefonischen Kommunikation mit Ihnen.

> Als Repräsentantin Ihrer Firma nach draußen und als Verbindungsstelle zwischen Chef und Mitarbeitern achten Sie bei Ihren Telefonaten diszipliniert
>
> - auf Ihr **Sprechtempo**
> - und auf eine **nicht zu helle Stimmlage**

Aus den zahllosen Seminarangeboten für ein professionelles Telefontraining möchte ich Ihnen beispielhaft diese Web-Adresse empfehlen:

> **seminare@bbw-berlin.de**

Wenn Sie zunächst keine Zeit und Gelegenheit für ein Stimmtraining durch geschulte Trainer haben, wäre es einen Versuch Wert, mit einem Recorder einmal ein geführtes Telefonat aufzunehmen.

Hinterfragen Sie kritisch:

- Ist meine Stimme gut verständlich?
- Spreche ich deutlich?
- Bin ich zu schnell oder zu langsam?
- Ist die Stimme angenehm?
- Kann ich mein Thema überzeugend formulieren?

Einfache Grundregeln können vieles an Ihrer Stimmbewertung verbessern:

- Sie wirken wesentlich lockerer und sympathischer, wenn Sie aufrecht sitzen oder sogar stehen. Sie können dabei freier atmen, dadurch wirkt die Stimme voller und selbstsicherer.
- Zentrales Element ist der Gesichtsausdruck, denn er verändert den Klang der Stimme. Lächeln Sie öfter und unterstreichen Ihre Worte mit ein wenig Handbewegung.
- Die dritte wichtige Regel ist die Aussprache. Sie können Ihren Worten mehr Bedeutung verleihen, indem Sie verständlich und lebendig aussprechen. Dadurch werden nicht nur unsere Gedanken klarer, auch das Zuhören wird wesentlich leichter.

Studieren Sie die Assoziationen zu Stimmmerkmalen, die in der nachfolgenden Tabelle gezeigt werden und machen sich die Zusammenhänge bewusst.

Spontan und unbewusst haben Sie sicher den einen oder anderen unbekannten Gesprächspartner oder Gesprächspartnerin nach den gehörten Stimmmerkmalen genauso eingeschätzt, wie in der Tabelle beispielhaft dargestellt.

Psycho-Faktor
Wandern Sie während Ihres Telefonats gedanklich in eine verständnisvolle, aber entschlossene Stimmungslage hinein. Die dabei entstehende Telefonstimme stellt Sie kompetent und sympathisch dar und erleichtert Ihre Kommunikation.

Ihre Stimmmerkmale	Diesen subjektiven Eindruck hinterlassen Sie beim Gesprächspartner
Tonhöhe	
hell	hilfsbereit naiv unselbständig
mittel/dunkel	**kompetent**
Lautstärke	
laut	dynamisch spontan undiplomatisch
leise	freundlich schüchtern energielos
mittel	**souverän**

Aussprache und Rede-Tempo	
deutlich und langsam	korrekt cool unflexibel
deutlich und schnell	fleißig hektisch ungeduldig
undeutlich und schnell	gestresst überfordert
undeutlich und langsam	desinteressiert unqualifiziert
deutlich und gemäßigt	**glaubwürdig**

4.3.7 Verhaltenskompetenz am Telefon

„Für diese Frage bin ich aber überhaupt nicht zuständig."

Sie erhalten einen Anruf zu einer Fachfrage, die nicht zu Ihrem Arbeitsgebiet gehört, aber zum Arbeitsgebiet Ihres Bereiches oder es erreicht Sie eine Spezialfrage, deren Zuständigkeit Ihnen im Moment nicht bekannt ist.

Am liebsten möchten Sie den Anrufer bei der Erklärung seines Anliegens gleich unterbrechen oder - schlimmer noch - einfach ohne Worte an Ihre Telefonzentrale verbinden.

Unterdrücken Sie diesen verständlichen Wunsch und bringen Sie bitte niemals den absolut unprofessionellen, schroffen Satz über die Lippen: „Dafür bin ich aber nicht zuständig."

> *Anrufer: „Ich habe ein technisches Problem mit dem Gerät XY, und zwar lässt sich der Verschluss......"*

 Antwort: „Dafür bin ich nicht zuständig!! Warten Sie mal, ich verbinde Sie gleich weiter, dann müssen Sie nicht alles zweimal erzählen....., ja!!! Kleinen Moment mal!"

Sie merken schon beim Lesen, dass es mit dem zweiten Auftakt „Warten Sie mal!" und mit dem militärischen ja! am Ende fast wie ein Befehl zum Strammstehen klingt.

Besser: Lassen Sie den Anrufer sein Hauptanliegen schildern und antworten ihm:

„Darf ich Sie gleich mit dem Fachmann verbinden? Ich sage Ihnen auch die Durchwahl …, falls Sie später weitere Fragen hätten."

In der Zeit der Ankündigung der Durchwahl-Nummer dürfen Sie in Ruhe in Ihrer Telefonliste nachschauen, ohne „warten Sie mal!" sagen zu müssen.

Sollte der Kollege oder die Kollegin besetzt sein, können Sie eine zweite Alternative anwählen und dieses vorher dem Anrufer erklären, damit er weiß, dass er nicht sofort einen Ansprechpartner erhält und daher noch einmal kurz in der Warteschleife hängt.

Klappen zwei, drei Versuche nicht, notieren Sie auf Ihrer **Gesprächsnotiz** sein Anliegen und seine Daten und kündigen ihm den alsbaldigen Rückruf des kompetenten Mitarbeiters an.

Wie gehen Sie mit Beschwerden um?

Nehmen Sie die telefonische Beschwerde auf keinen Fall persönlich. Versprechen Sie, die Dinge zu klären und sich wieder zu melden.

Vermeiden Sie jedoch unbedingt das bequeme und lässig-arrogante „hm" am Telefon!

Anrufer: „Ich habe eine Beschwerde."

 Antwort: schnell „hm" oder langgezogen und halbgesungen „hhhhmmm"

 Besser: Hören Sie dem Anrufer aufmerksam zu. Fragen Sie bei den wesentlichen Punkten noch einmal nach und machen sich Kurznotizen auf Ihrer **Gesprächsnotiz**:

„Es tut mir leid, dass Sie Anlass für eine Beschwerde haben. Darf ich noch mal zusammenfassen, was ich für Sie weitergebe? Sie werden umgehend zurückgerufen."

Übergeben Sie Ihre **Gesprächsnotiz** mit den Daten des Anrufers umgehend an den Fachbereich, eventuell mit der Bitte um Kurzinfo, sobald erledigt.

Anrufe zu einem ungünstigen Zeitpunkt

Gerade dann, wenn Sie mit Ihrer Urlaubsvertretung die Arbeitsübergabe besprechen, wenn erwartete Gäste begrüßt werden sollten, beim konzentrierten Verfassen einer E-Mail, bei der Dateneingabe in das Reiseabrechnungsmodul oder unmittelbar nach dem Beenden eines Telefongesprächs, zu dem eine sofortige Aktion veranlasst werden sollte, erscheint schon die Telefonnummer des nächsten Anrufers im Telefondisplay.

Hier ist Flexibilität gefragt:

- Bei **Geschäftspartnern** bleiben Sie verbindlich und denken an Ihre Stimmlage. Geben Sie ihm trotz des stressbesetzten Moments das Gefühl, Zeit für ihn zu haben!

- Bei **internen Anrufern** mit komplizierten Sachverhalten bitten Sie sofort um einen späteren Anruf oder bieten Ihren Rückruf an. Denn etwas hektisch zu klären, führt oft nur zu Missverständnissen. Wenden Sie das „Freundliche Nein" (siehe Seite 274) an: Verständnis zeigen - ablehnen - Lösung vorschlagen.

4.3.8   Gekonnt von Ihrem Geschäftspartner verabschieden

Die telefonische Verabschiedung gerade von Ihrem neuen Geschäftspartner sollte stets motiviert klingen. Achten Sie bei bestehenden Geschäftsverbindungen konsequent darauf, bei Ihrem Abschiedsgruß das Fortsetzen des angenehmen Kontakts in Aussicht zu stellen:

 „Es war nett mit Ihnen zu telefonieren, ich freue mich auf unser nächstes Gespräch."

Sie haben die Basis für ein vertrauensvolles Miteinander geschaffen und eine exzellente Visitenkarte Ihres Unternehmens abgegeben!

4.3.9   Was Sie zu „Belästigender Telefonwerbung" wissen sollten

Das aktuelle Gesetz gegen den unlauteren Wettbewerb UWG

Werbung ist ein unverzichtbarer Teil unserer Marktwirtschaft. Sie wirkt jedoch störend, wenn diese Anrufe ungefragt kommen oder gar nichts mit dem Geschäftszweck Ihres Arbeitgebers zu tun haben. In der Wirtschaft kosten solche Anrufe Zeit und Geld.

Die Grenzen zwischen zumutbarer und belästigender Werbung sind im Gesetz gegen den unlauteren Wettbewerb geregelt. 2004 wurde das Gesetz gegen den unlauteren Wettbewerb, kurz UWG § 7 „Belästigende Werbung" neu geregelt.

Tenor ist, dass Werbe-Anrufe nur dann erlaubt sind, wenn der Angerufene vorher ausdrücklich erklärt hat, dass er angerufen werden will. Bei „Sonstigen Marktteilnehmern" (also in der Wirtschaft und an Ihrem Arbeitsplatz) spricht das Gesetz dann von unzumutbarer Belästigung, wenn der Werbeanruf ohne die zumindest mutmaßliche Einwilligung erfolgt.

- Wenn die Werbung in keinem Zusammenhang mit dem Geschäftszweck Ihres Arbeitgebers steht, kann eine Einwilligung nicht vermutet werden und Sie können diese Anrufe mit einem kurzen und bestimmten „Nein danke" beenden.

- Ein weiterer wichtiger Grund, auf Werbung nicht eingehen zu müssen, liegt vor, wenn Sie den Absender nicht identifizieren können. Dies gilt im Sinne des Gesetzes als unlauter.

Im Privaten spielt die Mutmaßung, ob die Werbung zum Verbraucher passt, überhaupt keine Rolle und der Werbende muss akzeptieren, dass Sie sich sein Angebot auch nicht anhören möchten.

Hier der Auszug aus dem Gesetz gegen den unlauteren Wettbewerb UWG
(Quelle: www.gesetze-im-internet.de):

§ 7 - Unzumutbare Belästigungen

(1) Eine geschäftliche Handlung, durch die ein Marktteilnehmer in unzumutbarer Weise belästigt wird, ist unzulässig. Dies gilt insbesondere für Werbung, obwohl erkennbar ist, dass der angesprochen Marktteilnehmer diese Werbung nicht wünscht.

(2) Eine unzumutbare Belästigung ist stets anzunehmen

　1　bei Werbung per E-Mail, durch die ein Verbraucher hartnäckig angesprochen wird, obwohl er dies erkennbar nicht wünscht;

　2　bei einer Werbung mit Telefonanrufen gegenüber Verbrauchern ohne deren Einwilligung oder gegenüber sonstigen Marktteilnehmern ohne deren zumindest mutmaßliche Einwilligung;

　3　bei einer Werbung unter Verwendung von automatischen Anrufmaschinen, Faxgeräten oder elektronischer Post, ohne dass eine vorherige ausdrückliche Einwilligung der Adressaten vorliegt;

　4　bei einer Werbung mit Nachrichten, bei der die Identität des Absenders, in dessen Auftrag die Nachricht übermittelt wird, verschleiert oder verheimlicht wird oder bei der keine gültige Adresse vorhanden ist, an die der Empfänger eine Aufforderung zur Einstellung solcher Nachrichten richten kann, ohne dass hierfür andere als die Übermittlungskosten nach den Basistarifen entstehen.

(3) Abweichend von Absatz 2 Nr. 3 ist eine unzumutbare Belästigung bei einer Werbung unter Verwendung elektronischer Post nicht anzunehmen, wenn

　1　ein Unternehmer im Zusammenhang mit dem Verkauf einer Ware oder Dienstleistung von dem Kunden dessen elektronische Postadresse erhalten hat,

　2　der Unternehmer die Adresse zur Direktwerbung für eigene ähnliche Waren oder Dienstleistungen verwendet,

　3　der Kunde der Verwendung nicht widersprochen hat und

　4　der Kunde bei Erhebung der Adresse zur Direktwerbung für eigene ähnliche Waren oder Dienstleistungen verwendet.

4.3.10 Schirmen Sie vor unseriösen Anrufern ab

Eine gute Portion Fingerspitzengefühl und ein gerüttelt Maß an Erfahrung gehört dazu, Ihren Chef einerseits von unerwünschten Anrufern souverän abzuschirmen und dabei andererseits den stets verbindlichen Ton beizubehalten und eine exzellente Visitenkarte Ihres Hauses abzugeben.

Wie erkenne ich Head-Hunter und Adressenverlage?

Wie verhalten Sie sich bei einem Anrufer, der Sie unverblümt um personenbezogene Auskünfte über einen Kollegen bittet, weil er ihm Werbung für ein wichtiges Seminar zuschikken möchte (er aber tatsächlich eine Mitarbeiter-Abwerbung beabsichtigt)?

> *„Wie heißt denn Ihr Produktmarketing-Spezialist für die Geräte XY, welche Durchwahl hat er? Ich hätte eine interessante Marketingschulung für ihn."*

Hier handelt es sich zunächst, unabhängig vom geschäftlichen Zweck des Anrufers, um eine Frage nach Personendaten. Dazu besteht in vielen Gesellschaften ohnehin bereits ein striktes Auskunftsverbot.

Lassen Sie sich auch von dem Geschäftszweck, dem Hinweis auf ein Seminarangebot oder ähnliches, nicht aufs Glatteis führen!

> Wenn in Ihrer Gesellschaft nichts anderes vereinbart ist, geben Sie einem unbekannten externen Anrufer ohne genaue Prüfung seiner Identität **niemals Auskunft zu Organisationsdaten Ihrer Firma oder Mitarbeiter.**

Sehr Versierte aus diesen Branchen fragen nicht direkt „Wie heißt Ihr Vertriebschef, wer ist für die Lohn- und Gehaltsabrechnung zuständig?", sondern:

> *„Wir haben seine Anmeldung zu unserem Seminar und können nur die Abteilung, nicht aber seinen Namen entziffern".*

Oder:

> *„Wir sind ein Fachverlag und möchten gern für einen Artikel in unserem Fachmagazin ein Interview mit dem Zuständigen des Lagers und Versandes führen. Können Sie mir seinen Namen sagen?"*

Eine der bemerkenswertesten Ideen ist es allerdings, dass sich Head-Hunter unter dem Namen des für Ihre Gesellschaft zuständigen Branchenverbandes melden oder sich als Ihre Handelskammer ausgeben, in der Hoffnung, damit eine größere Auskunftsbereitschaft zu erhalten.

Sie geben nach kurzem Nachdenken oder gar Nachschlagen bereitwillig und freundlich Auskunft?

Sie verbinden den Anrufer gleich mit dem oder der so heiß gesuchten Kollegen oder Kollegin weiter?

Hat die Adressenagentur erst einmal die Personendaten eines Mitarbeiters, werden die Daten an verschiedene Anbieter weiterverkauft und der Mitarbeiter wird bald mit Brief- und Fax-Werbung von allen möglichen Absendern „zugemüllt".

Natürlich gibt es auch gegen allzu viel unnütze Werbepost ein Mittel (siehe Seite 116), aber so weit lassen Sie es gar nicht erst kommen!

Handelt es sich um einen Head Hunter, haben Sie Tür und Tor geöffnet, dass in Ihrem Unternehmen vielleicht der wichtigste Mitarbeiter oder die beste Kollegin von der Konkurrenz abgeworben wird.

 Schauen Sie während des Telefonats auf Ihr Telefondisplay:

Sehen Sie als Anruferkennung keine Telefonnummer, sondern nur „Amt", ist höchste Wachsamkeit geboten!

Denn „Amt", das heißt keine Telefonnummern-Anzeige im Display, kann ein klarer Verstoß gegen § 7 UWG: Die Identität des Absenders wird verschleiert oder verheimlicht.

Nur bei den veralteten analogen Telefonanlagen wird die Telefonnummer beim Angerufenen nicht angezeigt. Diese Technik ist in der Wirtschaft seit dem Einzug der schnellen ISDN-Verbindung, die grundsätzlich die Anrufer-Telefonnummer anzeigt, so gut wie ausgestorben.

Bei der PAL-Telefonie bei Nutzung von VoIP (Voice over Internet Protocol) kann die analoge Verbindung allerdings bewusst wieder eingesetzt werden, um die Telefonnummer des Anrufers zu unterdrücken, so dass beim Angerufenen im Display als Kennung nur das Wort „Amt" erscheint.

Deshalb ist das bewusste Unterdrücken der Telefonnummer für Sie der erste Hinweis auf einen Anruf einer Adressenagentur oder eines Head Hunters.

Da Ihnen ein nach § 7 UWG erlaubter Werbehintergrund genannt wird und Sie einen tatsächlichen und nicht nur vorgegebenen Verlagsangestellten oder Seminarveranstalter nicht verärgern sollten, fragen Sie den Anrufer präzise nach seiner Firma, seinem Namen, seiner Festnetz-Telefonnummer und bieten ihm freundlich Ihren Rückruf an.

„Ich habe Sie akustisch nicht gleich richtig verstanden. Wie, sagten Sie gerade, heißt Ihre Firma? Und Sie sind Herr/Frau?"

„Sie verstehen sicher, dass ich personenbezogene Daten nicht so ohne Weiteres am Telefon nennen darf. Sind Sie so doch so nett und geben mir Ihre Telefonnummer, damit ich Sie zurückrufen kann."

(Keine Angst, Sie werden die Weisung Ihres Hauses nicht missachten und anschließend Personendaten telefonisch durchgeben. Zu einem Rückruf wird Ihnen nämlich gar keine Möglichkeit gegeben.)

Sie werden von dem Anrufer oder der Anruferin aus dem Kreis der Head-Hunter und Adressenverlage hören, dass er/sie

- ständig unterwegs und daher schlecht erreichbar ist und lieber selbst noch mal anrufen möchte.

- Oder er/sie bietet Ihnen seine/ihre Handy-Nr. an, die Sie selbstverständlich nicht akzeptieren können, da Sie mit einer privaten Telefonnummer nicht verifizieren können, ob Ihre Firma mit einem Rückruf tatsächlich der vorgegebenen Adresse die gewünschten Daten liefern wird.

Wurde Ihnen ein ehrlicher Grund genannt und ein Seminarveranstalter zur Telefonnummer identifiziert, informieren Sie den Anrufer, dass Sie seine personenbezogene Frage an Ihre Personalabteilung weitergeben werden und verbinden ihn direkt dorthin (ohne Nennung der Telefonnummer oder des Namens des Mitarbeiters oder der Mitarbeiterin).

Wenn Sie nun beide Vorschläge abgelehnt haben, nennt Ihnen der Anrufer, um schließlich sein (Ihnen unbekanntes) Gesicht nicht zu verlieren, als seine letzte Alternative doch eine Festnetz-Telefonnummer. Lassen Sie sich von Ihrer Telefonzentrale, die sicher über eine aktuelle Telefon-/Adress-CD verfügt, den Teilnehmer zu der eben genannten Nummer heraussuchen. In aller Regel wird es nicht der genannte Verband, Verlag oder Veranstalter sein, sondern eine ungültige Verbindung.

Möchte Ihnen der „Amts-Anrufer" überhaupt keine Rückruf-Telefonnummer sagen, bitten Sie ihn höflich um Verständnis, dass Sie dann keine Erlaubnis für Auskünfte haben.

 „Tut mir sehr leid, Herr/Frau ...., aber ohne Rückruf-Möglichkeit kann ich Ihnen per Telefon leider nicht weiterhelfen."

Gehörte der Anrufer tatsächlich zu der genannten Firma, lassen Sie Ihre Personalabteilung entscheiden und selbst zurückrufen.

Experten-Tipp:

Anrufer, die sich nicht ehrlich vorstellen, versuchen meist sehr forsch aufzutreten. Die angebliche Firma wird nur mit Abkürzungen „ABC GmbH" genannt und Ihre Frage nach der genauen Firmierung wird nur sehr unwillig beantwortet. Schnelle, ungeduldige Sprache, oft mit Callcenter-Geräuschen vom Band im Hintergrund, sollte Sie immer besonders aufmerksam werden lassen.

Psycho-Faktor

Mit Ihrem Angebot auf Rückruf haben Sie dem unehrlichen Anrufer, der Sie hinters Licht führen wollte, höflich den Wind aus den Segeln genommen und einen seriösen Seminarveranstalter korrekt behandelt.

Selektieren Sie taktisch klug telefonische Werbeangebote

Wie verhalten Sie sich, wenn ein Dienstleister mit Ihrem Chef verbunden werden und ihm lang und breit die Vorzüge seiner Geschäftsidee erklären möchte?

 Sie erzählen dem Anrufer, dass Ihr Chef im Moment keine Zeit hat und dass er später noch einmal anrufen soll?

Sie erklären ihm, dass er heute schon der 4. Anrufer ist mit derselben Angelegenheit und daher kein Interesse mehr besteht?

Sie verbinden den Anrufer mit einer anderen Abteilung, um ihn loszuwerden?

Hinter seiner Geschäftsidee könnte sich ein tatsächlicher Gewinn für Ihr Unternehmen verbergen. Oder der Anbieter hat vielleicht heute nicht das richtige Angebot für Sie, aber beim nächsten Mal. Er wird sich nicht mehr melden, wenn Sie die Weichen gleich beim ersten Anruf falsch gestellt haben.

Um ohne großen Zeitaufwand telefonische Angebote zu selektieren, gibt es die für beide Parteien befriedigende Telefax-Lösung:

 „Ich habe Weisung, telefonische Werbung nicht durchzustellen.
Sie können mir aber gerne Ihre Geschäftsidee in einem kurzen Telefax senden, ich werde die Unterlagen dann an meinen Chef weiterleiten."

Ist die Werbung für Ihren Chef interessant, wird er dies auf der Unterlage, die er Ihnen mit der gelesenen Eingangspost zurückgibt, vermerken und dem Telefonat steht später nichts mehr im Wege.

> **Geben Sie speziell bei Werbeangeboten niemals die E-Mail-Adresse Ihres Chefs an.** Der künftigen Werbe-E-Mails könnten Sie sich nur noch durch einen SPAM-Filter erwehren!

Erkennen Sie selbst sofort, dass die Werbung nicht für Ihr Unternehmen geeignet ist, werfen Sie das erhaltene Telefax gleich weg. Bei dem späteren Erkundigungsanruf sagen Sie dem Anrufer:

> *„Mein Chef hat Ihre Unterlage nicht wieder mit der gelesenen Post an mich zurückgegeben. Es bedeutet, dass Ihr Angebot im Moment leider nicht passt. Vielleicht das nächste Mal!"*

Sprechen Sie zunächst mit Ihrem Chef ab, mit welcher Branche, mit welchem Anruferkreis er auf keinen Fall verbunden werden möchte. Setzen Sie diesen Punkt auf Ihr Inhaltsverzeichnis der **C**ommunicate-Mappe.

Verbindlich reagieren bei Anrufern „in persönlicher Sache"

> *Hatten Sie auch schon dutzende Male Anrufer, die vorgaben, Ihren Chef persönlich und privat zu kennen und Sie haben bereitwillig durchgestellt?*
>
> *Ihr Chef hatte hinterher einen verärgerten Gesichtsausdruck, weil er diesen Anrufer überhaupt nicht kannte, ihm aber Schiffsbeteiligungen oder andere private Bankgeschäfte angeboten wurden?*

> *Reagieren Sie souverän und immer noch verbindlich.*
>
> *„Sie können mir bestimmt ein Stichwort sagen, um was es sich handeln wird, bevor ich Sie durchstelle?"*

Mit dem genannten Stichwort kann Ihr Chef entscheiden, ob er das Gespräch annehmen möchte oder nicht.

In den meisten Fällen wird der Anrufer Ihnen jedoch nichts verraten wollen, weil man das „nur dem Chef persönlich" sagen möchte.

> *„Tut mir leid, Herr/Frau......, ich habe Weisung, private Gespräche nur mit einem Stichwort durchzustellen."*

(Sie müssen nicht befürchten, einen tatsächlichen Bekannten Ihres Chefs oder der Familie abgeblockt zu haben. Denn Freunde und Bekannte kennen die privaten Telefonnummern und benutzen diese auch für ihre privaten Gespräche).

Besprechen Sie mit Ihrem Chef, ob er „private Anrufer"

- grundsätzlich und sofort sprechen möchte

- oder nur mit einem Stichwort zum Inhalt des Gesprächs,

- und zu welchen Themen (z.B. Kapitalanlage-Angebote) nie.

Setzen Sie diesen Punkt auf Ihr Inhaltsverzeichnis der **C**ommunicate-Mappe.

4.3.11 Die einfache Regel, wer zuerst durchstellt

Wann begrüßen Sie einen Telefongesprächspartner noch vor Ihrem Chef und wann müssen Sie sofort durchstellen?

Zuweilen besteht Unsicherheit, ob die forsche Sekretärin am anderen Ende der Leitung direkt zum Chef durchgestellt werden sollte oder ob man hartnäckig erst deren Chef am Ohr haben möchte, bevor durchgestellt wird.

Sie rufen an:

- Sie gehen aus der Leitung, wenn Sie die Assistentin/Sekretärin gesprochen haben. Die Assistentin/Sekretärin wird Ihren Chef begrüßen und durchstellen.

Sie **werden** angerufen:

- Sie verabschieden die Assistentin/Sekretärin und begrüßen/verbinden den Anrufer. Ihr Chef hat den Gesprächspartner direkt.

Wichtige Ausnahme:
Durchstellen anbieten: der Assistentin/Sekretärin des Vorgesetzten oder des Kunden.

4.4 Telefax

4.4.1 Kein Problem mehr bei Telefon- und Fax-Nummern-Verwechslung

Wie oft schon hat sich ein Fax-Versender in der Nummer geirrt und statt Ihrer Fax-Verbindung Ihre Telefon-Nummer, mit automatischer Wahlwiederholung, eingegeben.

Sie nehmen den Hörer ab oder schalten am Headset auf „annehmen" und ärgern sich, dass Sie kein Gesprächspartner begrüßt, sondern der unangenehme Fax-Ton Ihnen ins Ohr schreit?

Das Spiel wiederholt sich unweigerlich mit jeder Fax-Wahlwiederholung?

Beim nächsten Mal unterbinden Sie elegant die Dauerstörung:

- Nehmen Sie das „Fax"-Gespräch an,
- wählen Sie Ihre eigene Fax-Nr.
- und drücken „verbinden".

Sie leiten damit den „Anruf" zum originär gedachten Empfangsmedium und im nächsten Moment läuft auf Ihrem Fax-Gerät endlich das Telefax ein.

4.4.2 Unterbinden Sie unerlaubte Telefax-Werbung

Als unzumutbare Belästigung nach § 7 UWG einzustufen und dennoch gängige Praxis: Sie erhalten von Zeit zu Zeit über Ihr Fax-Gerät Werbung für Marken- und Designerkleidung zu Fabrikpreisen, Angebote für Heimwerkzeuge zu Dumpingpreisen, einmalige Schnäppchen-Offerten für gebrauchte PKWs oder ähnliches. Ganz schlaue Strategen, die sich ihr Geld über die Telefonkosten verdienen möchten, kündigen auch Sensationelles, wie z.B. die Herstellernamen und wahren Anbieter der Noname-Produkte der Lebensmittel-Discounter an, wenn Sie doch nur den gewünschten Fax-Abruf aktivieren.

Sollten Sie dann Ihre Neugier nicht zurückhalten können, werden Sie enttäuscht feststellen, dass Ihr Fax endlos viele Seiten für Sie ausdruckt und die sensationelle Wahrheit, die Sie erwarten, entweder gar nicht oder ganz am Ende mit ein paar wenigen Zeilen zu erraten ist. Sie haben hier ganz leicht Papier- und Telefonkosten ohne irgendeinen Nutzen verursacht.

Wie kann man die Wiederholungs-Versuche verhindern?

Für unzumutbarer Belästigungen im Sinne des § 7 UWG durch Fax-Werbung halten Sie das nachfolgende Schreiben parat (am besten unter Ihr Fax-Gerät schieben) und senden es an den Absender der unerlaubten Fax-Werbung. Lediglich die Daten wie Empfänger-Fax und Datum müssen Sie noch einsetzen.

An Fax_____

Werbung unter Verwendung von Faxgeräten ohne vorherige Einwilligung
des Adressaten ist gemäß UWG § 7 **unzulässig.**
Werbung, die nicht im Zusammenhang mit dem Geschäftszweck des
Empfängers steht, ist **rechtlich untersagt!**

Für die Verteilung solcher Telefaxe benutzen Sie bitte nicht mehr unsere
Fax-Nr.

_____

Ort, Datum

(Firmenstempel)

Unterschrift

Formular 11 (Download auf der Website des Verlags: www.edumedia.de/bueroorganisation)

4.5 Korrespondenz

4.5.1 Schnelle Hilfe bei Fragen zur Rechtschreibung

Seit 1. August 2006 ist die Rechtschreibereform für Behörden und Schulen in Kraft getreten.

Das Rechtschreib-Prüfprogramm der MS-Office-Software hat Ihnen längst Schritt für Schritt bei Ihrem Lernprozess geholfen, indem unerbittlich alte Schreibformen als fehlerhaft markiert wurden und werden.

Sollten dennoch Zweifelsfragen bei Ihnen bestehen, z.B. bei Texten in wichtigen Dokumenten, hilft schnell und kompetent die DUDEN Sprachberatung, von Montag bis Freitag, zwischen 8:00 bis 18:00 Uhr unter der Tel.Nr. 09001 870098.

Sie ist die älteste und wohl am stärksten frequentierte Serviceeinrichtung dieser Art in Deutschland. Sie beantwortet immer wieder Fragen zur deutschen Rechtschreibung, erklärt Kommaregeln, ungewöhnliche Pluralbildungen sowie die Bedeutung und Herkunft von Wörtern, Redensarten und Aussprüchen.

Auch einen Crashkurs zur Rechtschreibreform, Beispiele und das komplette Regelwerk zur neuen Rechtschreibung wird online angeboten unter

www.duden.de

4.5.2 Gestaltungsregeln für Textverarbeitung mit DIN 5008

Während der Duden die maßgebenden Richtlinien für Rechtschreibung und Zeichensetzung präsentiert, informiert die DIN 5008 „Briefe nach Norm - DIN 5008 Neu" (ISBN 978-3-87938-118-0, ca. 15,00 € beim Ernst Vögel Verlag) über die Standards für die Text-Gestaltung in Briefen und Dokumenten. Zuständig für die DIN 5008 ist das Deutsche Institut für Normung in Berlin.

Enthalten in der DIN 5008 sind u. a. die aktuellen postalischen Bestimmungen sowie die Regelungen für die korrekte Gestaltung des Briefblatts (DIN 676).

Zu den bisherigen Standards wurden aufgrund unserer EU-Zugehörigkeit auch europäische Normen übernommen.

Wichtig ist, dass die DIN-Normen für die Briefgestaltung nur für Unterrichtszwecke verbindlich sind, während sie für die Praxis nur als Empfehlung gelten. Denn die meisten Unternehmen verleihen ihren Geschäftsbriefen möglichst ein unverwechselbares und individuelles Aussehen und weichen von den festgelegten Standards, etwa beim Briefrand oder bei der Betreffzeile, individuell ab.

4.5.3 Die wichtigen Standards für Anschriften

Allgemeine Grundsätze

- Auf das früher übliche „An", „An den/die/das" wird selbstverständlich verzichtet.

- Die in der ersten Zeile stehenden Anreden, Titel, Amts-, Berufs- oder Funktionsbezeichnungen stehen im Akkusativ. Kürzen Sie „Frau" und „Herrn" in der Anschrift (und selbstverständlich in der Anrede) niemals ab, es kann interpretiert werden, dass man sich nicht genügend mit dem Schreiben des Briefes Zeit nimmt.

- Bei weiblichen Personen ist die Amts-, Funktions- oder Berufsbezeichnung oder der Titel grundsätzlich in der weiblichen Form zu verwenden. Es heißt also z.B. „Frau Präsidentin", „Frau Regierungsrätin" usw.

- Ausländische Staatsoberhäupter, Parlaments- und Regierungschefs, Botschafter und Minister haben Anspruch auf das Prädikat „Exzellenz", für Monarchen wird „Majestät" verwendet. In der Anschrift steht das Prädikat vor allen anderen Bezeichnungen, die selbstverständlich ebenfalls im Anschriftenfeld genannt werden sollten.

- Falls der Empfänger einer Mitteilung mehrere Amts-, Funktionsbezeichnungen oder Titel besitzt, ist in erster Linie die Bezeichnung zu wählen, die den stärksten Bezug zum Inhalt des Schreibens hat. Im Zweifel sollte die höchste, wichtigste oder ggf. die Bezeichnung gewählt werden, mit der die Persönlichkeit des Empfängers im allgemeinen Bewusstsein am stärksten verknüpft ist.

Gestaltungsgrundsätze (Anschrift und Adressierung)

Im gesamten Anschriftenfeld dürfen Sie zwischen den Zeilen (z.B. zwischen Straße und Ort) keine Leerzeile (mehr) schalten. Auch dann nicht, wenn Sie Zusatzangaben und Vermerke von der Anschrift trennen möchten.

Auch das Unterstreichen postalischer Vermerke zum Abtrennen von der Anschrift ist nicht (mehr) zulässig.

> Firma
> Abteilungsbezeichnung
> Frau Müller
> Hauptstraße 5
> 12345 Hauptstadt

Das Wort „Abteilung" bzw. „Abt." wird laut DIN 5008 weggelassen. Es kann entfallen, wenn es z.B. Einkauf, Marketing, Geschäftsführung, Vorstand, Materialwirtschaft, Vertrieb heißt. (Wenn eine Abteilungsbezeichnung jedoch nur mit ein oder zwei Buchstaben genannt wird, z.B. A oder AB, ist es für die Postverteilung leichter und einfacher, wenn Sie weiterhin „Abteilung A" schreiben.)

Der **akademische Grad** steht vor dem Namen.

1	
2	
3	
...	
1	Herrn
2	Dipl.-Kfm. Dr. Holger Marder
3	Rheingaustraße 102 b
4	65203 Wiesbaden
5	
6	

Mit dem politischen Ziel eines einheitlichen europäischen Hochschulraumes wurden in Bologna 1999 mit 29 europäischen Bildungsministern im so genannten „Bologna-Prozess" u.a. zweistufige Ausbildungszyklen beschlossen, die in allen unterzeichnenden Euroländern anerkannt werden. Es wurde der Bachelor mit sechs bis acht Semestern Regelstudienzeit und darauf aufbauend mit zusätzlichen zwei bis vier Semestern der Master eingeführt. Im Gegenzug wurde in Deutschland 2010 die Vergabe von Diplom- und Magisterabschlüssen bis auf wenige Ausnahmen abgeschafft.

Die neuen Abschlussgrade werden gemäß DIN 5008 in der Anschrift in ihrer offiziellen Abkürzung direkt hinter den Namen geschrieben. Der Bachelorgrad wird je nach Ausrichtung z.B. mit B.A. (für Bachelor of Arts) und der Mastergrad mit M.A. (für Master of Arts) dargestellt.

Der **neue akademische Grad** steht hinter dem Namen.

1	
2	
3	
...	
1	Herrn
2	Sören Meier B.A.
3	Heidestr. 12
4	68305 Mannheim
5	
6	

Die **Berufsbezeichnung** steht hinter der Anrede.

1	
2	
3	Büchersendung
....	
1	Frau Rechtsanwältin
2	Ute Steinbeck
3	Alsterchaussee 14
4	20149 Hamburg
5	
6	

Adelsbezeichnungen

Inhaber von Familiennamen, zu deren Bestandteil eine ehemalige Adelsbezeichnung gehört, werden mit dem vollständigen Namen in folgender Reihenfolge genannt: Anrede, Akademischer Grad, Vorname, ehemalige Adelsbezeichnung, Familienname. Zum Beispiel: „Herrn Dr. Theo Graf von Baden".

Adressierung bei **persönlich zu öffnenden** Briefen:

1	
2	
3	
...	
1	Frau
2	Elke Sander
3	Norddeutsche Landesbank
4	Aegidientorplatz 9
5	30159 Hamburg
6	

Schreiben Sie bei persönlich zu öffnenden Briefen immer den Namen des Empfängers vor die Firmenbezeichnung. Er gilt dann als Privatbrief, denn die Person ist zuerst genannt - er wird ungeöffnet an Frau Sander weitergeleitet. Die Regelung wurde allerdings in der Vergangenheit etwas aufgeweicht. Um ganz sicher zu gehen, empfiehlt es sich, hinter dem Namen zusätzlich „Persönlich" zu vermerken.

Wird die Firmenanschrift zuerst genannt, darf der Brief geöffnet an den Empfänger weitergeleitet werden.

```
1
2
3
...
1    Dresdner Handelsgesellschaft mbH
2    Herrn Michael Baumgart
3    Königsbrucker Str.102
4    01099 Dresden
5
6
```

Auslandsanschriften

▪ Schreiben Sie Land und Ort in Großbuchstaben.

▪ Der Bestimmungsort sollte in der Sprache des Bestimmungslandes geschrieben werden, also LIÈGE für Lüttich, MILANO für Mailand, BUCARESTI für Bukarest.

▪ Schreiben Sie keine Länder-Abkürzungen (mehr) vor die Postleitzahl!

▪ Das Bestimmungsland wird in deutscher Sprache geschrieben.

▪ Oft wird auch die Länderangabe in der Landessprache geschrieben; diese Zeile wird jedoch bei der postalischen Bearbeitung im Inland gelesen (maschinell oder von Personal) und darf daher auch in deutsch geschrieben sein.

▪ Das Bestimmungsland wird direkt unter den Ortsnamen geschrieben.

```
1
2
3
...
1    Herrn
2    Andrea Buretti
3    Via Belfiore
4    20100 MILANO
5    ITALIEN
6
```

4.5.4 Amtliche Regelung zu Anreden

Von der korrekten Anrede bei Adelstiteln bis zur Verwendung der weiblichen Berufsbezeichnung, für alles gibt es eine amtliche Regelung:

Akademische Grade

- Inhaber sowohl des Doktoren- als auch des Professorengrades werden in der mündlichen Anrede nur mit „Professor/in" angesprochen, da der höher zu bewertende Grad Vorrang hat.
  (Im Übrigen spricht man nicht vom Doktoren-Titel, sondern vom Doktoren-Grad, denn dieser Namensbestandteil wurde selbstverständlich nicht qua Ehrenpreis als Titel verliehen - außer Dr. h .c. -, sondern mit viel fleißigem Rechercheaufwand, Ausdauer und Sitzfleisch als akademischer Grad erarbeitet).
  In der Anschrift werden die abgekürzten Grade „Dr." und „Prof." verwendet. In der schriftlichen Anrede wird die ausgeschriebene Form „Professor/in" verwendet.

- Wenn Sie in Ihrem Sekretariat Korrespondenz mit ausländischen Staatsoberhäuptern, Botschaftern, Ministern führen, (Gratulation zu Ihrem sicher interessanten Arbeitsgebiet!), dann sollten Sie als exzellente Sekretärin bei der Anrede in Ihren Briefen das Prädikat „Exzellenz" verwenden, bei Schriftwechsel mit Monarchen das Prädikat „Majestät".

Familiennamen mit ehemaligen Adelsbezeichnungen

Hätten Sie's gewusst: Alle adelsrechtlichen Privilegien wurden durch Art. 109 Abs. 3 der Verfassung des Deutschen Reiches vom 11. August 1919 (so genannte Weimarer Reichsverfassung) aufgehoben. Dies ist auch Ausfluss der Bestimmung des Art. 109 Abs. 1 und 2, wonach „alle Deutschen vor dem Gesetze gleich sind" und „Männer und Frauen grundsätzlich dieselben staatsbürgerlichen Rechte und Pflichten haben".

Die bei Inkrafttreten der Weimarer Verfassung geführten Adelsbezeichnungen wurden Bestandteil des Familiennamens und dürfen gleichwohl nicht mehr verliehen werden.

Für die Anrede in einem Brief bedeutet dies zum Beispiel: „Sehr geehrte Frau Fürstin von Baden" (im gesellschaftlichen Bereich wird die schriftliche Anrede vielfach noch wie folgt gefasst: „Sehr geehrte Fürstin von Baden").

4.5.5 Unterschriften und Vollmachten

Sie wissen, dass alle Schriftstücke mit rechtsverbindlichem Inhalt generell zwei Unterschriften erfordern.

Der links Unterzeichnende ist für die Einhaltung der Unterschriftsregelung verantwortlich (Vorgesetzter), der rechts Unterzeichnende für den Inhalt des Briefes.

Informieren Sie den Empfänger, wer den Brief geschrieben hat und ergänzen die Grußformel mit den Vor- und Zunamen der Unterzeichnenden. Kürzen Sie dabei den Vornamen nicht ab, sondern schreiben Sie ihn immer aus.

Die Unterschriftsberechtigten zeichnen in einem Geschäftsbrief mit folgendem Zusatz:

Geschäftsführer gemäß § 6 GmbH-Gesetz und Firmeninhaber	ohne Zusatz, nur mit dem Namen
Prokuristen gemäß § 48 HGB	mit dem Zusatz **ppa.** und dem Namen
Handlungsbevollmächtigte gemäß § 54 HGB	mit dem Zusatz **i.V.** und dem Namen
Bevollmächtigte für ein bestimmtes Aufgabengebiet	mit dem Zusatz **i.A.** und dem Namen
Als Sekretärin/Organisationsmanagerin im Auftrag des Chefs	ohne Zusatz, nur mit dem Namen und zwei Ergänzungen: ▪ für wen die Unterschrift geleistet wird ▪ und in welcher Funktion Beispiel: Für Hubert Meier Petra Schmidt, Organisationsmanagerin

Hätten Sie's gewusst: Bei dem vielfach von Mitarbeitern (auch von Ihnen?) bei Unterzeichnung ihrer externen Briefe verwendeten Unterschriftszusatz „i.A." setzt das Gesellschaftsrecht voraus, dass diese Unterschriftsberechtigung für ein bestimmtes Aufgabengebiet offiziell von der Firmenleitung erteilt wurde!

Eventuell sollten Sie prüfen, ob es in manchen Fällen einer nachträglichen offiziellen Vollmachtserteilung, eventuell über Ihre Personalabteilung, bedarf.

4.5.6   Addresses and salutations in english language

„Dear Sir" oder „Dear John"?

Anrede	Bedeutung
Dear ....,	Hier handelt es sich um die förmliche Anrede, wie bei uns „Sehr geehrte/r ..."
Dear Sir or Madam,	Zu empfehlen, wenn Sie den Namen des Empfängers nicht kennen
Dear Mr Miller, Dear Mrs Miller,	Sehr geehrter Herr Müller, sehr geehrte Frau Müller Die förmliche Anrede für alle, die Sie siezen und mit Nachnamen anreden
Dear John,	„Lieber John," Verwenden Sie diese Anrede für Geschäfts-partner, die Sie/Ihr Chef auch sonst mit dem Vornamen ansprechen. Zum englischen und amerikanischen Business ist die Verwendung des Vornamens selbstverständlich. Setzen Sie dies nicht mit dem Duzen gleich! Auch in internationalen Konzernen ist es durchaus üblich und gewollt, nur den Vornamen für die Ansprache und - wichtig - bei der eigenen Unterschrift zu verwenden.

Salutations

> **Beachten Sie die vier wichtigen Regeln:**
>
> ▪ Schreiben Sie das erste Wort der Grußformel immer groß
>
> ▪ Setzen Sie hinter die Grußformel immer ein Komma
>
> ▪ Wenn Sie in der Anrede das Satzzeichen weglassen, fällt es in der Grußformel auch weg
>
> ▪ Für die Art der Grußformel ist immer die Anrede maßgebend.

Korrekte Grußformel	Bedeutung
Yours faithfully,	Die korrekte Grußformel, wenn Sie an einen unbekannten Adressaten in Großbritannien schreiben
Yours sincerely,	Bei unbekannten Adressaten außerhalb Großbritanniens verwenden Sie diese Grußformel
Yours sincerely,	Die korrekte Grußformel, wenn Sie den Empfänger mit Nachnamen ansprechen
Best regards, Best wishes	Korrekt bei Gesprächspartnern, die Sie mit Vornamen anreden. Wichtig: „Best regards" gilt weltweit. „Best wishes" können Sie nur im amerikanischen Geschäftsbrief verwenden.

Wie die Anrede, so die Grußformel:

Empfänger	Anrede	Grußformel
Mr Jones	Dear Mr Jones	Yours sincerely
Dr A Brown	Dear Dr Brown	Yours sincerely
Mrs Smith (secretary)	Dear Mrs Smith	Yours sincerely
the Manager	Dear Sir or Madam	Yours faithfully
any firm (GB)	Dear Sirs	Yours faithfully
any firm (US)	Gentlemen	Yours truly (US)

4.5.7 Schreibrichtlinien für Daten

Datumschreibung

Für die numerische Datumschreibung gab es Anfang 2000 die Empfehlung, anstelle mit dem Tag mit der Jahreszahl zu beginn, quasi eine Art Rückwärtsschreibung.

Bei dieser Schreibform ist es allerdings eminent wichtig, zwischen die Ziffern den dafür vorgeschriebenen *Bindestrich* zu setzen und keinesfalls einen Punkt, wie bei der herkömmlichen Vorwärtsschreibung. Häufig wurde die Verwendung des Bindestrichs jedoch einfach ignoriert. Die Folge daraus war eine ärgerliche Uneindeutigkeit, wie das Beispiel zeigt:

Gemeint ist der 10. April 2008:
Korrekte Schreibweise bei Rückwärtsversion: 08-04-10
Eindeutig falsch mit Punkt: 08.04.10

Mit der falschen Zeichenverwendung kann dieses Datum den 8. April 2010 bedeuten.

Aus diesen Gründen ist man in der Wirtschaft bei Verwendung der numerischen Schreibweise weitestgehend von der so genannten Rückwärtsversion abgekommen und verwendet wie in früheren Jahren die Reihenfolge der alpha-numerischen Schreibweise:

Tag.Monat.Jahr.

Ein Datum innerhalb eines Textes sollten Sie nie numerisch (10.04.08), sondern dem Fließtext angepasst, alpha-numerisch schreiben: „Bei unserem Gespräch am 10. April 2008 hatten wir vereinbart,...". Für den Briefempfänger liest es sich flüssiger.

Uhrzeitangabe

Die Verwendung des Doppelpunktes als Trennung zwischen den Zahlen einer Uhrzeitangabe ist seit Jahren eingeführt und sollte überall bekannt sein.

Häufig wird bei der Uhrzeitangabe hinter die Zahlen ein h angehängt. „Die Sitzung dauert von 8:00 h bis 12:30 h." Lassen Sie es weg, weil es falsch ist!

Das angehängte „h" entspricht weder dem DIN-Standard noch kann damit die deutsche Bedeutung für Uhr übersetzt werden. Vielmehr bedeutet das engliche „h" hours = Stunden.

Für die Angabe einer Zeitdauer in Stunden können Sie den „h"-Zusatz gern verwenden: „Sitzungsdauer: 4,5 h".

> **Anzahl der Stunden, Minuten und Sekunden mit je zwei Ziffern:**
>
> 15:00 Uhr
>
> 02:40 Uhr
>
> 00:05 Uhr
>
> 13:08:27 Uhr

Telefonnummern

Die Vorwahl- und Rufnummern werden nicht gegliedert. Die Klammern für die Stadt-Vorwahl-Nummern sind entfallen:

0531 873376

05324 5516

Vor der Durchwahlnummer in Nebenstellenanlagen wird ein Bindestrich gesetzt:

089 2194-0

02234 677-353

Internationale Rufnummern:

Vor der Landeskennzahl steht das Zeichen +, die Null in Klammer vor der Stadtvorwahl ist entfallen:

Bisher: 0049 (0)351-845-1234

Neu: +49 351 845-1234

Telefaxnummern

Gleiche Gliederung wie Telefonnummern, jedoch mit Zusatz Fax:

Fax 05321 52243

Postfachnummern

Gliedern Sie von rechts nach links in Zweiergruppen:

6 37

48 53

9 74 32

Postleitzahlen

Die fünfstellige Postleitzahl wird nicht gegliedert:

06108 Halle

10823 Berlin

80366 München

Bankleitzahlen

> National wird die Bankleitzahl von links nach rechts in zwei Dreiergruppen und eine Zweiergruppe gegliedert:
>
>   BLZ 258 900 17

Der internationale standardisierte Bank Identifier Code (BIC), auch SWIFT-Code (Society for worldwide Interbank Financial Telecommunications) genannt, wird weder im stehenden Schriftsatz noch beim Ausfüllen von elektronischen Formularen, z.B. bei einer Online-Überweisung im Internet (Homebanking), gegliedert.

Kontonummern

> Die nationale Bank-Kontonummer wird von rechts in Dreiergruppen abgeteilt:
>
>   1 123 123

> Die Post-Girokontonummer besteht im Fließtext aus 2 Zahlenteilen, die mit einem Bindestrich verbunden werden. Die erste Nummer wird zwei Stellen von rechts abgeteilt:
>
>   123 12-123

> Die internationale Kontonummer (IBAN = International Bank Account Number) wird von links nach rechts beginnend in fünf Vierergruppen und eine Zweiergruppe gegliedert:
>
>   IBAN DE89 3402 0040 0487 0550 00

Geldbeträge

> Geldbeträge sollten aus Sicherheitsgründen 3-stellig mit Punkt gegliedert werden:
>
>   4.298,50 €
>
>   170.900,00 €
>
>   760.321.500,00 €
>
> Währungsbezeichnungen können vor oder hinter dem Betrag stehen:
>
>   250,00 EUR   EUR 250,00
>
>   250,00 €   € 250,00
>
> Im Fließtext setzen Sie, angepasst an die Sprechweise, den Währungsbetrag hinter die Zahl.

4.5.8 Musterbriefe zu persönlichen Anlässen

Zur exzellenten Chefentlastung gehört das selbständige Verfassen von Brieftexten zu persönlichen Anlässen.

Es ist kein Geheimnis, dass ein null-acht-fünfzehn verfasster Brief zu einem nichtalltäglichen Ereignis bei dem Adressaten im günstigsten Fall nicht beachtet wird oder schlimmstenfalls in negativer Erinnerung bleibt und so manchen guten Geschäftskontakt trüben kann.

Die kreative Arbeit eines persönlich gehaltenen Schreibens im Namen Ihres Chefs erfordert zum einen eine nicht zu kurze Zeitspanne der Zusammenarbeit mit ihm, um seinen evtl. unverwechselbaren Schreibstil zu kennen und zu wahren und zum anderen ein großes Maß an Empathie, um die passenden Worte für Anlass und Empfänger genau zu formulieren.

Eine Spitzenaufgabe für Sie, bei der Sie Ihren Chef sehr entlasten und sich zudem als sozial kompetent beweisen können.

Lassen Sie in Ihren persönlichen Briefen **Zitate** einfließen.

Holen Sie sich Anregungen und Inspirationen zum Beispiel auf der Webseite

www.sinnsprueche.de

Persönlich gehaltene nachträgliche Wüsche zum Geburtstag

> Das wahre und sichtbare
> Glück des Lebens
> liegt nicht außer uns,
> sondern in uns.
> *Johann Peter Hebel*
>
> Lieber ...
>
> lass Dir auf diesem Wege zu Deinem großen Tag - Du feiertest Deinen 50. Geburtstag - nachträglich alles Gute wünschen. Hoffentlich konntest du ein paar unvergessliche Stunden voller Freude und Zufriedenheit im Kreise Deiner Familie und Freunde verleben.
>
> Als Erinnerung an diesen besonderen Tag habe ich Dir ein Geschenk ausgesucht, das Dir hoffentlich Freude macht.
>
> Bleib' gesund und munter und mach' das Beste aus den kommenden Jahren.
>
> Du weißt ja: Regen ist genauso nützlich wie Sonnenschein, man braucht nur die richtige Mischung. Und genau die richtige Mischung wünsche ich Dir für die Zukunft.
>
> Möge sich all das erfüllen, was Du Dir wünschst und mögen Dich alle größeren und kleineren Sorgen verschonen, damit Du jeden neuen Tag genießen kannst.
>
> Viel Glück und Lebensfreude, verbunden mit allen guten Wünschen für Dein persönliches Wohlergehen - dies sendet Dir aus ...
>
> ...

Geburtstagsglückwunsch für einen Pensionär

Sehr geehrter Herr …/ sehr geehrte Frau …

meine allerherzlichsten Glückwünsche zu Ihrem 70. Geburtstag.

Ich wünsche Ihnen für das kommende Lebensjahr alles Gute. Möge es von Glück und Zufriedenheit, aber vor allem von guter Gesundheit begleitet sein.

„Das Älterwerden ist weniger ein Zustand als eine Aufgabe;
löst man jene, so ist das Alter
mindestens ebenso schön wie die Jugend."
-Verfasser unbekannt-

In diesem Sinne verknüpfe ich meine Geburtstagsgrüße mit den besten Wünschen für Ihr persönliches Wohlergehen.

Mit freundlicher Empfehlung

Geburtstagsglückwunsch-Mail an einen Mitarbeiter im Urlaub

Lieber Herr Schmitt,

in Ihren wohlverdienten Urlaub von hier aus herzlichen Glückwunsch zum heutigen Geburtstag.

Wir wünschen Ihnen zu Ihrem Wiegenfest die „3 Gs":

Glück,

Gesundheit

und nur Gutes!

Für Sie und Ihre Familie eine schöne Geburtstagsfeier und weiterhin einen interessanten und erholsamen Urlaub.

Viele Grüße aus …

Wünsche zur Vermählung

Liebe Frau Maier,
Wer Freude genießen will, muss sie teilen.
Das Glück wurde als Zwilling geboren.
(George Gordon Lord Byron)

ich kenne und schätze Sie schon seit vielen Jahren und Ihre Einstellung zur Heirat ist mir gut bekannt.

Umso mehr freue ich mich für Sie, dass Sie jetzt den Richtigen gefunden haben. Ich gratuliere Ihnen sehr herzlich zu Ihrer Hochzeit und wünsche Ihnen und Ihrem Mann alles erdenklich Gute und vor allem viel Glück für viele, viele schöne gemeinsame Jahre.

Mit den besten Grüßen

Glückwünsche zur Geburt

Liebe Frau Huber,

Erblickt ein Kind das Licht der Welt,
erscheint ein Stern am Firmament;
er strahlt für dich tagaus, tagein
und wird dein Wegbegleiter sein,
er schützt dich vor Gefahr und Leid,
schenkt dir viel Glück und Heiterkeit.
(Hans Karthaus)

die Geburt eines Kindes ist für Eltern der schönste Tag im Leben. Wir gratulieren Ihnen und Ihrem Mann ganz herzlich. Genießen Sie jede Minute der schönen Zeit, die Sie mit Kathrin verbringen dürfen. Wie schnell sind Kinder groß.

Im Namen aller Kollegen und Kolleginnen senden wir Ihnen und Ihrem kleinen Sonnenschein alles Gute und unsere lieben Wünsche.

Mit den besten Grüßen

Gratulation zum Dienstjubiläum

Lieber Herr Müller,

herzliche Glückwünsche zu Ihrem 40-jährigen Dienstjubiläum. So etwas feiern wir nicht alle Tage!

Als langjähriger Mitarbeiter sind Sie zu einem wichtigen Teil unseres Unternehmens geworden. Auf Ihre Loyalität und Ihren Sachverstand ist Verlass. Ihre geradezu sprichwörtliche „Einsatzbereitschaft", wann immer Not am Mann war und Ihr nicht versiegender Humor ließen Sie Ihren Kollegen zum Freund werden. Alle freuen sich mit Ihnen über dieses 40-jährige Jubiläum.

Sie können sich denken, dass ich versucht habe herauszufinden, womit wir Ihnen anlässlich der langen Betriebszugehörigkeit eine Freude machen könnten. Die Meinung war fast einhellig: ein erholsames Wochenende zusammen mit Ihrer Ehefrau. Im Namen der gesamten Geschäftsleitung wünsche ich Ihnen und Ihrer Frau ein paar schöne Tage - Sie haben sie sich verdient.

Vielen Dank für Ihre Treue und alles Gute!

Mit freundlichen Grüßen

Dankbrief nach Dienstjubiläum

Liebe Kolleginnen und Kollegen,

es gibt Tage im Berufsleben, an die man sich besonders gerne erinnert. Ein solcher Tag war der 1. März für mich.

Ich danke allen, die sich die Zeit genommen haben und bei meiner Jubiläumsfeier dabei waren!

In der Datenbank habe ich die Fotos geparkt, die ein paar liebe Kollegen am 1. März aufgenommen haben.

Vielen herzlichen Dank nochmals für Alles.

Ihre

Wünsche für den Ruhestand (und Dienstjubiläum) eines Kunden

Lieber Herr Müller,

gern haben wir die Einladung der Geschäftsführung Ihres Hauses angenommen, um mit Ihnen in Stuttgart das bedeutende Ereignis Ihres

35-jährigen Dienstjubiläums im Hause Mayer

zu feiern.

35 Jahre konstant und erfolgreich in einer Gesellschaft tätig zu sein, ist sicher nicht alltäglich und wir möchten Ihnen sehr herzlich dazu gratulieren. Eine große Wegstrecke durften wir in unserer langjährigen geschäftlichen Verbindung gemeinsam mit Ihnen gehen. Es war immer eine angenehme und vertrauensvolle Zusammenarbeit; gern möchten wir uns bei dieser Gelegenheit bei Ihnen bedanken.

Ein Wehmutstropfen an Ihrem Ehrentag ist für uns allerdings Ihre Verabschiedung in den wohlverdienten Ruhestand. Dennoch möchten wir Ihnen für Ihren neuen Lebensabschnitt das Allerbeste wünschen. Mögen Sie bei bester Gesundheit die neuen Seiten des Lebens ohne Berufsstress genießen und im Kreise der Familie zufriedene Jahre verbringen.

Mit besten Grüßen aus Hamburg

Weihnachten und Neujahr

Experten-Tipp:

Schreiben Sie an Ihre Geschäftspartner anstelle der üblichen Weihnachts- und Neujahrs-Karten bereits rechtzeitig zum 1. Advent einen Brief für die Vorweihnachtszeit.

Verschicken Sie mit dem Brief „eine süße Verführung" in Form eines originellen Adventskalenders, den Sie mit Ihrem Firmenlogo oder mit Ihren Produkten, hübsch in Weihnachtsdress gekleidet vom Fachhandel ausstatten lassen.

Diese Post wird die gewünschte Aufmerksamkeit beim Empfänger erhalten und geht nicht in der üblichen Flut der standardisierten Jahreswechselkarten unter:

Sehr geehrter Herr.../ sehr geehrte Frau...

Wenn der Geruch von Glühwein und Lebkuchen durch die Stadt zieht, wissen wir spätestens jetzt - Weihnachten steht vor der Tür.

Eine Zeit, in der auch schon unsere Weihnachtsmänner mächtig in Aktion sind, denn unser Adventskalender beginnt bereits am ... - einfach weil wir Ihnen die Tage bis Weihnachten extra lange versüßen möchten.

So hofft das ganze Team von ..., Sie auch im neuen Jahr wieder verwöhnen zu dürfen und wünscht Ihnen viel Glück, Gesundheit und Erfolg, auf dass sich alle Ihre Erwartungen und Wünsche in 200... erfüllen mögen.

Mit freundlicher Empfehlung

Ihre

Möchte Ihre Gesellschaft an den traditionellen Grußkarte festhalten, beachten Sie, dass Sie auch Karten ohne Weihnachtswünsche, nur mit Wünschen zum neuen Jahr und dem Dank für die vertrauensvolle Zusammenarbeit, vorrätig halten.

Verwenden Sie diese Grußkarten für

■ ausländische Geschäftspartner mit nicht-christlicher Religionszugehörigkeit,

■ das verspätete Eintreffen erst nach den Weihnachts-Feiertagen.

Für das zeitsparende Adressieren schreiben Sie zunächst zur Abstimmung mit Ihrem Chef, für handschriftliche Vermerke und Ihre spätere Ablage eine Adressliste mit versandfertigen Empfängeradressen.

Drucken Sie die abgestimmten Adressen auf **Adress-Etiketten** (z.B. Zweckform- Nr. 3659, pro Blatt können Sie 12 Adressen schreiben).

Den **Druckauftrag** geben Sie wie folgt:

- Im Menü Ihres Word-Systems selektieren Sie

- „EXTRAS"

- und klicken dort „BRIEFE UND SENDUNGEN" an.

- Aus der sich öffnenden Auswahl selektieren Sie „UMSCHLÄGE UND ETIKETTEN".

- Im Register „ETIKETTEN"

- wählen Sie „OPTIONEN".

- Im Feld „ETIKETTENMARKE" tragen Sie „ZWECKFORM" ein.

- im Feld „BESTELNUMMER" geben Sie die „3659" ein.

Die selbstklebenden Etiketten wandern fast wie von selbst auf die Kuverts.

Sie legen anschließend (am besten schon im November) alle oder einen ersten Teil der Kuverts und Grußkarten in die Unterschriftsmappe zur Unterschrift Ihres Chefs. Mit diesem zeitlichen Vorlauf kann er bei besonders wichtigen Empfängern noch handschriftliche Grüße zum Standardtext der vorbereiteten Karten schreiben.

Lernen Sie aus den schlechten Beispielen, wenn Sie wieder einmal eine Karte in Händen halten und die Unterschrift nicht entziffern können, so dass Sie rätseln müssen, woher die wohlmeinenden Grüße oder kleinen Aufmerksamkeiten kamen. Das handschriftliche Signum verrät häufig den Absendernamen nicht auf Anhieb oder gar nicht.

Lassen Sie daher die Grußbotschaft Ihres Chefs nicht ohne Wirkung Jahr für Jahr verpuffen und legen Sie „eine Spur zu seinem Namen":

Experten-Tipp:

Schreiben Sie bei allen Adressetiketten den Vor- und Zunamen Ihres Chefs zur Absenderangabe.

Kondolenzbriefe

Nachrufe und geschäftliche Kondolenzschreiben zu verfassen, das ist wahrlich keine einfache Aufgabe. Gleichwohl wissen es Geschäftspartner zu schätzen, wenn sie auch in traurigen Stunden von Kunden oder Auftraggebern Anteilnahme erhalten.

> Schreiben Sie rasch, bald nach dem Erhalt der Nachricht und achten Sie auf die richtige Form.

Art des Briefpapiers:

- Ohne Bankverbindung, Infoblock und Logo, höchste Qualität, im Zweifelsfall Briefpapier der Geschäftsleitung nur mit Namen oder ganz ohne Aufdruck.
- Keine schwarzen „Trauerränder", die sind den Angehörigen vorbehalten.
- Kein Anschriftenfeld.

Art des Kuverts:

- Kein Fensterumschlag, sondern geschlossener Umschlag.
- Briefmarke, wenn möglich, anstelle Frankiermaschine.

Textformulierung:

- Handschriftlich (lässt sich leider nicht immer realisieren).
- So distanziert wie nötig, aber so persönlich wie möglich.
- Angemessene Betroffenheit, ohne allzu schmerzlich zu berühren.
- Würdigen Sie die Vorzüge des oder der Verstorbenen.
- Suchen Sie nach tröstlichen Aspekten, etwa die Wertschätzung der Kollegen.

Sehr geehrte Frau Müller-Huber,

mit großer Betroffenheit haben wir die Nachricht vom Tode Ihres Mannes gehört.

Wir haben mit ihm einen Mitarbeiter verloren, der durch seine Loyalität, seine Kollegialität und Hilfsbereitschaft sehr beliebt war. Er hinterlässt in unseren Reihen eine große Lücke; seine angenehme Art und seinen fachmännischen Rat werden wir sehr vermissen. Wir trauern mit Ihnen.

Im Namen der gesamten Belegschaft spreche ich Ihnen und Ihrer Familie unsere tiefempfundene Anteilnahme aus.

Mit stillem Gruß

Herman Maier
Maier KG

5

Gäste und Events

5.1 Exzellente VIP-Betreuung im Office (Checkliste)

Der Erfolg eines Meetings in Ihrem Haus mit wichtigen Geschäftspartnern wird mit Ihrer durchdachten und professionellen Organisation zuverlässig unterstützt und abgesichert.

Mit Ihrer exzellenten Steuerung im Hintergrund bilden Sie den Rahmen für entspannte und erfolgreiche Verhandlungen.

Wenn der Gast sich mit einem positiven und zuverlässigen Eindruck von seinem Gastgeber verabschiedet, haben Sie sich für Ihre Organisation ein dickes Lob von Ihrem Chef verdient!

Mit der klassischen „12 Punkte Checkliste für Gästebetreuung im Office", der Standardisierung der Abläufe, können Sie dieses Ziel souverän erreichen.

Sie erhöhen Ihre Zuverlässigkeit und optimieren den Organisationsprozess.

Arbeiten Sie Ihre individuellen Modifizierungen eventuell noch in die Checkliste ein, damit sie maßgeschneidert zu all Ihren künftigen Events passt.

Psycho-Faktor:
Die standardisierte Organisation schenkt Ihnen das beruhigende Gefühl, an alles gedacht und vorbereitet zu haben. Sie entlasten Ihren Kopf und behalten Ihre Souveränität!

12 Punkte Checkliste für Gästebetreuung im Office

	Aufgabe	Details	Bemerkung / Erledigt am
1	Pförtner verständigen	Ankunftsdaten, Name, Firma, Ort der Besprechung nennen und Parkplatz reservieren	
2	Abholung von Pforte erforderlich?	Rücksprache mit dem Chef	
3	Meetingraum	Frühzeitige Reservier. Beginn ½ Std. früher nennen. Für den Vorabend Top-Reinigung der Räume veranlassen	
4	Bewirtung	Durchplanen und bestellen	
5	Beamer und Demo-Technik	Prüfen, ob vorhanden und funktionstüchtig	
6	Teilnehmer im Haus briefen	Wer soll anwesend sein, Thema gut vorbereitet?	
7	Kleine Begrüßungs- / Abschiedsgeschenke?	Besprechen und beschaffen	
8	Agenda	Vorbereiten, schreiben, verteilen	
9	Betriebsbesichtigung	Fachkraft, die als Führer fungiert, verständigen, Dauer und Orte der Besichtig. festlegen	
10	Taxi	Bestellen für event. Transfer zum Bahnhof oder Flughafen. Handy Nr. des Fahrers geben lassen	
11	Erfrischungsraum/ Toiletten	Checken bzw. checken lassen, ob in Topzustand	
12	Keinen Lärm vor dem Besprechungszimmer	Bei Top-Events mit Facility Management klären, dass an diesem Tag keine Hecken geschnitten oder Bauarbeiten unmittelbar vor den Besprechungsräumen durchgeführt werden.	

Checkliste 1 (Download auf der Webseite des Verlags: www.edumedia.de/bueroorganisation)

Bestätigen Sie Ihren VIP-Gästen rechtzeitig schriftlich mit ein paar freundlichen Zeilen - dies darf heute durchaus per E-Mail sein - die Terminvereinbarung und die getroffenen Vorbereitungen.

- Reisen Ihre Gäste mit dem PKW an, fügen Sie die Anfahrtsskizze zu Ihrer Firma bei.

- Geben Sie Ihren Gästen den Namen und die Adresse des Übernachtungshotels an.

- Vereinbaren Sie mit dem Hotel „späte Anreise", damit dort keine automatischen Buchungsstornos ab einer bestimmten Uhrzeit durchgeführt werden.

- Nennen Sie die Reservierungsnummer, sofern die Gäste selbst zahlen werden. Oder bestätigen Sie, dass Sie die Kosten für die Gäste sehr gerne übernehmen werden.

- Fügen Sie anschließend die URL des Hotels als Hyperlink ein (siehe Seite 241).

5.1.1 Business-Etikette

Als wichtige Verbindungsstelle zwischen Ihrem Vorgesetzten und seinen Mitarbeitern ist es für Sie selbstverständlich, in der Kommunikation gute Umgangsformen zu pflegen. Mehr noch kommt es bei Ihren Repräsentationsaufgaben mit den wichtigen Geschäftspartnern Ihres Hauses auf das souveräne Beherrschen der Business-Etikette an, die Sie mit sympathischer Natürlichkeit verbinden sollten.

Hätten Sie's gewusst: Ludwig XIV von Frankreich soll im Versailler Schlosspark für das Aufstellen kleiner Etiketten gesorgt haben mit der Aufschrift, den Rasen nicht zu betreten. Die Höflinge beachteten die Verbotsschildchen nicht. Der Sonnenkönig erließ deshalb ein Dekret: „Jedermann muss sich an die Etiketten halten." Das Wort wurde auch für andere Benimmvorschriften benutzt und hat seine Bedeutung für Umgangsformen bis heute bewahrt.

Als Buchtipp sei dazu empfohlen: „Etikette Heute", Verlag für die deutsche Wirtschaft, Bonn.

Wer reicht wem zuerst die Hand?

Beim Händereichen zu Beginn eines persönlichen Kontaktes gelten im Business und auch im Privaten feste Regeln:

Auf Geschäftsebene reicht stets der Ranghöhere zuerst die Hand.

Das heißt,

- der Chef reicht seinen Mitarbeitern die Hand,

- der Ehrengast den Gästen,

- jedoch der Empfangschef dem Gast, beim Betreten des Firmengeländes

---

Ihren wichtigen Gast, den Ihr Chef und Sie noch nicht persönlich kennen, werden Sie direkt an der Pforte abholen und dort begrüßen:

- Gehen Sie als Gastgeberin des wichtigen Geschäftspartners mit der ausgestreckten Hand und einem freundlichen Lächeln auf den Gast an der Pforte zu.

- Stellen Sie sich dem Gast als erstes mit Ihrer Funktion vor: „Guten Tag, Herr Maier, ich bin die Assistentin von Herrn Schmitt." und nennen anschließend Ihren Vor- und Zunamen. „Herzlich willkommen in unserem Haus, darf ich Sie zum Büro von Herrn Schmitt geleiten?"

- Nehmen Sie Ihren Gast an Ihre *rechte* Seite und lassen ihm immer den Vortritt (nur bei unübersichtlichen Wegen gehen Sie vor).

Begrüßungsreihenfolge in einer Gruppe

- Bei der Begrüßung **während eines geschäftlichen Essens** oder bei einer Runde im Sitzen, wird es nach modernem Knigge auch Frauen empfohlen, wie die männlichen Kollegen kurz aufzustehen für das Händereichen.

- Treten Sie im geschäftlichen Umfeld zu einer Gruppe mit beiden Geschlechtern, können Sie einfach der Reihe nach jeden begrüßen. Ist allerdings nur eine Dame bei mehreren Herren dabei, wird sie zuerst begrüßt. Doch Vorsicht: ist die einzige Dame die Sekretärin und auch ihr Chef ist in der Gruppe, wird zuerst der Chef begrüßt.

Im gesellschaftlichen Leben - anders als im Berufsfeld, in dem stets der berufliche Höhere die Hand reicht - gibt die Frau dem Manne und der wesentlich Ältere dem Jüngeren die Hand.

Auch in der Reihenfolge der Begrüßung gilt im Privaten das Umgekehrte: Treffen Sie nach Feierabend oder am Wochenende, beispielsweise bei einer Vernissage, zwei Kolleginnen zusammen mit ihrem Chef, ist der Rang unerheblich und Sie begrüßen Ihre Kolleginnen vor deren Chef.

Personen einander vorstellen

Die korrekte Reihenfolge in der Vorstellung zweier Personen ist relativ einfach und kann sehr gut im Gedächtnis abgespeichert werden:

> **Der Rangniedrige oder Jüngere wird dem Ranghöheren vorgestellt.**

Wenn Sie zwei fremde Kollegen oder Geschäftspartner einander vorstellen, gilt die einfache Regel, dass der Rangniedrigere oder der wesentlich Jüngere zuerst vorgestellt wird. Das heißt, der Ranghöhere oder Ältere erhält zuerst die Information zu seinem Gegenüber:

- Der Mitarbeiter wird dem Chef vorgestellt,

- der Gastgeber im Geschäftsleben dem wichtigen Business-Gast.

> **Ihren neuen, wichtigen Geschäftspartner, den Sie gerade bei der Pforte abgeholt haben, stellen Sie Ihrem Chef vor:**
>
> - Sie geleiten den Gast zum Büro Ihres Chefs, Herrn Schmitt, öffnen seine Bürotür und halten sie für Ihren Gast zum Durchgehen auf.
>
> - Stellen Sie zuerst Ihren Chef und dann den Gast vor:
>   Mit einer kleinen Handbewegung oder einem freundlichen Nicken in Richtung zu Ihrem eventuell schon entgegenkommenden Chef: „Herr Schmitt, mein Chef" und anschließend mit Körperrichtung zum Gast: „Unser Gast, Herr Maier".

Verabschiedung von Gästen

Am Ende eines Meetings wird ein wichtiger Gast vom Gastgeber persönlich soweit wie möglich noch begleitet und verabschiedet.

> **Beim Verlassen eines Raumes erhält der Gast den Vortritt.**

Bei der Verabschiedung wird dem Gast die Tür nach draußen geöffnet und er erhält den Vortritt. Eventuell begleitet Ihr Chef den Gast zu seinem Auto, verabschiedet sich dort und wartet, bis das Auto abgefahren ist.

5.1.2 Was Sie bei der Speiseauswahl beachten sollten

▪ Erkundigen Sie sich in einem kollegial-freundlichen Telefonat rechtzeitig bei der Assistentin Ihres Gastes nach eventuellen Vorlieben oder Unverträglichkeiten bestimmter Speisen und Getränke Ihres Gastes. Sie helfen damit Ihrem Chef, dass die Bewirtung einen exzellenten Eindruck hinterlässt und keinerlei Missstimmung durch hektische Umorganisationen auftreten kann.

▪ Achten Sie darauf, dass die bewirtende Küche keine unangenehm blähenden Gemüsesorten verwendet. Verbannen Sie Kohlsorten oder geruchsintensiven Knoblauch vom Speiseplan und lassen zum Beispiel Brokkoli durch die relativ neue Gemüsesorte Romanescou ersetzen.

▪ Auch Kleinigkeiten, wie riesenhafte Kuchenportionen am Nachmittag nach einem reichhaltigen Mittagessen, können bei wichtigen Gästen eine unnötige Unterbrechung einer guten Atmosphäre bedeuten.

Fallbeispiel:

Eine Besuchergruppe (mit Ehefrauen) hatte nach dem Gästeessen und Fertigungsbesichtigung am Nachmittag Kaffee und Kuchen auf dem Programm. Es wurde Obstkuchen der Saison angeboten.

Kurz nachdem die Besuchergruppe im Besprechungszimmer Platz nahm, stürmt ein Kollege heraus mit der unerwarteten Frage: „Haben Sie ein Messer?"

Eigenhändig und ungeübt hantiert er anschließend mit Ihrem Besteckmesser an den Kuchenstücken herum. Denn die Portionen waren einfach zu plump und nach dem üblicherweise exzellenten, mehrgängigen Mittagessen für die Besucher und besonders den Frauen einfach zu riesig.

Hektisch wurden auf dem Kuchentablett die Stücke durchgeschnitten oder vom Kuchenteller wieder zurück zum Tablett geschoben und waren nach dieser Be-"Hand"-lung optisch und hygienisch nicht mehr frisch!

5.1.3   Gästen zum Meeting stilsicher Getränke und Snacks reichen

Die Frage, von welcher Seite reiche ich Gästen Getränke oder Snacks, stellt sich immer wieder. Doch es wird ein Leichtes für Sie, wenn Sie die praktische Erklärung dazu kennen.

Gefülltes von links.

Gefüllte Gläser oder Tassen stellen Sie dem Gast immer **von links** auf seinen Tisch, weil ein spontan bewegter rechter Arm des Gastes Ihr gerade gereichtes Getränk auf der linken Seite nicht so leicht oder überhaupt nicht über den Besprechungstisch und Unterlagen verschütten kann.

Legen Sie die **Serviette** den Gästen immer auf die **linke Seite**, neben das Gedeck.

Von der rechten Seite:

- Wenn Sie die leeren Gläser schon vor dem Eintreffen der Gäste auf dem Tisch gerichtet haben, um dort eine Getränkeauswahl anzubieten und einzuschenken, dann befüllen Sie das dort stehende **leere** Glas **von der rechten Seite**.

- Teller mit kleinem Imbiss servieren Sie dem Gast von rechts.

- Von rechts nehmen Sie zwischendurch oder später auch geleerte Teller und Gläser wieder weg, solange Ihre Gäste noch am Tisch sitzen.

5.1.4   Die rechtzeitige Raumreservierung

Den geeigneten Raum im Haus zu organisieren, ist zwar selbstverständlich. Doch zuweilen können unvorgesehene Ereignisse eine unnötige Stresssituation entstehen lassen, die man elegant vermeiden kann.

Fallbeispiel:

Ein lange anberaumtes Meeting mit wichtigen internationalen Teilnehmern soll um 9:00 Uhr beginnen. Der Meetingraum ist für exakt 9:00 Uhr bei der Raumverwaltung reserviert.

Um exakt 8:30 Uhr treten Handwerker an, um an der Decke Luftsäcke der Klimaanlage auszutauschen. Die Assistentin, die um 8:30 Uhr sicherheitshalber den Raum nochmals inspizieren möchte, ist einem Nervenzusammenbruch nahe, als sie eine halbe Stunde vor Meetingbeginn die seelenruhig auf ihren Leitern arbeitenden Handwerker erblickt - während einige Teilnehmer bereits eintreffen.

Die Verwalterin des Besprechungsraums erklärt dazu: „Die Handwerker sind doch um 9:00 Uhr fertig!". Und außerdem könne sie nichts dafür, die Hausverwaltung habe diesen 30 Minuten-Termin mit den Handwerkern vereinbart.

 Wo liegt die praktische Lösung, künftig solche Zwischenfälle zu vermeiden?

Sich ab 8:00 Uhr auf die Lauer vor das Besprechungszimmer legen?

Den Zimmerschlüssel einen Tag vorher abholen?

Die Teilnehmer verpflichten, erst um 9:00 Uhr und keine Sekunde vorher zu kommen?

 Das einfache Rezept:

Geben Sie den Beginn der Besprechung bei Ihrer Raum-Anmietung generell um mindestens ½ Std. früher an.

Kalkulieren Sie ein, dass Gäste mit langer Anreise nicht punktgenau, sondern eher etwas früher eintreffen und die Referenten des Meetings die Zeit vor dem Beginn gerne nutzen, um die Verbindung ihres Laptops zum Beamer für ihre Präsentation zu testen.

5.2 Die VIP-Einladung zum Abendprogramm

Routinierte Repräsentanten aus der Wirtschaft und des öffentlichen Lebens sind mit den Benimm-Spielregeln auf dem geschäftlichen Parkett bestens vertraut und registrieren mitunter jeden Faux Pas ihres Gastgebers. Auch wenn Geschäftserfolge vermeintlich nicht in erster Linie von Stil- und Kniggefragen abhängen, sollten Sie gerade bei der Organisation des entspannten Programmteils am Abend Ihr Bestes geben und im Hintergrund versiert Ihren Chef zum perfekten Gastgeber lancieren lassen.

5.2.1 Korrekte Sitzordnung für Ihre Ehrengäste

Setzen Sie sich dafür ein, dass der Bedeutung Ihres Ehrengastes und seiner Begleitung während der gesamten Dauer des Events mit der perfekten Auswahl der Ehrenplätze Ausdruck verliehen wird.

Der Ehrenplatz beim Geschäftsessen

Der Ehrenplatz für den wichtigen Gast während eines Geschäftsessens ist relativ einfach zu merken: Das Zauberwort heißt *rechts*.

Der höchste Ehrengast sitzt immer auf der **rechten Seite** des höchsten Gastgebers.

Komplizierter wird es, wenn zwei Gastgeber und zwei Ehrengäste am Lunch oder Dinner teilnehmen und Ihr Chef als Gastgeber von seiner Ehefrau begleitet wird:

Zwei gleichrangige Geschäftsführer als Gastgeber sitzen sich etwa in der Mitte der Tafel gegenüber, um möglichst viele der Anwesenden in das Gespräch einbeziehen zu können.

- An der rechten Seite des höchsten Gastgebers liegt der Ehrenplatz für den höchsten Gast.

- Bei Teilnahme der Ehefrau des Gastgebers sitzt sie ihrem Mann gegenüber in der Mitte der Tafel (wie die beiden Geschäftsführer), rechts neben dem zweithöchsten Ehrengast.

Die Ehrenplätze während eines Veranstaltungsprogramms

Auch während einer Veranstaltung gebührt dem wichtigen Geschäftspartner ein Ehrenplatz, der - wie sollte es anders sein - wiederum mit der rechten Seite zu tun hat.

Der Ehrengast sitzt während des Bühnenprogramms

- selbstverständlich in der 1. Reihe,
  entweder in der Mitte oder am Anfang der Reihe (am Mittelgang)
- rechts neben dem ranghöchsten Gastgeber.

Bei Teilnahme der Ehefrau des Ehrengastes und des Gastgebers ist auch hier wieder das Zauberwort *rechts* das ordnende Moment:

- Nimmt (nur) die Ehefrau des Ehrengastes teil, sitzt sie rechts neben Ihrem Ehemann.
- Nimmt auch die Ehefrau des Gastgebers teil, nimmt die Ehefrau des Gastes rechts neben dem Gastgeber, die Ehefrau des Gastgebers an der rechten Seite des Ehrengastes Platz.

Profis kennen auch die Sitzordnung für die Autofahrt

Wenn Ihre Position es mit sich bringt, dass Sie Ihren Chef und seine Gäste zum Flughafen oder zum Restaurant begleiten oder aus anderen Gründen beim gemeinsamen Transfer im Auto Platz nehmen, sollten Sie gerade bei wichtigen Gästen die Sitzordnung kennen:

Mit Chauffeur sieht die Sitzordnung wie folgt aus:

- Der Ranghöchste (der Gast) sitzt hinten rechts.
- Der 2. Wichtigste (Ihr Chef) sitzt links daneben.
- Der/die Letzte im Rang (die Sekretärin)sitzt vorn neben dem Fahrer.

Vorsicht: Sitzt Ihr Chef persönlich am Steuer seines eigenen Wagens, gestaltet sich die stilsichere Platzverteilung anders:

- Der Ranghöchste (der Gast) **sitzt vorn neben dem steuernden Chef.**
- Der/die 2. Wichtigste sitzt hinten rechts.
- Der/die Letzte im Rang sitzt hinten links.

Die praktische Erklärung für die Sitzverteilung ist, dass Gast und Chef in unmittelbarer Gesprächsnähe nebeneinander sitzen sollen und der Gast einen Chauffeur am besten diagonal direkt ansprechen könnte.

5.2.2 Ihre perfekte Teilnahme am Geschäftsessen

Kleines 1x1 für die Platzordnung zu Tisch

Dass sowohl die Stoff- als auch die **Papierserviette** immer auf die linke Seite gelegt wird, auch als Zwischenparkplatz, wenn Sie sich an einem Buffet mehrere Male bedienen, ist Ihnen bekannt. Nach dem Essen wird sie nicht auf dem Teller zusammengeknüllt, sondern locker gefaltet, wiederum links, neben dem Teller platziert.

Benutztes Besteck verlässt nie den Teller, wird auf keinen Fall auf die Tischdecke gelegt. Wird eine Speise oder ein Getränk auf einem Unterteller oder Untertasse serviert, legen Sie das Besteckteil nach Benutzung dort auch wieder ab.

Der **Salatteller** als Beilage steht links vom Gedeck.

Gläser stehen immer rechts vom Gedeck und werden selbstverständlich nur am Stiel angefasst.

- Das Wasserglas hat einen kürzeren Stiel als die anderen Gläser und das geringste Fassungsvermögen,

- Rotwein-Gläser das größte Fassungsvermögen,

- das Weinglas liegt beim Volumen dazwischen.

Schwierige Gerichte gekonnt zelebrieren

Für Sie als routinierte Assistentin und Organisationsmanagerin sollten bei Ihrer Teilnahme an wichtigen Geschäftsessen auch nicht alltägliche Gerichte keine Benimmhürde darstellen. Eine kluge Strategie ist es immer wieder, den Auftakt in Ihrer Tischrunde kurz abzuwarten, um sich dem „handwerklichen Geschick" Ihrer Dinner- oder Lunch-Gäste anzupassen. Als Grundregel gilt im Übrigen, dass Sie alle Gerichte in die Kategorie „Fingerfood" einordnen dürfen, wenn eine Fingerschale mit Extraserviette an Ihren Tisch geliefert wird.

- **Austern**
  Gefragte Sorten sind die teuren Gillardeau-Austern und Belon-Austern mit ihrem leicht nussigen Geschmack.
  Eiserne Regel: werden Austern roh gegessen, muss die Schale zuvor fest verschlossen gewesen sein! Halten Sie die Auster mit der bauchigen Seite nach unten, das Scharnier direkt vor Ihnen. Zum Öffnen wird das spezielle Austernmesser mit seiner stumpfen, kurzen Klinge und kräftigem Stiel verwendet. Mit dem Stiel brechen Sie die Auster auf und durchtrennen mit dem Messerteil beim Scharnier den Schließmuskel. Sie lösen das Fleisch mit dem Messer, würzen es - möglichst nicht mit Zitrone - und nehmen es entweder mit einer Gabel heraus oder schlürfen den Inhalt samt Meereswasser heraus.

Hummer

Das Fleisch unter dem Panzer, die eigentliche Delikatesse, wird mit der Hummernadel herausgeholt. Doch zunächst ziehen Sie ruckartig die beiden Scheren heraus und knacken diese mit der Hummerzange auf. Halten Sie anschließend in der rechten Hand die Hummergabel mit den Zinken nach oben und in der linken Hand die geöffneten Scheren und holen mit dem löffelartigen Griff der Hummergabel das Fleisch heraus. Die Beinchen können Sie an den Gelenken mit der Hand auseinanderbrechen und den Inhalt heraussaugen. Das Fleisch des Hummerschwanzes wird dann mit dem normalen Besteck herausgehoben.

Krebs

Ein Krebsessen wird ähnlich zelebriert wie die hier geschilderte Hummerdelikatesse. Für das Verzehren des Fleisches in den Scheren, im Krebsschwanz und Rückenpanzer bedienen Sie sich des mitgelieferten Krebsbesteckes. Der Unterschied zum Hantieren beim Hummer besteht darin, dass Sie die Beine des Krebses mit Hilfe des Loches im Krebsmesser öffnen.

Muscheln

Wird die Miesmuschel im Sud gegart serviert, gilt das gleiche wie beim Hummer, nur zuvor fest geschlossene Muscheln dürfen verzehrt werden. Sie knacken die erste Muschel und können diese Muschelschale oder eine Gabel als Zangenwerkzeug für die restlichen Muscheln einsetzen. Das weiße Muschelfleisch nehmen Sie mit der Gabel heraus. Die leeren Muschelschalen lagern Sie auf einem separaten Teller. Den Muschelsud dürfen Sie mit dem bereitgelegten Löffel herausholen.

Artischocken

Fixieren Sie die Frucht mit der einen Hand und zupfen mit der anderen Hand ein einzelnes Blatt heraus. Tunken Sie es ein wenig in eine der Soßenschälchen und ziehen Sie mit den Zähnen den weichen Blattteil ab. Legen Sie die Blattreste auf den Ablageteller. Arbeiten Sie sich von außen nach innen durch. Sind einige obere Blätter nicht genügend weich gegart, dürfen Sie diese aussondern und vorweg auf den separaten Teller zu den bereits abgelegten Blattresten legen.

Nach dem Säubern Ihrer Finger schneiden Sie zum Schluss mit dem Vorspeisenbesteck mundgerechte Happen aus dem nun freigelegten weichen Artischockenboden heraus und verspeisen diese, gern nach erneutem Eintauchen in eines der Soßenschälchen.

5.3 Hotel-Tagungen mit Rahmenprogramm (Checkliste)

Der Veranstaltungsbereich ist mit seinem Anteil von zirka 42 % an den Geschäftsreisekosten ein Schwergewicht auf der Reise-Ausgabenseite eines Unternehmens und die Organisation eines Events ist alles andere als eine Routineaufgabe. Sie erfordert Kreativität, komplexes Denken und hohe Zuverlässigkeit.

Im Handumdrehen kann ein großer Event Ihre Arbeitszeit mehr als geplant in Anspruch nehmen. Gehen Sie daher strukturiert an diese Aufgabe und nutzen Sie die besten Hilfsmittel. Überlassen Sie bei Ihrem Projekt „Tagungsorganisation" nichts dem Zufall und vermeiden Sie, dass in letzter Sekunde Hektik wegen vergessener Aufgaben entsteht.

Mit der bewährten „**20 Punkte-Checkliste für Tagungen**" sind Sie auf der sicheren Seite, dass Sie den Event zuverlässig und professionell organisieren:

> Holen Sie sich von Ihrem Chef frühzeitig klare Aussagen zu den wesentlichen 5 Features der Tagung ein (**C**ommunicate-Mappe).
>
> - Legen Sie sich eine Projektmappe an (siehe Seite 93) und übernehmen die „**20 Punkte-Checkliste für Tagungen**" als Inhaltsverzeichnis.
>
> - Bearbeiten Sie souverän in der empfohlenen Reihenfolge die Aufgaben und legen die Arbeitsunterlagen zu den Einteilungen der Projektmappe.
>
> - Jeden Event schließen Sie mit einer Nachbearbeitung ab. Die Mindestanforderungen sind in der „5 Punkte Nachbearbeitungs-Checkliste" zusammengefasst.

Psycho-Faktor:
Planen Sie zielstrebig bereits beim 1. Event ein begabter Veranstaltungs-Profi zu werden! Das erfolgreiche Wirken hinter den Kulissen kann Ihr Highlight im Berufsleben werden.

20 Punkte-Checkliste für Tagungen

	Rücksprache mit dem Chef	Bemerkung
1	Thema, Termin und Dauer der Tagung	
2	Anforderung an die geographische Lage des Hotels	
3	Teilnehmer-/ Referentengruppe und -anzahl	
4	Rahmenprogramm erwünscht? Welche Art?	
5	Kostenrahmen/Budget	
	Aufgaben	**Erledigt**
6	Erste Hotel-Vorausauswahl mit Angeboten des firmeneigenen Travelmanagements oder Web-Adressen	
7	Hotelentscheidung mit Checkliste „Auswahl Tagungshotel"	
8	Mittags-, Abends- und Pausen-Bewirtung mit dem Hotel besprechen	
9	Geeignetes Rahmenprogramm finden	
10	Tagungsvereinbarung mit Hotel, Vertrag mit Programmveranstalter unterschreiben, Kopie Einkaufsabteilung und Wiedervorlage zum Termin der kostenfreien Stornierung	
11	Agenda-Entwurf erarbeiten	
12	Zur Teilnehmer- u. Referentengewinnung Mails verschicken	
13	Einladung mit Angabe des Hotels, der Kostenpauschale und Agenda verschicken und gleichzeitig Reisedaten erbitten	
14	Anreise und Übernachtung des Chefs organisieren	
15	Übersicht der Teilnehmerzusagen, Reisedaten und Übernachtung (Musterformular „Participants List")	
16	Flughafentransfers bei Taxi-Unternehmen oder Hotel bestellen	
17	Namensschilder vorbereiten	
18	An Vortrag des Chefs erinnern und Vortragsbeiträge aller Referenten einsammeln	
19	Feed-Back-Formular vorbereiten	
20	2 Tage vor Veranstaltung den Teilnehmern und Referenten die endgültige Teilnehmerübersicht zusenden	

Checkliste 2 (Download auf der Website des Verlags: www.edumedia.de/bueroorganisation)

5 Punkte Nachbearbeitungs-Checkliste

		Erledigt
1	Abrechnung mit Veranstalter und Aufstellung der Gesamtkosten zum Budgetvergleich	
2	Teilnehmer per E-Mail um Feedback-Formular bitten und Bewertungsdurchschnitt ermitteln	
3	Resümee ziehen zur Resonanz	
4	CD mit den Vorträgen und evtl. der Gesamtbewertung der Feedback-Fragebögen brennen lassen. Mit Dankworten des Chefs an Teilnehmer und Referenten versenden	
5	Dank (oder Kritik) des Chefs an alle, die bei der Vorbereitung mitgewirkt haben.	

Checkliste 3 (Download auf der Website des Verlags: www.edumedia.de/bueroorganisation)

5.3.1 Wählen Sie in drei Schritten Ihr Tagungshotel aus

Nutzen Sie die strukturierte und zeitsparende Methode in vier Schritten, um zielsicher die richtige Location für Ihren Event zu finden.

Schritt 1

Definieren Sie die **Lage** des Tagungshotels.

Ein entscheidender Baustein für den Erfolg einer Veranstaltung ist die Wahl des richtigen Standortes. Die Art und das angestrebte Ziel der Tagung sind für die Suche ausschlaggebend. Die Teilnehmer einer Klausurtagung, deren Ziel die Herstellung eines wichtigen Arbeits- oder Beratungsergebnisses ist, sollten ungestört und konzentriert arbeiten. Hier empfiehlt sich ein Hotel, das eher ländlich, möglichst im Grünen liegt. Für internationale Gäste kann Flughafennähe im Vordergrund stehen. Soll ein exklusives Abendprogramm oder Stadtbesichtigung geboten werden, fällt die Wahl auf die entsprechende Großstadtregion.

Kreisen Sie daher Ihre Suche nach diesen Kriterien ein:

- Ist Flughafen-Nähe oder Firmen-Nähe wichtig?
- Soll das Tagungshotel eine ruhige Lage bieten und dafür eine eventuell längere Anreise in Kauf genommen werden?
- Erhält die schnelle Verkehrsanbindung erste Priorität?
- Ist ein Musicalbesuch oder Stadtführung angedacht?

Schritt 2

Recherchieren Sie maximal **4 Tagungshotels** zur gewünschten Lage.

Hat Ihre Firma ein Zentrales Travelmanagement, dann steht Ihnen eine firmeninterne Datenbank mit einer bereits getesteten und zuverlässigen Hotelauswahl zur Verfügung. Die Zusatzaufgabe der Preisverhandlung entfällt für Sie, weil bereits günstige Firmenrabatte gelten. Allerdings sind Sie auf die definierte Hotelanzahl begrenzt und können einem firmeninternen Teilnehmerkreis nichts wirklich Neues, Überraschendes mehr bieten.

Erfüllen die „Firmenhotels" in Ihrem speziellen Fall nicht alle Kriterien, können Sie auf die folgenden Web-Adressen als Auswahlhilfe zurückgreifen, müssen sich dann aber an einer eigenen, geschickten Preisverhandlung üben, da dies Ihre Firmenleitung sicher voraussetzt:

Für eine längerfristige Planung steht Ihnen bei Ihrer Hotelsuche die **gebundene Literatur** zur Verfügung:

- „Die besten Tagungshotels in Deutschland", ISBN 978-3-89749-496-1
  (geordnet nach Seminaren, Konferenzen, Klausuren, Kongressen, Meetings, Events)
- „Ausgewählte Tagungshotels zum Wohlfühlen", ISBN 978-3-931415-17-4
  (geordnet u.a. nach Zimmeranzahl)
- „Schüller's Tagungsplaner.de", ISBN 978-3-9809986-4-2
  (geordnet nach Eventlocations, Hotels mit Rahmenprogramm und Tagungshotels)

Für die Suche via **Internet** bietet Ihnen eine große Dienstleisteranzahl eine Auswahl mit fast allen deutschen, teilweise auch europäischen Tagungshotels:

> www.tagungshotels.de
> (Angebote in Deutschland, Österreich, Schweiz, Frankreich, Portugal, Deutschland nach Bundesländern)
>
> www.tagungsplaner.de
>
> www.hrs.de
>
> www.euromeetings.de

www.tagungonline24.de

www.intergerma.de

www. meetingportal24.de

www.remoteevent.de

www.meetingmasters.de

Die Hotels der Online-Dienstleister bieten eine Online-Buchungsanfrage an, die allerdings mit dem Zeitaufwand für das Ausfüllen der unterschiedlichen Veranstaltungs-Fragebogen verbunden ist und mit einer Wartezeit bis zur Hotel-Antwort, die bis zu 48 Stunden dauern kann.

Da alle Angebote standardisiert sind, wird bei eigenen Bewirtungswünschen für die Kaffeepausen und für den Abend ein zusätzliches, wieder zeitintensives Telefonat erforderlich.

Die Online-Buchungsanfrage der angebotenen Locations ist daher nur bei kleinerer Teilnehmerzahl von 10 - 20 Personen und bei einer Standardbewirtung in den Tagungspausen sinnvoll.

Schritt 3

Befragen Sie nach der **Checkliste** „Auswahl Tagungshotel" **telefonisch** die Auswahlhotels und schließen sofort den **Bankettvertrag** ab.

Legen Sie die „Checkliste Auswahl Tagungshotel" zu Ihrem Telefonapparat und rufen die Bankettverantwortlichen Ihrer maximal vier Auswahl-Tagungshotels an. Sie benötigen pro Anruf keine fünf Minuten und erhalten exakt die Antworten, die Sie für Ihre Entscheidung benötigen:

- Tragen Sie Tagungsdaten und die Daten der maximal 4 Auswahlhotels in die Checkliste ein und haken die gewünschten Anforderungen an.

- Klären Sie anschließend in einem 5-Minuten-Telefonat mit den Tagungsorganisatoren die Fragen 3-10 der Checkliste.

- Lassen Sie sich von dem gewählten Haus, das Ihre Kriterien nach der Checkliste erfüllt, die Bankettvereinbarung zur Unterschrift zusenden.

Checkliste und Auswahl TAGUNGSHOTEL

	Hotel: In: Tel.Nr.	Hotel: In: Tel.Nr.	Hotel: In: Tel.Nr.	Hotel: In: Tel.Nr.
Titel und Datum der Veranstaltung				
Teilnehmerkreis				
Umgebungskriterium Ruhige Randlage ☐ Zentral, gute Verkehrsanbindung ☐				
A b f r a g e k r i t e r i e n				
Tagungs-/Event-Ausstattung Beamer ☐ Schreibmaterial ☐ Internetanschluss ☐ Whiteboard/Flipchart und Stifte ☐ Mikrofon ☐ Rednerpult ☐				
Erforderliche Tagungsraumgröße qm: **Anzahl Eventräumlichkeiten**				
Freizeitmöglichkeiten Fitness ☐ Wellness / SpA ☐ Joggingpfad ☐				
Zimmeranzahl Nichtraucher/Standard ☐ Nichtraucher/Luxus ☐				
Art der Tagungsverpflegung Pausen Mittag Abend				
Gesamtpreis pro Person (Budget:)				
Bemerkung				

Formular 13 (Download auf der Website des Verlags: www.edumedia.de/bueroorganisation)

5.3.2 Wo finden Sie das passende Rahmenprogramm?

Für mehrtägige Fachtagungen, Vortragsreihen, Produktpräsentationen oder Workshops bilden die genau passenden Abendprogramme einen idealen Rahmen zur erfolgreichen Veranstaltung. Originalität und Passgenauigkeit zum Thema der Veranstaltung und besonders zum Teilnehmerkreis sind gefragt. Die Kosten sollten in einem vernünftigen Maße zum erwarteten Erfolg der Sachveranstaltung liegen.

Besuchen Sie die geeigneten Messen oder Seminare

Für ein Rahmenprogramm, das Sie komplett in Eigenregie organisieren möchten, brauchen Sie Inspirationen und Wissen um die neuesten Trends.

Haben Sie noch genügend Zeit bis zu dem Event, holen Sie sich Anregungen auf den speziellen Messen oder Seminaren.

- Bei der im Frühjahr jährlich stattfindenden IMEX - Incorporating Meetings made in Germany, the Worldwide Exhibition for Incentive Travel, Meetings & Events, in Frankfurt stehen Ihnen zahlreiche Kreativangebote zur Verfügung.
  Es präsentieren sich Hotels, Incentive- und Event Agenturen, Kongresszentren, Meeting and Conference Planners, Technologieunternehmen. Eben einfach Dienstleister, die in irgendeiner Form etwas zum Thema Veranstaltungen anzubieten haben. Die Ausstellung dauert drei Tage und steht den Besuchern kostenfrei zu Verfügung.
  Interessant können für Sie vor allem die Workshops/Seminare während der drei Messetage sein.

- Die „Leitmesse der deutschen Veranstaltungsbranche" STB findet mehrmals jährlich abwechselnd in unterschiedlichen Wirtschaftsstandorten in Deutschland statt. Auch hier präsentieren Aussteller ihr Angebot rund um das Thema Veranstaltungen.
  Repräsentanten von Hotels, Kongresshallen und Destinationen sowie Trainer, Veranstaltungsplaner, Seminar- und Kongressorganisatoren sind vertreten.
  Auch die STB bietet Seminarprogramme zum Nulltarif an. Themen wie „Basistools für die Erfolgsmessung von Veranstaltungen" oder „Das Veranstaltungshotel: Hoffentlich geht das gut", „Krisenmanagement bei der Eventplanung" können hilfreiche Erkenntnisse vermitteln.

Alle detaillierten Informationen bietet die Internetseite der STB:

> **www.s-t-b.org**

Engagieren Sie die besten Profis für Abend-Highlights

Wer den Messebesuch zeitlich nicht einplanen möchte, kann sich die Ideen und Angebote direkt von externen Dienstleistern einholen. Rahmenprogramme einschließlich Tagungshotel bieten die folgenden Internet-Anbieter:

www.rahmenprogramme.de

www.tagungsplaner.de/rahmenprogramme

Vom Golfkurs hoch über dem Rhein bis zum exklusiven Dinner im Zoo vor der dezent beleuchteten Kulisse der Terrarienbewohner, ist vieles möglich und kann genau zum Event angepasst werden.

Die exzellente Auswahl des Rahmenprogramms steht und fällt mit der frühestmöglichen Information zum angedachten Rahmen und verfügbaren Budget. Je eher Sie Kenntnis erhalten, um so größer ist die Chance, auf dem gut ausgelasteten Unterhaltungsmarkt freie Kapazitäten zum gewünschten Veranstaltungsdatum und eine gute Basis für Ihre finanziellen Verhandlungen zu erhalten.

Haben Sie Ihre Auswahl und Entscheidung zum Rahmenprogramm getroffen, lassen Sie entweder Ihre Einkaufsabteilung den Vertrag mit dem Dienstleister abschließen oder geben im Anschluss an Ihre eigene Verhandlungsvereinbarung dem Supply Management eine Vertragskopie.

5.3.3 Die Tagungsteilnehmer perfekt informieren und einladen

Laden Sie Teilnehmer und Referenten so früh wie möglich ein, selbst wenn eine Agenda noch nicht bis auf den letzten Tagesordnungspunkt durchdacht und festgelegt ist.

Mit der ersten E-Mail-Einladung versorgen Sie Ihre Teilnehmer und Referenten mit allen notwendigen Details:

- Ort der Veranstaltung mit einem Link zum Tagungshotel (siehe Seite 241) oder der Nennung der Web-Adresse.

- Die evtl. noch vorläufige Agenda mit Benennung der Referenten.

- Information zu den erwarteten Kosten (Tagungspauschale, Übernachtungskosten, Parkgebühren usw.)

- Wenn Sie als Veranstalter für die Teilnehmer die Kosten übernehmen, erwähnen Sie bitte unbedingt, welche Kosten evtl. nicht eingeschlossen sind.

Versenden Sie mit Ihrer Einladung das Profi-Formular „Participants List" und bitten um Eintrag der Reisedaten und Rücksendung zu einem definierten Stichtag.

Einen internen Teilnehmerkreis dürfen Sie per Mail auch rationell mit Hotspot-Anwort-Buttons um Zu- oder Absage bitten (siehe Seite 238), sofern Sie keine Anreisedaten zur Abholung vom Flughafen benötigen.

Die erhaltenen Daten aller Teilnehmer übertragen Sie per Copy auf die endgültige Liste und notieren pro Teilnehmer Ihre Übernachtungsbuchungen und Transfer-Organisationen.

Zwei bis drei Tage vor Beginn der Veranstaltung senden Sie **eine zweite E-Mail** an die Teilnehmer mit guten Wünschen für eine interessante Veranstaltung und fügen Ihre endgültige Participants List mit allen Organisationsdetails bei.

Einen speziellen Service unter den Internet-Dienstleistern bieten **RemoteEvent** und **HRS**. Sie übernehmen das komplette Einladungsprocedere an die Tagungsinteressenten. Lassen Sie jedoch von Ihrem Chef einschätzen (**C**ommunicate-Mappe), ob Ihr Teilnehmerkreis mit dem Auslagern der Einladungsorganisation aus Ihrem Haus konform gehen wird oder ob eher eine persönliche Einladung und Betreuung Ihrer Gesellschaft erwartet wird.

Participants List "Event XY" on xx. – xx.xx.xxxx at Hotel XY in XY

Status: xx.xx.xxxx/Sekr.

	Last Name	Prename	Company	Arrival in Frankf. on	Arrival Time at	Flight No	Transfer to the hotel	Depart. from Frankf. on	Depart. Time at	Flight No.	Pick up by pre-paid Taxi on xx.xx. at	Room Reservation	No
1	Mustermann	Peter	Muster	12.07.	15:20	XY123	yes	14.07.	19:30	XY124	17:45	12.-14.7.	2

Formular 14 (Download auf der Website des Verlags: www.edumedia.de/bueroorganisation)

5.3.4 Die geeigneten Namensschilder vorbereiten

Für den Teilnehmer eines Seminars oder Tagung steht selbstverständlich die Informationsgewinnung im Fokus, genauso wichtig jedoch wird auch die Möglichkeit, Kollegen aus der Branche oder des eigenen Konzerns persönlich kennenzulernen, eingeschätzt. Die Plattform bietet den höchst nützlichen Vorteil, bei den nächsten Geschäftskontakten auf eine gemeinsam erlebte Tagungszeit und persönlichen Gedankenaustausch aufbauen zu können.

Für jede Tagung sind daher kleine Namensschilder zum Anclippen an das Jacket oder die Kostümjacke oder zum Umhängen ein unabdingbares Muss!

Versorgen Sie die Teilnehmer gleich zu Beginn der Veranstaltung mit Tisch-Namensschilder und/oder Kleidungs-Namensschilder.

© S. Hofschlaeger / PIXELIO

5.3.5 Feedback zur Veranstaltung einholen

Um den Erfolg eines Events messen zu können, verteilen routinierte Veranstalter einen kurzen Fragebogen an die Teilnehmer, entweder am Ende der Tagung - die Rückgabe kann vor Abreise gern auch anonym geschehen - oder mit dem Dank-E-Mail ein paar Tage nach der Veranstaltung.

Die Antworten sind für die Organisation künftiger Events absolut nützlich und sorgen für stete Verbesserung der Veranstaltung.

Experten-Tipp:

Weisen Sie die Tagungsteilnehmer explizit auf die richtige Anwendung des Schulnotensystems hin, damit keine ungewollt falschen, nämlich konträren Beurteilungen abgegeben werden.

Feedback, Questionnaire to Event "XY"

in ....   at xx.xx.xx.

Please give your rating to the following questions,
with 1 for very good, 6 for bad

Mean value

Day 1 - Morning session

Relevance

Enjoyment

Day 1 - Afternoon session

Relevance

Enjoyment

Day 1 - Evening session

Relevance

Enjoyment

Day 2 - Morning session

Relevance

Enjoyment

Day 2 - Afternoon session

Relevance

Enjoyment

Overall course

Relevance

Enjoyment

Other remarks:

see separate sheet "Remarks"

Formular 15 (Download auf der Website des Verlags: www.edumedia.de/bueroorganisation)

5.4 Für Messebesuche rechtzeitig an allen Rädern drehen

Alljährlich stehen Sie sicher vor der Aufgabe, für Ihren Chef oder die Mitarbeiter Messebesuche zu planen und zu organisieren.

- Präsentieren Sie bereits am Jahresende den Messeplaner für das Folgejahr

  - für Messen in Deutschland:
    www.messen.de

  - für Messen weltweit:
    www.online-messe.info

  und terminieren Sie rechtzeitig mit Ihrem Chef die einzelnen Besuche (**Communicate**-Mappe).

- Legen Sie eine Projektmappe an (siehe Seite 93), um den Stand der Verhandlung mit den Messegesellschaften über die gewünschte Ausstellungsfläche und Ideen für die Ausstattung sowie Entscheidungen zu den Ausstellungsprodukten und Entsendung des Standpersonals immer griffbereit präsentieren zu können.

- Parallel halten Sie in der Messe-Reisemappe (siehe Seite 200) für Ihren Chef die Features für seinen Aufenthalt parat.

Bringen Sie eigene Werbeideen für einen glänzenden Messeauftritt ein

Für die wichtigen Messeauftritte sollte Ihr Unternehmen eine eigene App im Firmenportal (für Android-Geräte) oder im Apple-Store (für iPhones oder iPads) präsentieren. Die - unbedingt kostenlose - App kann per Videotrailer die technischen Neuheiten Ihrer Firma zeigen, das Messegelände und Standplan abbilden sowie einen Wegweiser zu Ihrem Ausstellungsstand mit Auflistung der ausgestellten Produkte einblenden. Einen glänzenden Eindruck können Sie bei Kunden erwecken, wenn Sie auf Ihrer Messe-App die Möglichkeit anbieten, kostenlose Messe-Eintrittskarten herunterzuladen (eventuell mit Nutzung der öffentlichen Verkehrsmittel zum Messegelände).

Vergessen Sie nicht, frühzeitig vor der Messe auf Ihren Briefbögen einen deutlichen Hinweis zu Ihrer Messe-App einzudrucken bzw. am Textende Ihrer Mails an Geschäftsfreunde, vor der offiziellen gesetzlichen Fußzeile, den App-Hinweis einzufügen - und die Texte sofort nach der Messe wieder zu entfernen. Auch in den sozialen Netzwerken YouTube, Facebook oder Twitter kann Ihr Unternehmen ein Video zum Messeauftritt hochladen.

Sprechen Sie Ihren Chef frühzeitig auf diese Werbemaßnahmen an (**Communicate**-Mappe).

Messe: DIM in Hannover 20.-24. April 2011

(1) Parkausweis, Eintrittskarte

(2) Übernachtung

(3) Messekonzept, -prospekte

(4) Terminplan Standpersonal

(5) Termine

(6) Sonstiges / Visitenkarten

Formular 16a (Download auf der Website des Verlags: www.edumedia.de/bueroorganisation)

5.4.1 Das Abenteuer der Hotelsuche für Messen elegant meistern

Messehotels in annehmbarer Ausstattung, in nächster Nähe zum Messegelände mit akzeptablen Preisen, möglicherweise gleich für mehrere Personen zu unterschiedlichen Terminen zu finden, wird Ihnen nur nach zeitaufwändiger Recherche und mit genügend langem Zeitvorlauf gelingen. Auf sich allein gestellt, kurzfristig für einen spontan geplanten Messeaufenthalt Übernachtungen zu buchen, scheitert sowohl an Ihrer Zeitkapazität als auch an den bereits ausgeschöpften Hotelangeboten. Es bieten sich Ihnen dann nur noch Hotels in relativ weiter Entfernung zum Messegelände oder stornierte Zimmer mit enormen Preisaufschlägen an oder Sie müssen auf Privatunterkünfte zurückgreifen.

Auch für diese Herkulesarbeit gibt es eine glänzende Hilfe für Sie: Das Serviceteam von „Tradefairs" hat eine unendliche Zimmeranzahl für 150 Messen pro Jahr in aller Welt zu akzeptablen Preisen im Angebot und Sie können bequem Ihre gesamte Buchung über den Dienstleister organisieren. Selbst Transfers zwischen Hotel und Messegelände und andere Messeservicearten können Sie dort buchen.

Sparen Sie Zeit und Stress und sichern Sie sich schon einige Jahre vor den Terminen Ihre Zimmerkontingente. Das Beste ist, dass Sie auch für den Horrorfall des kurzfristigen, spontanen Messebesuchs mit Ihrer Zimmersuche noch fündig werden können.

Unter folgender Web-Adresse wählen Sie Ihre Messe aus und erhalten eine Liste der noch verfügbaren Hotels mit allen Informationen zu Entfernung zum Messegelände, Preis und Ausstattung. Sie können in diesem Portal bis zu 10 Zimmer pro Vorgang online buchen.

www.tradefairs.com

Ein Serviceteam, das über die telefonische Hotline 069 9588-1912 erreichbar ist, steht Ihnen zusätzlich zur Verfügung.

5.5 Lassen Sie faszinierende Firmenpräsentationen inszenieren

Für spektakuläre Erlebnispräsentationen ist unter den ausgesucht guten Dienstleistungsgesellschaften die MEP Event Concepts in Frankfurt besonders empfehlenswert. Spezialisten organisieren für Sie online, offline, real, virtuell, klassisch oder digital eine maßgeschneiderte Kommunikationslösung zur Präsentation der Neuheiten Ihres Unternehmens. Unter der Web-Adresse

www.event.mep-ffm.de

stellt sich die Gesellschaft vor. Sie bieten kreative Eventkonzepte mit WOW-Effekt, seien es herausragende Bühnenshows oder aus dem Rahmen fallende Präsentationen mit innovativen Formaten - z.B. 3D-Grafiken - und in spektakulärem Rahmen. Sie inszenieren, angepasst an die Strategie Ihres Unternehmens, unvergessliche Momente für Ihre Gäste. Durch eine synchrone Darstellung von Video, Ton und Charts via Internet können Kunden, Geschäftspartner und Mitarbeiter interaktiv an Veranstaltungen teilnehmen. Der Effekt einer glänzend organisierten Live-Präsentation oder eines Events wird so noch vervielfacht.

Der Dienstleister CTS Eventim, Bremen ist für Live-Entertainment ebenfalls ein routinierter Veranstalter. Sie können ihn für Top-Events, teils exklusiv, aus allen Genres kontaktieren:

www.eventim.de

Er ist darüber hinaus auf Ticketorganisation spezialisiert und nimmt Ihnen die Mühe ab, für Ihre wichtigen Geschäftspartner als Geste des Dankes für Zuverlässigkeit und Treue gute Eintrittskarten zu den Bayreuther Festspielen oder wichtigen Sportevents oder zu Rockkonzerten auch kurzfristig herbeizuzaubern.

Experten-Tipp:

Für imagepflegende Veranstaltungen Ihres Unternehmens mit potenziellen Geschäftspartnern und wichtigen Gästen ist die Terminwahl ein nicht zu unterschätzender Faktor für den gewünschten breiten Effekt.

Legen Sie daher den hoch-kostenintensiven Event niemals zeitnah zu Feiertagen oder in Urlaubszeiten mit sogenannten Brückentagen.

5.6 Pflege der Unternehmenskultur mit gehobenen Mitarbeiter-Events

Die besten Mitarbeiter sind auch in den besten Unternehmen beschäftigt. Die erfolgreichen Firmen beherrschen das Einmaleins der Pflege des Miteinanders; des regelmäßigen Feedbacks zur erbrachten Leistung und die Kunst, Mitarbeitern zur richtigen Zeit und im richtigen Maß Anerkennung für besondere und stete Performance zu schenken. Sie setzen mit maßgeschneiderten Ideen, wie die Mitarbeiter-Incentive-Veranstaltung, nachhaltig Potenziale für gute Leistungen frei.

5.6.1 Welche kreativen Ideenschmieden helfen bei der Eventplanung?

Wenn Ihr Budget großzügig bemessen ist, zögern Sie nicht, sich von professionellen Ideenschmieden mit ihrem Know How unterstützen zu lassen. Sie erleichtern sich damit wesentlich die Organisationsarbeit. Die Veranstaltungsplaner liefern Ihnen ausgefallene oder klassische Veranstaltungsideen, übernehmen für Sie die zeitaufwändige weitere Dienstleister-Suche und wickeln sämtliche Vertragsverhandlungen ab.

Sie persönlich stehen lediglich - aber in nicht zu unterschätzendem Maße - für Auswahl und Entscheidungen zur Verfügung.

- Das GCB German Convention Bureau e.V. in Frankfurt vermarktet als Verband mit rund 200 Mitgliedern (Hotels, Kongresszentren, Städte, Dienstleister) Deutschland als Standort für Kongresse, Tagungen, Incentives und Events und ist der Ansprechpartner für alle, die in Deutschland Veranstaltungen planen. Wichtige Partner des GCB sind die Deutsche Zentrale für Tourismus, die Deutsche Lufthansa und die Deutsche Bahn.

   www.gcb.de

   Mit einer Flut an Links können Sie per Suchmaske Eventlocations suchen, sich Sportevents zeigen lassen, Incentive- und Rahmenprogramme aufrufen.

- Ebenfalls sehr empfehlenswert ist die Informationsmöglichkeit bei

   www.eventlocations.de

Falls gewünscht, begleitet geschultes Personal die Veranstaltung vom Anfang bis zum Ende, so dass sich Ihr Chef als teilnehmender Gastgeber ohne Organisationsstress seinen Gästen zuwenden kann. Für den zusätzlichen Aufwand erhalten die Agenturen eine angemessene, durchaus akzeptable Provision.

Auch einige Hotels in exponierter Lage haben sich auf Incentiveprogramme in ihrer unmittelbaren Umgebung spezialisiert.

Meine persönlichen Favoriten, die mich kompetent und zuvorkommend bei meinen Incentive-Veranstaltungen unterstützt haben und emotionale Events mit Erinnerungswert ablieferten:

- Intercom, Hamburg „Die Veranstaltungsagentur"
  www.intercom.de
  Niederlassungen in verschiedenen Großstädten in Deutschland
  Incentiveveranstaltungen weltweit.

- Event-Station, Karlsruhe
  www.Event-Station.com

- www.emotional-events.de

- www.jochen-schweizer.de

- Agentur Alibi, Anja Deilmann

- Sporthotel Achental, Grassau/Chiemgau

5.6.2 Maßgeschneiderte Incentivereisen für Top-Mitarbeiter (Checkliste)

Wenn Ihr Chef Ihnen als neue Aufgabe die Organisation einer firmeninternen Incentive-Veranstaltung überträgt, ist Ihr Arbeitstag von heute auf morgen mehr als ausgelastet. Achten Sie ganz besonders auf die Prozessoptimierung und setzen die „**20 Punkte Checkliste für Incentive-Veranstaltungen**" ein.

20 Punkte-Checkliste für Incentive-Veranstaltung

Rücksprache mit dem Chef		Bemerkung
1	Termin und Dauer des Events	
2	Kostenrahmen/Budget klären	
3	Teilnehmerkreis und -zahl klären	
4	Gewünschte geographische Region	
5	Grobe Programmidee	
Aufgaben		**Erledigt**
6	Veranstalter-Auswahl	
7	Programmdetails (Prospekte)	
8	Vertragsgestaltung mit Veranstalter	
9	Einladungen verschicken	
10	Teilnehmer- und Übernachtungszusagen einholen und dem Hotel übermitteln	
11	Namen der Begleitpersonen auflisten für den Abschluss einer Unfallversicherung	
12	Menüauswahl und -Bestellung	
13	Erste Anzahlungsrechnung des Veranstalters prüfen	
14	Geschenkideen liefern, Präsente bestellen und Transport zum Event-Ort klären	
15	Wer zahlt Getränke und Trinkgeld? Chef oder Eventbegleitung?	
16	Materialsammlung für Rede des Chefs bei Eröffnung oder bei Geschenkübergabe	
17	Anreise Chef organisieren	
Nach dem Event		
18	Abrechnung mit dem Veranstalter/den Dienstleistern und Budgetvergleich	
19	Teilnehmerliste an Personalabteilung (Pauschalversteuerung., Sozialversicher.)	
20	Nachbesprechung zur Ressonanz des Events	

Checkliste 4 (Download auf der Website des Verlags: www.edumedia.de/bueroorganisation)

Die Vorbereitung eines Incentive-Events wird in den meisten Fällen die zeitintensivste aller Veranstaltungsorganisationen sein, weil der emotionale Aspekt im Vordergrund stehen muss und sehr viel mehr Fingerspitzengefühl gefragt ist als bei Workshops und Tagungen, deren Fokus mehr auf der Fachinformation liegt

Entscheidend für den Erfolg eines **Incentive-Events** ist,

- dass der Event zum Personenkreis passt
- und bei den Teilnehmern lange **positiv im Gedächtnis** bleibt.

Stellen Sie sich den Besuch eines Musicals aus den Sixtees einer kleinen exklusiven Bühne auf der Reeperbahn in Hamburg vor. Ihre Incentive-Gäste sitzen zu Beginn des Musicals in Clubsesseln - natürlich in der 1. Reihe - vor eben derselben Showbühne, auf der ihnen - überraschend - zwei Stunden zuvor ein Dinner serviert wurde mit unvergesslichem Flair und in nichtalltäglichem Ambiente. Am nächsten Morgen nehmen Ihre Teilnehmer auf dem VIP-Logenplatz in der Fischhalle ihr Frühstück mit angesagter Live-Jazzmusik ein und schließen den Event mit der Erkundung der Innenalster auf der eigenen Barkasse ab.

Oder wie wäre es mit einer Wochenendreise zu einer Burg in Deutschland mit einem mittelalterlichen Abendessen, zu der Bänkelsänger und andere Unholde die humorvoll-dezente und musikalische Untermalung gestalten.

Für junge dynamische Mitarbeiter wäre ein Sportrafting auf den Tiroler Achen ein Highlight. Nicht alltäglich wäre ein Reiseziel nach Lappland, zu einer „Winter-Fahrschule", von professionellen Rallyefahrern betrieben oder zu einer Wanderung auf Schneeschuhen, Fahrt mit Quads, Eislochangeln und Survivalaufgaben.

Experten-Tipp:

Bei allen Risiko-Events müssen Sie vor Beginn des Ereignisses an den Abschluss einer Unfall- und Haftpflichtversicherung denken und an Ihre Aufklärungspflicht den Teilnehmern gegenüber zu den Risiken des Events.

Einen guten Erinnerungswert bei den Teilnehmern garantiert eine unvergessliche Dinner-Show mit dem absoluten Highlight-Ensemble „Pomp Duck and Circumstance". Eingebettet in akrobatische Höchstleistungen und Artistik oder mit einer witzigen Show und schrägem Varieté, wird ein mehrgängiges exquisites Dinner von bekannten Starköchen geboten. Immer wieder anders, stets individuell mit dem „gewissen Extra":

www.pompduck.de

Mit Rockstars auf der Bühne stehen? Für echte Rockfans bietet Music Networx, Köln eine geniale Eventidee: Einige Tage das Leben mit Rockidolen teilen, professionell Songs einstudieren und als Highlight vor Publikum als Mitglied der Rockband aufzutreten. Ihre Teilnehmer lernen von den Besten der Musikgeschichte und stehen zusammen mit ihnen auf der Bühne. Die Teilnehmeranzahl ist auf 40 „Rockstars" begrenzt.

www.musicnetworx.de

Oder zum Stressabbau eine Wanderung in den Weinbergen mit Stationen zur Verprobung mit immer wieder neuen kulinarischen Köstlichkeiten, die Minuten zuvor für Ihre Teilnehmer wie von Zauberhand frisch vorbereitet werden.

5.6.3 Der richtige Rahmen für Dienstjubiläumsfeiern (Checkliste)

Sie alle haben schon als eingeladener Gast an Jubiläumsfeiern von Kollegen teilgenommen, vielleicht waren Sie auch bereits selbst die Jubilarin oder Ihr Vorgesetzter wurde für lange Firmenzugehörigkeit geehrt.

Gemessen an der recht aufwändigen Incentive-Event-Organisation ist das Ausrichten einer Jubiläumsfeier für Sie wahrscheinlich eine Kleinigkeit. Dennoch soll auch hier die Festlichkeit pannenfrei verlaufen.

Nutzt Ihr Unternehmen eine Jubilarfeier für eine imagepflegende Veröffentlichung in der Presse, liegt die Last der Organisationsverantwortung wesentlich schwerer auf Ihren Schultern.

> **Dienstjubiläumsfeiern sollten in erster Line harmonisch verlaufen.**

Klemmen Sie die erprobte „**12 Punkte-Checkliste für Jubiläumsfeiern im Restaurant**" auf eine neue Projektmappe und gehen zügig die Aufgaben gemäß Checkliste an.

	Aufgabe	Details	Bemerkung / Erledigt am
1	Termin, Restaurant-Wünsche und Menü-Vorstellungen mit dem Jubilar besprechen		
2	Restaurant (Nebenzimmer) reservieren		
3	Vorschläge zum Menü und Sektempfang vom Restaurant erbitten und verbindlich bestellen		
4	Parkmöglichkeiten mit dem Restaurant klären		
5	Jubilar und Gäste einladen mit Bestätigung		
6	Personalbüro um Unterlagen bitten für Rede		
7	Text zur Rede (launig) des Chefs vorschlagen und schreiben (zum besseren Ablesen in Schriftgröße 14 und zweizeilig)		
8	Geschenk finden und bestellen		
9	Glückwunschkarte von den betriebsinternen Gästen unterschreiben lassen und Beiträge einsammeln		
10	Personalbüro sendet die Jubiläumsurkunde		
11	Blumen für Partner/Partnerin des Jubilars/der Jubilarin		
12	Fotograf/Presse bestellen		

Checkliste 5 (Download auf der Website des Verlags: www.edumedia.de/bueroorganisation)

5.7   Karrieresprung zur Eventmanagerin?

Nach erstklassig organisierten Events sollten Sie Ihr Kreativitäts- und Organisationspotenzial und Ihre bewiesenen Führungs- und Verhandlungsqualitäten für Ihre berufliche Weiterentwicklung nutzen! Wäre Ihr Unternehmen an einem eigenständigen Eventmanagement interessiert?

Sprechen Sie mit Ihrem Chef über Ihre Chancen, einen eigenen Bereich „Veranstaltungsmanagement" zu leiten. Doch wenden Sie kluge Diplomatie an, da er in Kauf nehmen müsste, auf die gewohnte Rund-um-Versorgung seiner ersten Mitarbeiterin zu verzichten.

6
Reiseorganisation

6.1 Vorausschauend die Abwesenheit organisieren

Vor einer längeren Abwesenheit Ihres Chefs muss Ihr Organisations-Gen auf Hochtouren laufen. Vergessene und unterlassene Aktionen wiegen nach der Reise doppelt.

Mit nachträglichen Reparaturen beanspruchen Sie nicht nur Ihre Zeit und Nervenkraft. Mitunter sorgen Sie auch dafür, dass gleich mehrere Mitarbeiter und Kolleginnen zusätzlich belastet werden, wie das nachfolgende Beispiel zeigt:

Fallbeispiel:

An einem Freitagmorgen fragte eine Kollegin aufgeregt, ob wir evtl. für ihren Vorgesetzten eine Mail von der Konzernleitung beantwortet hätten. Sie habe eine Mahnung erhalten, da die Abgabefrist heute, am 1. Urlaubstag Ihres Chefs, abgelaufen sei; sie könne aber nicht erkennen, dass Ihr Chef irgendetwas beantwortet hätte und ihn telefonisch auch nicht erreichen, da er sich auf seinem Urlaubsflug befindet.

Wir waren schon die 3., 4. Telefonnummer, die sie angewählt hatte. Einige Sekretärinnen forschten hektisch in den Mailboxen ihrer Chefs, ob zu diesem Stichwort Schriftwechsel vorlag; manche Chefs mussten zur persönlichen Befragung aus Sitzungen geholt werden.

Am Ende wurde die Antwort zu der wichtigen strategischen Frage der Konzernleitung unter Zeitdruck von einem Gremium vorsichtig und verantwortungsvoll beantwortet mit dem Vorbehalt, dass diese Aussage nicht mit dem verantwortlichen E-Mail-Empfänger abgestimmt werden konnte.

Legen Sie sich vor einer längeren Abwesenheit Ihres Chefs eine Checkliste in die Wiedervorlage und in Ihre **C**ommunicate-Mappe und sprechen am vorletzt-möglichen Tag vor Abreise (nicht am letzten Tag) die wesentlichen Fragen durch.

Planen Sie **rechtzeitig vor seiner Abwesenheit eine Rücksprache** mit dem Chef ein und legen in Ihre **C**ommunicate-Mappe die folgenden Besprechungsthemen:

- **Vertretung**
  Wer vertritt ihn bei welchen Themen. Rechtzeitige schriftliche Bekanntgabe.

- **Wiedervorlagen im Abwesenheitszeitraum durchsprechen**
  Ist eine vorgezogene Bearbeitung sinnvoll, eine Neuterminierung oder Delegation?

- **Rot markierte (unerledigte) E-Mails**
  Übersicht ausdrucken (siehe auch Seite 104) zur Entscheidung, was vor Reiseantritt bearbeitet oder delegiert werden soll oder evtl. unbeantwortet bleiben darf.

---

1. Arbeitstag nach Rückkehr:

Terminieren Sie Ihr kurzes Briefing in seinem Terminkalender (1. Termin) und legen in Ihre **C**ommunicate-Mappe:

- Allerwichtigste Informationen in der Gesellschaft

- Information zu seinen heutigen Terminen

- Screenshot der eiligen Maileingänge (siehe Seite 104)

6.2 Die professionelle Reisemappe

Auch im Zeitalter der Elektronik reist ein Chef nie ohne „Papier". In den meisten Fällen wird er Flugroute mit Reservierungsnummer, Bordkarte, Eintrittsausweise, Hoteladresse mit Reservierungsnummer, Transferprocedere, Agenda und eventuell Muster oder Demonstrationsmaterial in seiner Aktentasche dabei haben.

 Sie legen alle Reiseunterlagen hintereinander in eine Klarsichthülle?

Sie sortieren die Papiere in einen schmalen Ordner mit Register und Inhaltsverzeichnis?

Im ersten Fall arbeiten Sie zu unübersichtlich und ohne schnelle Kontrollmöglichkeit, ob alle erforderlichen Unterlagen komplett enthalten sind.

Der zweite Fall stellt für Sie einen unangemessen hohen Aufwand mit Registerbeschriftung und Lochen dar; für Ihren Chef ist es schlicht unpraktisch, einen kantigen und schweren Ordner in der Aktentasche herumzutragen.

 Standardisieren Sie Ihre Reisevorbereitungen:

> Gestalten Sie mit der **Reisemappe** einen „ständigen Reisebegleiter" für Ihren Chef (z.B. mit einer Fächermappe mit transparentem Mappeneinband)

> ▪ Sortieren Sie Reisepapiere und Dokumente in die Fächer der Mappe,
>
> ▪ schreiben das Reiseziel auf das immer gültige Inhaltsverzeichnis und legen es unter den transparenten Mappeneinband.
>
>
>
> *Ordnungsmappe Nr. 40056 von PAGNA,*
> *Papierverarbeitung Gnadau GmbH & Co KG, Gnadau*

Legen Sie das Inhaltsverzeichnis in Ihrem Word-System ab und schreiben nur Datum und Titel des Events darüber. (Die Zeilenabstände des Inhaltverzeichnisses sind der etwas unregelmäßigen Einteilung der Ordnungsmappe angepasst.)

Mit dieser Systematik findet Ihr Chef „mit verbundenen Augen" in der Vorbereitungszeit (während Sie die Mappe bei **C**onferences zwischenlagern) und unterwegs alle benötigten Dokumente.

Reise: Strategiebesprechung 4.-5. Juli 2011 in Brüssel

(1) Agenda

(2) Flug

(3) Hotel

(4) Einladung / Zusage

(5) Eigene Präsentationen

(6) Sonstiges / Visitenkarten

Formular 16b (Download auf der Website des Verlags: www.edumedia.de/bueroorganisation)

Legen Sie sich das Stichwort „**Reiseabrechnung**" in Ihre **Wiedervorlage zu seinem Rückkehrtag** im Büro und anschließend in Ihre **C**ommunicate-Mappe:

Lassen Sie sich die Reisemappe

- mit seinen weiteren Veranlassungswünschen zum stattgefundenen Meeting

- und mit seinen Reise-Belegen und Quittungen für die Reiseabrechnung zurückgeben.

Nach der Reiseabrechnung werfen Sie die nicht benötigten Unterlagen der Reisemappe komplett weg!

6.3 Setzen Sie Ihre aktuellen Länderkenntnisse ein

6.3.1 Reisehinweise und Besonderheiten in europäischen Staaten

Darf man nach Griechenland Mustergeräte oder ein Notebook mitnehmen und muss eine Zollinhaltserklärung vorgelegt werden? Was sagt die Straßenverkehrsordnung in Italien zur Geschwindigkeitsbegrenzung und wie sind die Richtlinien zu Warnwesten? Muss überall in Europa am Auto, z.B. am Mietwagen, tagsüber das Licht eingeschaltet sein?

Klären Sie diese Fragen für Ihren Chef oder Ihre Mitarbeiter in aller Ruhe vor der Reise. Sie brauchen für Reisen innerhalb Europas nicht mehr hektisch im Internet nach einer aussagefähigen Web-Page forschen oder evtl. in Ihrer firmeneigenen Travelmanagement-Datenbank recherchieren.

Diese Webseite hält eine Auflistung aller europäischen Staaten, der Mitglieds- und Bewerberländer der EU für Sie bereit:

www.europa.eu/abc

Mit einem Klick auf das jeweilige Land erhalten Sie Zugang zu den Portalseiten der Länder mit weiteren Informationsquellen.

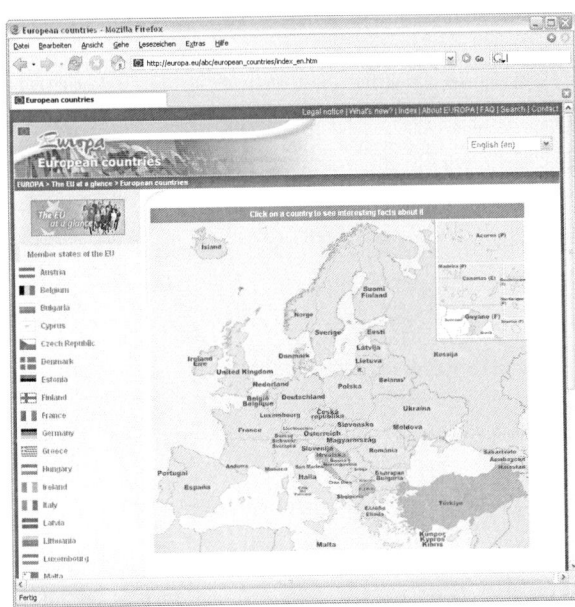

www.europa.eu/abc

6.3.2 Die unterschiedlichen Zeitzonen der Welt leicht umgerechnet

Im Flugplan lesen Sie bei den Landezeiten neben der Flughafenangabe eine Plus- oder Minusangabe in Stunden. Die Zeichenerklärung des Flugplans gibt an, dass damit die „Zeitdifferenz zu UTC" dargestellt ist.

 Bedeutet die Angabe,

dass Sie bei der angegebenen Landezeit in London (+00:00) keine Zeitdifferenz zu Deutschland haben und die Flugdauer gemäß der Start- und Landezeit ermittelt werden kann?

dass Sie Ihrem Chef die Flugdauer nach Kopenhagen (+1:00) abzüglich einer Stunde zu der angegebenen Landezeit nennen werden?

dass Sie nach Kansas City (-6:00) 6 Stunden zur Landezeit dazuzählen müssen?

Und was ist mit den Sommer- und Winterzeiten? Müssen diese Zeiten noch eingerechnet werden?

Ihr Firmenkollege in Vaasa (Finnland) lädt Ihren Chef zu einer Phone Conference für 9:00 Uhr ein.

Sie wählen um 9:00 Uhr die Konferenz-Telefonnummer?

 Setzen Sie Ihre Zeitzonen-Kenntnisse ein (siehe ab Seite 205):

- Addieren Sie zur Landezeit 1 Stunde dazu, um die Flugzeit nach London zu ermitteln.
- Nach Kopenhagen können Sie die Landezeit unverändert zur Berechnung der Flugdauer verwenden.
- Die Flugzeit nach Kansas City ermitteln Sie, indem Sie die angegebene UTC-Zeitdifferenz von 6 Stunden um 1 Stunde verlängern, d.h. Landezeit + 7 Stunden.
- Sie haben die Konferenz-Telefonnummer 1 Stunde zu spät gewählt, denn der finnische Kollege wartet nach unserer Uhrzeit bereits seit 8:00 Uhr auf die Teilnahme Ihres Chefs an seiner Phone Conference.

Die Zeitzonen GMT/UTC und MEZ/CET einschließlich MESZ

Die **Greenwich Mean Time (GMT)** oder die **koordinierte Weltzeit (UTC)** ist die mittlere Sonnenzeit am Nullmeridian (Greenwich). Sie gilt für Länder, die auf dem gleichen Längengrad liegen.

Was mit Null-Meridian kompliziert kosmisch klingt, ist einfach zu erklären: Die Sonne hat um 12:00 Uhr ihren annähernd höchsten Stand am Himmel, d.h. sie überquert zu diesem Zeitpunkt den Mittagskreis, auch Meridian-Durchgang genannt. Wenn in Greenwich 12:00 Uhr mittags ist, befindet sich die Sonne am so genannten Null-Meridian (die Abweichung dieses Meridian-Durchgangs um einige Minuten z.B. aufgrund der elliptischen Umlaufbahn und Neigung der Erdachse gleicht sich im Laufe des Jahres wieder aus).

Aber warum Greenwich? Für die Navigation auf See wurde im Jahr 1677 erstmals ein astronomisches Jahrbuch veröffentlicht. Nevil Maskelyne hat in diesem „Nautical Almanac" seine astronomischen Tabellen nach der Ortszeit des Observatoriums in Greenwich ausgelegt. Für die Koordinatennetze in Seekarten wurde anschließend **Greenwich als Standard-/Null-Meridian übernommen** und 1884 wurde diese Meridiankonstante international verbindlich festgelegt. 1880 hatte England die „Greenwich Mean Time" **(GMT)** als gesetzliche Standardzeit im Land eingeführt.

Die Umstellung des Tagesbeginns auf Mitternacht im Jahr 1925 anstelle des bisherigen GMT-Tagesbeginns um 12:00 Uhr mittags wurde mit der neuen Zeitbezeichnung **UTC**, der Universal Time Coordinated (koordinierte Weltzeit) dokumentiert. (Zeiteinheit der UTC ist die SI-Sekunde der Atomuhren. Sie ist nicht nur hoch konstant, sondern auch in Übereinstimmung mit dem Sonnenlauf.)

Nichtsdestotrotz spricht man im täglichen Leben als Zeitangabe sowohl von GMT als auch von UTC und beide Zeitangaben meinen nun Tagesbeginn um Mitternacht. Zeitdienste verwenden die atomgestützte UTC-Zeit als Grundlage ihrer Zeitansagen. Die Differenz der jeweiligen Landeszeiten wird in UTC+X oder UTC-X angegeben (Weltzeit/Greenwichzeit plus Differenz in Stunden).

Gut zu wissen: Sommer-/Winterzeiten der einzelnen Länder sind in diesen Differenzangaben grundsätzlich schon berücksichtigt.

Die **Mitteleuropäische Zeit (MEZ)** oder **Central European Time (CET)** ist die mittlere Sonnenzeit am 15. Längengrad östlich von Greenwich. Sie gilt für die Teile der Erde, die auf dem gleichen Längengrad liegen, wurden aber auch von Ländern, die nicht auf dem 15. Meridian liegen, übernommen.

In Deutschland gilt die Mitteleuropäische Zeit (MEZ). Sie wurde 1893 für Deutschland als gesetzlich festgelegte Zeit eingeführt. Auf dem 15. Längengrad östlich von Greenwich liegen Deutschland und z.B. Österreich, die Schweiz, Teile Afrikas. Die MEZ wird aber auch von einigen Ländern benutzt, die geographisch nicht auf dem 15. Meridian liegen, wie z.B. Spanien. Das Europaland Finnland liegt wie Greenwich/England nicht auf dem 15. Längengrad und hat deshalb eine von der MEZ abweichende Landeszeit.

Die MEZ legt als Basis für den so genannte Meridian-Durchgang (Höchststand der Sonne um 12:00 Uhr mittags) die tatsächliche geografische Lage Deutschlands (15. Längengrad östlich von Greenwich) zugrunde.

Die Zeitrechnung läuft immer von Ost nach West. Der Sonnenhöchststand zwischen Greenwich (0 Grad) und dem 15. Längengrad liegt daher 1 Stunde auseinander. Die Uhrzeitangabe in Deutschland zeigt bereits 13:00 Uhr, wenn es in Greenwich erst 12:00 Uhr ist. Die MEZ für Deutschland wird mit GMT/UTC+1 angegeben. Während der mitteleuropäischen Sommerzeit lautet die Angabe dann GMT/UTC+2.

> Die Zeitdifferenzangaben im Flugplan mit +1 bedeuten Mitteleuropäische Zeit (MEZ). Daher sind die Abflug- und Landezeiten mit dieser Angabe identisch mit der deutschen Landeszeit.

Unsere Funkuhren erhalten ihr Signal in der Zeitbasis MEZ.

Nachfolgend die Länder (dunkel hinterlegt), die MEZ als gesetzlich festgelegte Landeszeit verwenden:

Die europäische Sommerzeit (MESZ)

In Deutschland wurde die Sommerzeit erstmals im Kriegsjahr 1916 eingeführt, um Kohle zu sparen. Auch im Zweiten Weltkrieg wurde die Sommerzeit wieder eingeführt.

Im Jahre 1986 musste eine für die Europäische Union einheitliche Regelung gefunden werden und seit 2002 hat Deutschland per „Gesetz über die Zeitbestimmung" des Europäischen Parlaments und des Rates die Mitteleuropäische Sommerzeit.

Die mitteleuropäische Sommerzeit beginnt jeweils am letzten Sonntag im März um 2:00 Uhr mitteleuropäischer Zeit. Im Zeitpunkt des Beginns der Sommerzeit wird die Stundenzählung um eine Stunde von 2:00 Uhr auf 3:00 Uhr vorgestellt. Ende ist immer am letzten Sonntag im Oktober um 3:00 Uhr MEZ/CET. Im Zeitpunkt des Endes der Sommerzeit wird die Stundenzählung um eine Stunde von 3:00 Uhr auf 2:00 Uhr zurückgestellt. Die Stunde von 2:00 Uhr bis 3:00 Uhr erscheint dabei zweimal. Die erste Stunde (von 2:00 Uhr bis 3:00 Uhr mitteleuropäischer Zeit) wird mit 2B bezeichnet.

Zeitangabe der Überseeländer

Für die USA, Kanada, Australien und Neuseeland gelten eigene geografisch begründete Landeszeiten und Bezeichnungen:

Geografische Lage	Zeit-Bezeichnung	Abweichung zur MEZ / CET	Abweichung zur GMT / UTC
New York	Eastern Standard Time EST	- 6 Std.	- 5 Std.
Chicago	Central Standard Time CST	- 7 Std.	- 6 Std.
Salt Lake City	Mountain Standard Time MST	- 8 Std.	- 7 Std.
Los Angeles	Pacific Standard Time PST	- 9 Std.	- 8 Std.
Alaska-Festland	Yukon Standard Time YST	- 9 Std.	- 8 Std.

Kanada: Die gleichen Zeitbezeichnungen wie in den USA sowie zwei weitere geographische Bezeichnungen werden in Kanada verwendet:

Zeit-Bezeichnung	Abweichung zur MEZ / CET	Abweichung zur GMT / UTC
Eastern Standard Time EST	- 6 Std.	- 5 Std.
Central Standard Time CST	- 7 Std.	- 6 Std.
Mountain Standard Time MST	- 8 Std.	- 7 Std.
Pacific Standard Time PST	- 9 Std.	- 8 Std.
Atlantic Standard Time AST	- 5 Std.	- 4 Std.
Newfoundland Standard Time NST	- 4,5 Std.	- 3,5 Std.

In der Phase der dortigen und unserer mitteleuropäischen Sommerzeit bleibt die Zeitdifferenz zu MEZ/CET unverändert, zu GMT/UTC verringert sie sich um 1 Stunde.

Australien: Australien hat neben einer Reihe weiterer Zeitzonen regional drei Zeitzonen. Die Sommerzeit, die nicht in allen Landesteilen gilt, wird mit Daylight Time angegeben, z.B. Eastern Daylight Time = AEDT, EST:

Zeit-Bezeichnung	Abweichung zur MEZ / CET	Abweichung zur GMT / UTC
Eastern Standard Time AEST	+ 9 Std.	+ 10 Std.
Central Standard Time ACST	+ 8,5 Std.	+ 9,5 Std.
Western Standard Time AWST	+ 7 Std.	+ 8 Std.

In der Phase der dortigen und unserer mitteleuropäischen Sommerzeit verringert sich in den australischen Landesteilen, die Sommerzeiten eingeführt haben, die Zeitdifferenz zu MEZ/CET um 1 Stunde und zu GMT/UTC bleibt sie unverändert.

Neuseeland: In Neuseeland gibt es nur eine Zeitzone. Der Zeitunterschied zu Deutschland beträgt 10 Stunden. Während der neuseeländischen Sommerzeit von Oktober bis Ende März sogar 12 Stunden.

Schnelle Auskunft zu allen Zeitzonen der Welt

Wenn es ganz schnell gehen soll, lassen Sie sich die aktuelle Uhrzeit eines Landes einfach über das Internet anzeigen. Tragen Sie in der Suchmaske der Web-Adresse

www.zeitzonen.de

das gesuchte Land oder die Stadt ein und Sie erhalten blitzschnell die minutengenaue aktuelle Uhrzeit in diesem Bereich der Welt.

6.3.3   Geschäftlich stilsicher auf fremdem Parkett

Schnell kann ein ausländischer Geschäftspartner verunsichert oder gar verärgert werden, wenn Ihr Chef unwissend das falsche Wort, die falsche Farbe oder ähnliches wählt.

Hier eine kleine Auswahl der möglichen Fettnäpfchen, um die ein großer Bogen gemacht werden sollte:

China
Packen Sie Geschenke bitte nicht in weißes Papier. Die Farbe Weiß steht in China für Trauer. Blumen sind nur zur Ehrung der Toten gedacht, deshalb verbietet es sich, zu einer Einladung dem Gastgeber oder der Gastgeberin Blumen mitzubringen. Vermeiden Sie in Gesprächen die Zahl Vier, denn die bringen viele Chinesen mit dem Tod in Verbindung.

Kuwait
Deuten Sie z.B. niemals mit dem Finger auf eine Person, dies kann als Angriff missverstanden werden. Das Gleiche gilt es auch in Asien zu beachten. In Kuwait ist Großspurigkeit die Bremse jeden Geschäftserfolgs.

Russland
Wer als Geschäftsmann ernst genommen werden möchte, sollte - trotz des Tag für Tag in Moskau herrschenden Verkehrskollapses - mit Taxi oder Privat-PKW vorfahren.

Polen
Vergessen Sie bei Ihren polnischen Geschäftspartnern niemals den Namenstag. Im katholischen Polen ist dieser fast wichtiger als der Geburtstag.

Großbritannien
Sie dürfen als Konversationsthema gerne humorvoll und höflich das Wetter kommentieren, sich aber niemals abwertend über Politik oder Königshaus äußern. Einen guten Eindruck macht es, wenn Sie in „Best-Englisch" und grammatikalisch korrekt sprechen. Im Übrigen versteht Ihr britischer Geschäftspartner mitunter etwas deutsch und Sie sollten es bei einem Geschäftstermin vermeiden, sich mit Ihrem deutschen Kollegen in deutsch zu unterhalten.

Italien

Nach einem Geschäftsessen in Italien wird für die Teilnehmer am Tisch immer eine Gesamtrechnung und niemals separate Einzelrechnungen überreicht. Für Italiener ist das Einladen selbstverständlich und Rechnungen bei Tisch werden generell nicht geteilt.

Schweiz

Schalten Sie Ihr Sprechtempo einen Gang zurück und zeigen Lebensart. Verabschieden Sie sich von Ihrem Geschäftspartner nicht mit einem „Tschüss", da dieser Gruß nur auf privater Ebene verwendet wird oder unter Duz-Freunden.

Spanien

Bringen Sie Zeit mit und kommen Sie nicht zu schnell zu Ihrem Thema. Vereinbaren Sie möglichst keine Termine in der im Süden später und länger stattfindenden Mittagspausenzeit zwischen zirka 13:00 und 15:00 Uhr. Abendessen finden ebenfalls zu einer sehr späten Uhrzeit statt. Laden Sie daher nicht schon für 19:00 Uhr ein.

6.4 Anreisen mit dem PKW

Bevor Ihr Chef eine längere Autofahrt antritt, sollten Sie als exzellente Sekretärin und Organisationsmanagerin routiniert und schnell seinen Zeitbedarf für die Fahrstrecke ermitteln und eventuelle Staugefahren aufzeigen.

Denken Sie daran, auch das Anzeigen der Raststätten in die Routenplanung mit aufzunehmen, wenn das Zusteigen eines weiteren Mitfahrers oder eine kurze Vor-Besprechung an einer Raststätte verabredet wurde.

6.4.1 Planen Sie mit Routenplanern die rechtzeitige Abfahrt

Die rechtzeitige Abfahrt lässt sich mit der Web-basierten Routenrecherche perfekt terminieren. Tragen Sie anschließend den eruierten Beginn und Rückkehr seiner Abreise in die Terminkalender ein, damit nicht nur die reine Besprechungszeit blockiert ist.

Finden Sie aus der großen Auswahl den für Sie am besten geeigneten Routenplaner heraus und übertragen die favorisierten URLs in Ihre Internet-Favoriten (siehe Seite 253):

- In der Internet-Suchmaschine **Google**
  lässt sich im linken Menüfeld „MAPS" anklicken. Die Deutschlandkarte breitet sich anschließend aus. Geben Sie in den Feldern Ihre Start- und Zieladresse ein und aktivieren anschließend „ROUTE BERECHNEN". Die Route samt Karte, Zeit- und Entfernungsangabe wird angezeigt.
  In stark frequentierten Zeiten mag es allerdings sein, dass Sie eine längere Wartezeit in Kauf nehmen müssen. Allerdings bieten sich Ihnen zahllose hilfreiche weitere Möglichkeiten zur weltweiten Suche an.
  Als Highlight können Sie sich außerdem Fotomotive, die Fotografen aus jeder Stadt zur Verfügung gestellt haben, als Bildschirmschoner oder als Einfügedatei laden.

- **www.adac.de**
  Der ADAC bietet Routenplanung in Deutschland mit ausgezeichneter Routenbeschreibung inklusive **Fahrtzeitangabe**. In interaktiven Karten sind für Start- und Zieladresse **Zoommöglichkeiten bis zur Hausnummer vorhanden.**
  Für ADAC-Mitglieder sind erweiterte Suchmöglichkeiten in Europa gegeben.

- **www.landkartenindex.de**
  Verzeichnis von Karten, Routenplaner, Luft- und Satellitenbildern, Spezialkarten **aus aller Welt.**

- **www.viamichelin.com**
  Empfehlenswert bei langen Autoreisen. Interaktive Karten bieten neben der **Europakarte** auch Detailansichten von **Stadtplänen** der meisten Länder in Westeuropa.

- **www.map24.com**
  Einfach zu bedienende Routenplanung, interaktiv.

- www.falk.de
  Falk hat sich die Mühe gemacht, sämtliche Karten online zur Verfügung zu stellen, zumeist **Stadtpläne**.

- www.telemap.de
  3000 Orts- und Stadtpläne Deutschlands. Lokalisierung mit Straßenverzeichnis

- www.stadtplannetz.de
  Auswahl von 150 Stadtplänen aus dem Verlagsprogramm Online.

Archivieren Sie recherchierte und häufig benutzte Fahrstrecken alphabetisch geordnet in einem **Folder** „Routen" in Ihrer Mail-Box (siehe Seite 104) oder direkt **im Web**.

- Haben Sie Ihre Route auf der Homepage des **ADAC** *als ADAC-Mitglied* recherchiert, speichern Sie die Daten, bevor Sie die Web-Seite verlassen, direkt dort im Web ab:

- Klicken Sie „**STATIONEN IN MEINE ROUTEN SPEICHERN**" an,

- tragen im neuen Fenster das Fahrtziel ein (oder übernehmen den Vorschlag) und drücken den Button „**SPEICHERN**".

- Zum Öffnen der gespeicherten ADAC-Routenempfehlung auf der ADAC-Web-Seite klicken Sie rechts den roten Button „**MEINE ROUTEN**" an

- und wählen Ihr gespeichertes Fahrtziel aus.

- Anschließend selektieren Sie „**ROUTE LADEN**".

6.4.2 Staus rechtzeitig kennen und umfahren

Sie haben für Ihren Chef die Fahrtzeit für seinen Weg zum Kunden ermittelt. Dennoch muss er seinem wichtigen Geschäftspartner, mit dem er vielleicht das erste Mal spricht, seine unerwartete Verspätung mitteilen.

Auf Ihre Routen- und Fahrtzeitplanung war kein Verlass!

Um diese unangenehme Situation weitgehend zu verhindern, erweitern Sie Ihre Fahrzeitrecherche mit einem einzigen Klick auf die „Vorschau der zu erwartenden Baustellen".

Alternativ können Sie sich per Smartphone mit der kostenpflichtigen

App "iVerkehr - Staumeldungen" (siehe Seite 254 Kapitel 7.7.5)

über die aktuelle Situation auf deutschen (sowie belgischen und niederländischen) Autobahnen informieren.

Staus durch Dauerbaustellen

> Klären Sie bei wichtigen Terminen vor Fahrtantritt die **Stausituationen**, die durch **Dauerbaustellen** zu erwarten sind.

▨ Klicken Sie bei Ihrer Routenrecherche und Ermittlung der Fahrtzeit auf der Internetseite des ADAC zusätzlich den Link „BAUSTELLEN" an.
Sie erhalten die Übersicht aller Baustellen auf der gerade gezeigten Route mit Angabe der geplanten Dauer.
Für die gezielte Baustellen-Information zu bestimmten Autobahnabschnitten klicken Sie einfach auf der Homepage rechts oben auf „AUTOBAHN SCHNELLSUCHE" und geben z.B. „A6" ein. Sie erhalten die aktuelle ADAC-Verkehrsmeldung zu Ihrer Eingabe.

▨ Unter der Web-Adresse

> **www.autogazette.de**

finden Sie ebenfalls eine schnelle Anzeigemöglichkeit der Staugefahren.
Klicken Sie in der **Deutschlandkarte** auf die gewünschte Region oder geben Sie die **Autobahn-Nummer** an und Sie erhalten eine blitzschnelle Aussage zu bestehenden Staus.

www.autogazette.de

- Auf dieser Webseite werden auch Staus **innerhalb großer Städte** mit Anzeige der Dauer der Verkehrsbehinderung angezeigt:

   www.verkehrsinfo.de

- Möglichkeiten, die **Staus rechtzeitig zu umfahren**, zeigt Ihnen die Internetseite

   www.klicktel.de

Außer der detailgetreuen Abbildung jeden Ortes in Deutschland als gezeichnete Karte und hochauflösendes Luftbild oder als Hybrid (beides übereinandergelegt) ist auch die Prüfung auf eventuelle Staus bei Klicktel möglich.
Nach der Routensuche klicken Sie im rechten Feld auf „STAU ANZEIGEN" und anschließend auf „STAU UMFAHREN". Klicken Sie auf die einzelne Staumeldung, so dass Sie zum Kartenausschnitt gelangen und sich die Staustelle ansehen können.
Auf der linken Spalte öffnen Sie „ROUTENOPTIONEN" und anschließend „STAU UM-FAHREN" und erhalten einen stauumfahrenden Routenvorschlag.

Aktuelle Verkehrsbehinderungen

Die besten Staumeldungen sind natürlich nur so gut, wie sie aktuell gemeldet wurden und in die Systeme eingegeben werden.

- Top-aktuelle Stauinformationen erhalten Sie unter

   www.FAZ.net

Auf der Homepage klicken Sie unter der Rubrik „FAZ-NET-Service" auf der linken Spalte „STAUMELDER" an. Eine Staumeldeliste nach Bundesländern öffnet sich (Sie können auch Autobahn-Nummern zur Suche eingeben).
Sie erhalten neben der einzelnen Staumeldung die exakte Uhrzeitangabe, wann der Stau eingetragen wurde!

Baut sich erst während der Fahrt ein Stau auf (durch Verkehrsunfälle oder Wetterereignisse), gibt es mit der Nutzung mobilfunkgestützter Verkehrsinformationssysteme für Ihren Chef eine schnelle, wenn auch kostenpflichtige Informationsmöglichkeit, wie der Engpass zu umfahren wäre. Mit den so genannten **Offboard-Navigationssystemen auf Handys oder Smartphones** werden die errechneten stauumfahrenden-Routen auf den Server des Service-providers gesendet.

- T-Mobile zum Beispiel bietet unter der Tel. Nr. 2525 Travel Service oder 2526 Verkehrsser-vice diesen Dienst an. Persönliche Berater stehen dem Anrufer zur Verfügung und senden auf Wunsch auch MMS Meldungen mit detaillierten Angaben zur Routenführung direkt aufs Handy.

Für das Umfahren aktueller Staus ist der Einsatz des Navigationssystems im PKW Ihres Chefs natürlich die bequemste Alternative. Er kann bei den ersten Anzeichen eines Staus den **TMC-Dienst** (Traffic Massage Channel, der Verkehrsinformationsdienst für das Navigations-system) zur dynamischen Routenführung aktivieren.

6.4.3 Treffpunkt Autobahn-Raststätte

Häufig wird aus Zeitgründen eine Vorbesprechung oder ein Treffpunkt mit zusteigenden Mitarbeitern an Raststätten vereinbart. Um die passenden Treffpunkte zu finden, klicken Sie die folgenden Web-Seiten an:

- **www.tank.rast.de**
  Ein Routenplaner mit Schwerpunkt bundesdeutsche Autobahnen

- **www.tank.rast.de/standorte/servicenetz**
  Die einzelnen Autobahn-Raststätten sind aufgeführt

Experten-Tipp:

Wenn sich Ihr Chef auf seiner Fahrtroute mit Mitarbeitern verabredet, legen Sie ihm immer die **Handy-Nummern** dieser Kollegen zu den Reiseunterlagen, damit bei Verspätungen kommuniziert werden kann.

6.5 Anreisen per Flugzeug

6.5.1 Wo finden Sie Informationen zu allen Flughäfen der Welt?

Sie möchten für Ihre ausländischen Geschäftspartner ein Meeting in Flughafennähe organisieren, damit die Gesprächspartner gleich nach der Landung mit wenig Zeitaufwand tagen können? Sie möchten wissen, auf welcher Ebene sich die Mietwagen-Schalter oder wo sich der Company-Meetingpoint im Flughafengebäude befindet?

Alle Informationen zu den **deutschen Flughäfen** für Linienflüge, wie z.B.

- Allgemeine Flughafeninformationen
- Ankünfte, Abflüge
- Anfahrt
- Bringen & Abholen
- Buchen
- Bus & Bahn (Rail & Fly)
- Hotels & Restaurants
- Parkplätze (Park & Fly)
- Reise- und Länderinformationen
- Reisewetter

erhalten Sie auf den nachfolgenden Internetseiten oder den angegebenen Telefonnummern:

Flughafen	Internet- Adresse	Info-Telefon
Berlin	www.berlin-airport.de	01805 000186
Düsseldorf	www.duesseldorf-international.de	0211 4210
Dortmund	www.flughafen-dortmund.de	02 31 921301
Frankfurt	www.frankfurt-airport.de	01805 3724636
Hamburg	www.ham.airport.de	040 50750
Hannover	www.flughafen.hannover.de	0511 9770
Köln/Bonn	www.airport-cgn.de	02203 404001
Leipzig	www.leipzig-halle-airport.de	03 41 22 41155
München	www.munich-airport.de	089 97521313
Stuttgart	www.flughafen-stuttgart.de	0711 9480

Informationen zu **allen Flughäfen und allen Fluglinien der Welt** bietet die Datenbank der US-Internetseite

www.flightstats.com

Natürlich sind die Informationen in englischer Sprache, das dürfte für Sie jedoch kein Problem sein. Unter dem Link „AIRLINES" finden Sie zu allen Fluglinien der Welt, ob **Charter, Low Cost oder Linie**, üppige Informationen.

Ein besonderes Highlight sind die Kartenaufnahmen zu dem Areal der Flughäfen in Kartenformat, Satellitenaufnahme oder Hybriddarstellung, mit Zoommöglichkeit bis ins Detail. Die Web-Page ist für Flüge zu Destinationen in Amerika besonders interessant, da für diese Weltregion auch alle Check-In-Zeiten zu finden sind.

6.5.2 Der aktuelle Status zu Start und Landung

Sie möchten wegen einer Streikankündigung der Fluglotsen wissen, ob Ihr gebuchter Flug stattfinden wird?

Experten-Tipp:

Laden Sie sich den schnellsten Informationsweg für die aktuellen Lande- und Startzeiten Ihrer gebuchten Flugverbindung (weltweit) als Favorit in Ihr Internet-Menü (siehe Seite 253):

www.flugplandaten.de

Sie erhalten unter dieser Web-Adresse das zeitgenaue, aktuelle Abbild der Anzeigetafel des jeweiligen Flughafens.

Alternativ können Sie die Website des Reservierungsproviders Amadeus aufrufen:

www.checkmytrip.com

Sie geben im Eingabefeld die Buchungsnummer, die immer oben rechts auf Ihrer Buchungsbestätigung zu finden ist sowie den Nachnamen des Reisenden ein und erhalten detaillierte Informationen zum Flugstatus sowie weitere nützliche Details zum Flug, von Eincheckzeiten bis zur Art der Verpflegung an Bord.

Die Lufthansa bietet für die telefonische Kommunikation eine Service-Hotline Nr. an: 0800 8506070

Mit der kostenpflichtigen

App „Flight Status" (siehe Seite 254 Kapitel 7.7.5)

lässt sich über Smartphones oder iPads der aktuelle Status Ihrer gebuchten Flugverbindung anzeigen. Per Google-Maps können Sie sich oder Ihr Chef über die momentane Position des Flugzeugs informieren und die erwartete Ankunft ablesen. Falls gewünscht, zeigt die App per eingeblendetem Flughafenplan Ankunftsterminals, Abflug-Gates und den Ort der Gepäckausgabe an. Diese Informationen bietet die App für weltweite Verbindungen an.

6.5.3 Kennen Sie IATA- und 2-Letter-Code der Airports und Airlines?

Zusammen mit den neu entstandenen Low-Cost-Carriern steht Ihnen weltweit eine Vielzahl an **Fluggesellschaften** zur Auswahl. Nicht von allen Airlines können die Internationalen 2-Buchstaben-Abkürzungen komplett im Gedächtnis vorliegen.

Wenn diese Frage thematisiert wird, schauen Sie einfach bei der Web-Adresse

> **www.luftfahrt.net/special/code**

im alphabetischen Verzeichnis nach. Von Adria Airways - JP bis Yemenia Airways - IY wird Ihnen zu jeder Fluggesellschaft der amtliche 2-Letter-Code angezeigt.

Auch **Flughäfen** werden in manchen Dokumenten nur mit dem IATA-Schlüssel dargestellt. Auf der Webseite

> **www.World-Airport-Codes.com**

können Sie zu den World-Airport-Codes nach Ländern oder nach IATA-Schlüssel navigieren.

6.5.4 Wie weit liegt der Airport von der Tagungslocation entfernt?

Sie möchten für Ihren Chef zu seinem Kundenbesuch in Frankfurt oder zu seiner Tagung in Paris die zeitlich günstigsten Flüge finden.

Um die Fahrtzeit zwischen Hotel und Flughafen in Frankfurt oder Paris zu ermitteln, suchen Sie zunächst nach der Adresse des Frankfurter Flughafens oder des Airports Paris:

 im Internet-Telefonbuch Deutschland unter www.dasoertliche.de oder für das Ausland unter www.telefonbuch.com?

Sie erhalten dort blitzschnell die Telefonnummer der Flughäfen und hoffen, dass sich Ihnen mit einem Klick auf den Link „Information" eine routengeeignete Adresse bietet. Der Informationslink des Frankfurter Flughafens hält für Sie stattdessen weitere nützliche Telefonnummern für das Flughafengebäude, wie Zoll, Klinik, Fundbüro usw. parat. Auch ein Aktivieren des weiteren Links www.fraport.de führt Sie nur zu Fraport, der Eigentümerin und Betreiberin des Flughafens, ohne Adressangabe.

Sie wählen einfach die Telefonnummern der Flughäfen?

Sie erhalten dort ebenfalls nicht die korrekte Anschrift, weil die Frage nach Straße und gar Hausnummern einfach so gut wie nie gestellt wird und das Personal Ihnen eventuell die nächste Autobahnausfahrt oder die Adresse eines nahen Airporthotels angeben wird.

Sie schauen auf den Web-Pages www.frankfurt-airport.de oder www.flightstats.com nach einer Adressangabe?

Auch dort ist für Sie keine Adresse hinterlegt.

Sie geben nun Ihrem Routenplaner ADAC, den Sie evtl. als Ihren Internetfavoriten schnell aktivieren können, als Zieladresse die Tagungsanschrift und als Startadresse einfach „Flughafen" oder „Airport" ein?

Sie erhalten Ersatzvorschläge zu ähnlichen Namen wie Flughafen oder Airport.

 Die Lösung ist ganz einfach:

> Selektieren Sie im Web den Routen-Dienstleister
>
> **www.mapquest.de**
>
> und speichern Sie die URL gleich als Internetfavoriten (siehe Seite 253) ab.

- Klicken Sie auf der Mapquest-Homepage die Registerkarte „FAHRTROUTEN" an.

- Das Register enthält auf den ersten Blick gleich zwei Buttons: „ENDE AN EINEM FLUGHAFEN" und „START AN EINEM FLUGHAFEN".
  Klicken Sie den passenden Button an, damit sich das nächste Fenster öffnet.

- Sobald Sie dort im Eingabefeld den Ländernamen angeben, können Sie per Pfeilklick die hinterlegten Namen aller Airports dieses Landes ausrollen und Ihren gesuchten Flughafen selektieren.

- Geben Sie dann Ihre Zieladresse (Tagungsort) ein und aktivieren den Button „FAHRTROUTEN ZEIGEN".

Mapquest präsentiert Ihnen die exakte Streckenbeschreibung mit Entfernungsangaben in Kilometern und Stunden.

Für Ihre Reiseplanung sind Sie nun bestens präpariert: Addieren Sie zur Fahrtzeit (einschließlich einem Zeitpuffer für den nicht kalkulierbaren Verkehrsfluss) die Übergangsfrist von meistens 40 Minuten bis zum Abflug ein und suchen die zeitlich geeigneten Flüge heraus.

6.5.5 Holen Sie Preisvergleiche für Ihre Flugbuchung ein

Wenn Sie in der Entscheidung, welche Fluglinie Sie buchen möchten, frei sind und Ihre Gesellschaft oder Ihr Travelmanagement oder Ihre Einkaufsabteilung keine Einschränkungen erteilt hat, schauen Sie zum Preisvergleich auf diese Webseiten:

- **www.wegolo.de**
  Such- und Buchmaschine für alle Destinationen.

- **www.billiger-reisen.de**
  Der Meta-Preisvergleich „**ALLE AIRLINES**" findet für Sie unter allen berücksichtigten Reisebüros und Billig-Airlines das günstigste Flug-Angebot nach Zeit- und Kostengesichtspunkten.

> Prüfen Sie bei Low-Cost Angeboten, ob alle Leistungen, wie Gepäckbeförderung, evtl. Sitzplatzreservierung im recherchierten Ticketpreis enthalten sind oder ob dafür noch zusätzliche Kosten entstehen werden.

Der Hinweis sei gestattet, dass ein Billigflug nicht in jedem Fall das Ziel Ihrer Recherche sein sollte. Bei Ihrem engagierten und hoch ausgelasteten Chef sollte gerade bei längeren Flugreisen der Komfort wie passende Reisezeiten und bequeme Sitzplätze Vorrang vor übertriebenen Kostenaspekten haben.

6.5.6 Präsentieren Sie übersichtlich Ihre Flugalternativen

Für oft frequentierte Flugstrecken steht Ihnen oftmals eine Vielzahl an Flugverbindungen mit unterschiedlichen Preisen, Uhrzeiten, Flugdauer und Restriktionen zur Verfügung. Halten Sie das bewährte „Flug-Alternativen-Formular" bei Ihrer Recherche parat und tragen alle Daten und Infos, gleich mit Ihrer Empfehlung versehen ein.

Legen Sie das Blatt in Ihre **Communicate**-Mappe, damit Ihr Chef binnen Sekunden seine Präferenz aussuchen kann.

Flug - Alternativen

Datum	ab	um	an	um	Airline	Preis	Bemerkung

Hinflug

Rückflug

Formular 17 (Download auf der Website des Verlags: www.edumedia.de/bueroorganisation)

6.5.7 Nutzen Sie den zeitsparenden Online Check-In

Für Vielflieger und Nutzer von Low Cost Airlines ist es längst Alltag, seit 1. Juni 2008 gilt es für die Passagiere aller Fluglinien: Wer ins Flugzeug steigen will, braucht künftig kein Papierticket mehr, sondern erhält ein elektronisches Ticket „ETIX".

Der Weltluftfahrtverband IATA hat mit der neuen Richtlinie den Fluggesellschaften eine enorme Kosteneinsparung beschert, denn während die Ausstellung eines Papiertickets etwa 10 Dollar kostet, wird für das elektronische Ticket gerade mal 1 Dollar kalkuliert.

Auch für den Passagier hat es nur Vorteile: Er erhält für seinen Flug eine Buchungsnummer und legt beim Check-In nur seinen Ausweis vor. Beim Kauf des ETIX per Kreditkarte oder bei Nutzung der Vielfliegerkarte checkt er zeitsparend an einem Check-In-Automaten am Flughafen ein (die Lufthansa hat in Deutschland mittlerweile 350 Check-In-Kioske in Betrieb) und kann sich ein Schlangestehen am Airline-Schalter ersparen. Auch das Gepäck kann je nach Fluggesellschaft teilweise am Automaten abgegeben werden.

Doch als exzellente Sekretärin/Assistentin haben Sie noch mehr Komfortangebote für ihren Chef: Geben Sie ihm nicht nur Ihre zuverlässige Reisemappe, den ETIX-Ausdruck mit Flugdaten und Buchungsnummer mit, sondern überreichen Sie ihm gleich seine **Boarding Card** inklusive Sitzplatzreservierung:

> **Checken Sie im Büro online ein (mit Sitzplatzreservierung) und drucken die Bordkarte aus.**

Mit dem Online Boarding Pass geht Ihr Chef mit seinem Handgepäck direkt zur Sicherheitskontrolle und wird über den Zeitgewinn hoch erfreut sein. Für Reisende mit Gepäck haben die Fluggesellschaften separate Schalter (meist Business-Abfertigung) eingerichtet, die eine super-schnelle Abfertigung bieten. Auch Anschlussflüge mit einem anderen Carrier sind im Online Check-In Verfahren eingeschlossen.

Online Check-In mit Sitzplatzreservierung bei der Lufthansa

Für Flüge mit der Lufthansa ist Online Check-In 23 Stunden vor Abflug möglich.

So gelangen Sie zur Eincheck-Maske der Lufthansa:

Loggen Sie sich auf der Homepage www.lufthansa.com ein:

- Wählen Sie das Register „INFO UND SERVICE".

- Klicken Sie dort Im Auswahlfeld „CHECK-IN" (2. Kolonne von links) „ONLINE CHECK-IN" an.

- Definieren Sie in der sich öffnenden Maske „ONLINE CHECK-IN FÜR GÄSTE MIT ETIX"

- im Eingabefeld „IDENTIFIZIERUNG ÜBER" geben Sie die gewünschte Ausweisart an: entweder Miles-and-More-Karte oder Kreditkarte oder den sechsstelligen Buchungscode, der auf der ETIX-Buchungsbestätigung unter dem Datum eingedruckt ist. (Z.B. 3OGKB3)

- und tragen in den Dateneingabefeldern „NAME" und „VORNAME" (je nach Ausweisart) den Namen des Reisenden identisch zur Karte oder Buchungsbestätigung ein.

- Mit einem Klick auf „WEITER" erhalten Sie die Frage nach Sitzplatzreservierung und eine Übersicht der noch freien Plätze.

Nach Abschluss Ihrer Platzreservierung lösen Sie den Druck der Boarding Card auf Ihrem Drucker aus. Die Bordkarte enthält alle flugrelevanten Informationen wie den Namen des Reisenden und die Flugnummer, das Abfluggate sowie den wichtigen 2D-Barcode zur Authentifizierung und als Zugangsberechtigung in den Flugsteigbereich.

Für den nicht sehr wahrscheinlichen Fall, dass der Ausdruck einmal nicht gelingen sollte, kann der Reisende im Flughafen an einem der 60 „Quick Check-In Automaten" in den Hallen A (für First Class Flüge) oder B (für Business und Economy Flüge) einchecken.

Verlinken Sie sich zur Eincheck-Maske aller Airlines

Einen schnellen tabellarischen Überblick über alle teilnehmenden Airlines und deren etwas differierende Verfahren bietet Ihnen die Web-Adresse:

www.canusa.de

Geben Sie in der Suchmaske „Online Check in" ein. Sie erhalten nicht nur den schnellen Überblick über die einzelnen Online-Boarding-Verfahren, sondern gelangen mit einem Klick auf die gebuchte Fluggesellschaft direkt zu deren Homepage und direkt zur Eincheck-Maske.

Fluggesell-schaft Online Check-In Link	Online Check-In möglich	benötigte Identi-tätsnachweise / Un-terlagen zum On-line Check-In	Sitzplatzän-derung wäh-rend des On-line Check-Ins möglich	Online Check-In Zeiten
Air Berlin	Ja	Buchungscode und Flugnummer	Ja	20 - 3 Std. vor Abflug
Air Canada	Ja	Buchungscode oder Aeroplan Car (Viel-fliegerkarte	Ja	24 - 2 Std. vor Abflug
Air France	Ja	Flying Blue Card (Vielfliegerkarte) oder Tikketnummer und Flugnumme	Ja	24 - 2 Std. vor Abflug
Air New Zea-land	Nein	--	--	--
Air Transat	Nein	--	--	--
Alaska Air-lines	Ja	Buchungscode und Tikketnummer	nein	24 - 1 Std. vor Abflug
Aloha Air-lines	Ja	Buchungscode	--	24 - 2 Std. vor Abflug
American Air-lines	Ja (nur für Flüge in-nerh. USA)	Buchungscode	--	24 - 1 Std. vor Abflug
Bahamas Air	Nein	---	--	--
British Air-ways	Ja	Buchungscode	--	24 - 1 Std. vor Abflug
Cathay Paci-fic Airways	Ja	Passagier- und Flug-daten	Ja	24 Std. - 90 min. vor Abflug
Condor	Ja	Passagierdaten und Buchungscode	Ja	30 - 1 Std. vor Abflug
Continental Airlines	Ja (max. 4 Flugstrek-ken ge-bucht)	Buchungscode oder Ticketnummer	Ja	24 - 1 Std. vor Abflug

Fluggesellschaft Online Check-In Link	Online Check-In möglich	benötigte Identitätsnachweise / Unterlagen zum Online Check-In	Sitzplatzänderung während des Online Check-Ins möglich	Online Check-In Zeiten
Delta Airlines	Ja	Symiles-Nummer (Vielfliegerkarte) und Pin oder Buchungscode oder Ticketnummer	Ja	24 - 1 Std. vor Abflug
Emirates Airlines	Ja	Buchungsnummer oder Flugnummer	Ja	12 - 2 Std. vor Abflug
Icelandair	Nein	--	--	--
KLM Royal Dutch Airlines/ Northwest Airlines	Ja	Ticketnummer und Flugnummer	Ja	24 - 1 Std. vor Abflug
Lufthansa	Ja	Miles & More Nummer (Vielfliegerkarte)	Ja	23 Std. - 40 min. vor Abflug
Malaysia Airlines	Nein	--	--	--
Martinairt	Nein	--	--	--
Qantas Airways	Nein	--	--	--
Royal Brunei Air	Nein	--	--	--
SAS	Nein	--	--	--
Singapore Airlines	Ja	Buchungscode, Ticketnummer oder Flugnummer	Ja	48 - 2 Std. vor Abflug
South African Airways	Nein	--	--	--
Swiss Intern. Airlines	Ja	Miles & More Nummer (Vielfliegerkarte) oder Ticketnummer	Ja	24 - 1 Std. vor Abflug

Fluggesell-schaft Online Check-In Link	Online Check-In möglich	benötigte Identi-tätsnachweise / Un-terlagen zum On-line Check-In	Sitzplatzän-derung wäh-rend des On-line Check-Ins möglich	Online Check-In Zeiten
United Air-lines	Ja	Mileage Plus-Num-mer (Vielflieger-karte) oder Bu-chungsnummer oder Ticketnummer	Ja	24 - 2 Std. vor Abflug
US Airways	Ja (nur Flüge ge-bucht auf US Air-ways/ - Express America West/ - Ex-press)	Miles & More-Num-mer (Vielflieger-karte) oder Bu-chungscode und Flugnummer	Ja	24 Std. - 90 min. vor Abflug

6.5.8   Lässt sich Ihr Chef zur mobilen Bordkarte per Handy begeistern?

Ganz ohne Papier und am mobilsten kann Ihr Chef den Zugang zum Flugzeug per Handy erhalten. Ab 23 Stunden vor Abflug kann er jederzeit und an jedem Ort einchecken.

Seit Ende Juni 2008 ermöglichen die Airlines ihren Passagieren den Abruf einer mobilen Bordkarte. Voraussetzung ist das elektronische Ticket, Kreditkarten- oder (bei Lufthansa) Mi-les-and-More-Karten-Nr. und ein internetfähiges Handy. Der Passagier wählt ein spezielles Portal seiner Fluggesellschaft an und kann sich dann die Bordkarte als SMS aufs Mobiltele-fon senden lassen.

Bei der Lufthansa z.B. wird Ihr Chef mit der Eingabe der Adresse

http://mobile.lufthansa.com

auf der Handy-Tastatur auf das neue Portal geführt. Dort gibt er Kartennummer und Nach-name ein und erhält die Maske zum Einchecken. Alle flugrelevanten Informationen ein-schließlich 2D-Barcode befinden sich anschließend auf der mobilen Boarding Card.

Am Flughafen geht Ihr Chef mit seinem Handgepäck direkt zum Gate, aktiviert die Anzeige seiner Bordkarte und legt sein Handy mit eingeschalteter Displaybeleuchtung auf den Gate-Scanner.

Auch zur Aufgabe von Koffern genügt am Gepäckannahmeschalter das Vorzeigen der mobi-len Bordkarte. Der Flughafenmitarbeiter scannt den 2D-Barcode anschließend zur Identifi-zierung des Gepäcks ein.

6.5.9 Die neuen gesetzlichen Entschädigungsansprüche bei Flugverspätungen

Fluggäste haben bei einer Verspätung ab drei Stunden, so hat es der Europäische Gerichtshof 2009 entschieden, Anspruch auf eine **finanzielle Entschädigung**. Gestaffelt nach der Länge der gebuchten Flugstrecke werden folgende Beträge von den Airlines gezahlt:

- bis 1.500km: 250 €
- bis 3.000 km: 400 €
- über 3.000 km: 600 €

Betreuungskosten, die durch eine Verspätung ab zwei Stunden entstanden sind, übernimmt die Fluggesellschaft ebenso (Verpflegung, Telefonate, Übernachtung einschließlich Transfer zum und vom Hotel). Allerdings ist diese Kostenübernahme abhängig von der Flugstrecke und der Verspätung:

- bis 1.500 km, ab 2 Stunden Verspätung
- ab 1.500 km, ab 3 Stunden Verspätung
- ab 3.500 km, ab 4 Stunden Verspätung

Obwohl sehr lästig, muss sich der Chef am Flughafenschalter der Airline oder am Service Point die Verspätung bestätigen lassen und Belege, wie Bordkarte oder eine neue Flugnummer, für die Entschädigungsforderung aufbewahren.

Für Verspätungen, die durch Streiks oder höhere Gewalt, wie Eis oder Schnee, entstanden sind, werden Fluggäste nicht finanziell entschädigt, aber sie haben bei einer Wartezeit von zwei Stunden Anspruch auf Verpflegung.

6.6 Anreise mit der Bahn

6.6.1 Die Vorteile einer Online-Buchung

Auf der Webseite der Deutschen Bahn können Sie sich für die Firmennutzung der Bahnleistungen anmelden.

www.bahn.de/bahncorporate

Mit dem System „**Bahn Internet-Booking Engine (BIBE)**" ermöglicht die Bahn die Direktbuchung über das Internet. Sie buchen Ihre Fahrkarten einschließlich Sitzplatzreservierung online und erhalten günstigere Konditionen.

- Sie werden bei Ihrer Buchung im System hervorragend geführt, können sich zur Entscheidung zunächst verschiedene Routen zu Ihren Reiseangaben mit allen Angaben, wie Bahnsteig-Nr., Zug-Typ, Bordrestaurant usw. zur Auswahl ansehen und ausdrucken.

- Die Tickets können Sie blitzschnell am eigenen Drucker ausdrucken. Und dies sogar noch bis 60 Minuten vor Abfahrt des Zuges. Ihr Chef zahlt mit seiner Corporate (Firmen)-Kreditkarte und rechnet den Betrag mit seiner Reiseabrechnung wieder ab.

Die Kosteneinsparung bei Einsatz des internet-basierten Buchungstools beträgt je nach Studie zwischen 25 % und 50 % der Gesamtprozesskosten.

Auch ein Handy-Ticket ist für MMS-fähige mobile Telefone mit xhtml-fähigem Browser möglich. Nach der Anmeldung unter der Rubrik "Mobile Service" mit der Handy-Nr. und einer persönlichen Geheimzahl können alle gewünschten Einstellungen (Platzart, Ticketklasse) hinterlegt werden. In einer eiligen Situation kann Ihr Chef unterwegs kurzfristig selbst die Daten wie Strecke und Datum eingeben und sich das Ticket per MMS zusenden lassen.

Auf der Website **http://mobile.bahn.de** können Sie vorab einen Testlauf starten.

Eine Pannengefahr droht allerdings, wenn der Akku des Mobiltelefons Ihres Chefs bei der Ticketkontrolle im Zug leer ist und die Buchungsanzeige nicht mehr möglich ist!

6.6.2 Kennen Sie die Hotline-Nr. der Deutschen Bahn?

Die Deutsche Bahn hat eine Service-Telefonnummer eingerichtet. Nahezu alle Bahn-Fragen werden freundlich und kompetent unter 01805 996633 beantwortet.

Bei Problemen durch Wintereinbruch gibt es in den Wintermonaten zur aktuellen Information über die Betriebslage die kostenlose Service-Nummer 08000 996633 rund um die Uhr.

6.6.3 Serviceprogramm für Bahn-Karteninhaber

Für Vielfahrer (Inhaber der BahnCard, der Persönlichen Netz-Card, Jahreskarte) bietet die Bahn ein Serviceprogramm an: Bevorzugte telefonische Betreuung, separate Comfort-Counter, reserviertes Sitzplatzkontingent, speziell markierte Parkhaus-Parkplätze, DB-Lounge-Nutzung, 25 % Preisermäßigung auf dem ausländischen Streckenteil.

6.6.4 App für Bahnreisende

Laden Sie gemäß Kapitel 7.7.5 auf Seite 254 die kostenlose

App „DB Navigator"

der Deutschen Bahn. Sie geben im Suchfenster der App die Reiseroute innerhalb Deutschlands oder Europas ein und erhalten in Sekunden Vorschläge für geeignete Zugverbindungen.

Sollte Ihr Chef auf seinem Smartphone die Ortungsfunktion aktiviert haben und unterwegs die Bahn-App für eine kurzfristige Bahnverbindung selbst aufrufen, wird sein aktueller Standort beim Routenvorschlag sofort perfekt berücksichtigt.

Mit einem Touch zur ausgewählten Route kann er anschließend den Kauf eines so genannten Handy-Tickets auslösen. Die App hält ihn anschließend über - die hoffentlich nicht eintretenden - Verspätungen auf dem Laufenden und zeigt die passenden Anschlusszugverbindungen an.

6.6.5 Bahnreisende erhalten bei Zugverspätungen finanzielle Entschädigung

Wer unfreiwillig Pausen eingelegt hat, kann Betreuungsleistung und Entschädigung fordern. Sollte sich die gebuchte Zugverbindung im Fernverkehr um mehr als eine Stunde verspäten, entsteht ein Entschädigungsanspruch von 25% und ab zwei Stunden ein Anspruch von 50% des Ticketpreises. Wird bei einer zu erwartenden Verspätung von mindestens 20 Minuten eine andere Zugverbindung gelöst, kann der Fahrpreis geltend gemacht werden. Ihre Nachweisunterlagen können Sie bis zu einem Jahr nach Ablauf der Gültigkeit der Fahrkarte einreichen bei:

> Servicecenter Fahrgastrechte
> DB Dialog Telefonservice GmbH
> Postfach 120566
> 10596 Berlin

Verspätungen wegen höherer Gewalt fallen selbstverständlich nicht unter dieses Entschädigungsrecht.

6.7 Der moderne Weg zum Taxi-Ruf

Wir können uns die Situation mit dem Chef leicht vorstellen:

Ankunft am Bahnhof in einem Vorort zu Wien, in Gedanken an den bevorstehenden Geschäftstermin mit einem neuen Kunden; oder am Ausgang der Messehalle in Zürich am Abend des 1. Messetags, den Kopf voller Messethemen und Kontakte, auf dem Weg zum Übernachtungshotel; oder sofort nach Bauabnahme für ein neues Bürogebäude in Mannheim am späten Abend zu einem Personal-Arbeitsessen mit unangenehmen Themen in einem Restaurant in der Fußgängerzone in Heidelberg.

Die Ziel-Adressen befinden sich zwar in seiner Reisemappe, nur der Taxi-Ruf in einer fremden Stadt muss noch - ohne Ihre gewohnte Rund-um-Betreuung - bewältigt werden.

 Zeitaufwand und Ärger sind vorprogrammiert:

Suche nach der Taxi-Telefonnummer in den Reiseunterlagen,

evtl. Missverständnisse mit der Telefonzentrale in der telefonischen Übermittlung des Standortes und Fahrzieles sowie zusätzlicher Wünsche,

kritische und unruhige Stimmung bei der Wartezeit auf das Taxi.

 Hier kommt die glänzende Lösung:

Installieren Sie gemäß Kapitel 7.7.5 auf Seite 254 auf seinem Smartphone die kostenlose

App „MyTaxi"

- Ihr Chef tippt seinen Standort und sein Fahrziel und fallweise weitere Wünsche ein, wie z.B. Mittransport eines sperrigen Gepäckstückes, Bezahlen mit EC-Card oder Kreditkarte.

- Diese Anfrage erhalten alle für MyTaxi berechtigten Taxi-Fahrer. Der Fahrer, der in der Nähe frei ist, wird auf die Anfrage umgehend antworten.

- Der Taxi-Ruf kann bereits vor dem Ende einer Veranstaltung in Ruhe und ohne Mithörer eingetippt werden und spart die Wartezeit.

Ein genügend starkes GPS-Signal des Smartphone Ihres Chefs vorausgesetzt, kann er als großes Plus auf der MyTaxi-App die Position des sich nähernden Taxis per Google Maps verfolgen und dabei die verbleibende Wartezeit gut einschätzen.

6.8 Übernachtungen

Immer mehr Unternehmen gehen dazu über, mit Hotels Buchungsvolumen für ein Jahr im Voraus zu vereinbaren, um dadurch Preisvorteile zu erhalten. Natürlich sind die Mitarbeiter dann an diese Hotels gebunden und sie können komfortabel auf eine Hotelauswahl zurückgreifen. Doch nicht alle Regionen im eigenen Land und weltweit können damit abgedeckt werden.

In diesem Fall ist der Königsweg wieder einmal das Internet. Suchen und buchen Sie geeignete Hotels bei den meistbenutzten Online-Hotelfindern:

- **www.hrs.de**

- **www.hotel.de**

- **www.Derhotel.com**

- **www.ehotel.de**

Für die weltweite Hotelsuche bietet sich

- **www.expedia.de**

an, eine US-amerikanische Holding mit mehreren Töchtern in weiten Teilen der Welt. Das viertgrößte Online-Reisebüro in den USA vermittelt weltweit neben Hotels auch Flüge, Mietwagen und Tickets für Sehenswürdigkeiten. Mit Expedia Corporate Travel wird ein spezialisierter Service für Geschäftsreisende angeboten.

Eine sehr zufriedenstellende Umkreissuche nach verfügbaren Hotels ist unter all diesen Web-Adressen möglich.

Außerdem erzielt der Buchungskunde bei den meisten Online-Hotel-Vermittlern wegen der Akquirierung eines hohen Buchungsvolumens angenehme Preisvorteile. Durch die Integration aller wichtigen hoteleigenen Reservierungssysteme unter einer Benutzeroberfläche können die Buchenden alle verfügbaren Angebote eines Hotels, wie Wochenend- oder Firmenraten, aufrufen und nach dem Best-Buy-Prinzip wählen.

Für die Suche nach Messehotels siehe Seite 188.

6.9 Travelmanagement

Wenn Sie auf der Karriereleiter einen Sprung machen möchten und ein Mehr an Arbeit und Zeitaufwand und echte Pionierleistungen Sie nicht schrecken, gründen Sie doch ein eigenes Travelmanagement als Ihr neuer (zusätzlicher) Job.

Verhandeln Sie mit Airlines, Mietwagenfirmen und Hotels, Flughafentransfer-Anbietern.

Verpflichten Sie die Mitarbeiter auf Einhaltung der Travelmanagement-Regeln, d.h. Nutzung ausschließlich der Partner, mit denen Sie Sonderkonditionen für Ihre Gesellschaft ausgehandelt haben.

Ist Ihr Interesse geweckt an dieser Herausforderung?

Zur Optimierung der Reisekosten und Standardisierung in der Buchungsabwicklung setzen Sie einen Reisedienstleister ein. Versenden Sie an die große Anzahl der Reisedienstleister eine Ausschreibung und spezifizieren detailliert Ihre Wünsche. Gleich, ob Ihr Reisebüro um die Ecke oder eine große Reisebürokette, der gewählte Fachbetrieb muss das passende Konzept für Ihr Unternehmen bieten. Modernes Know how können Sie bei jeder Reiseagentur voraussetzen, so dass durch die standardisierte elektronische Abwicklung für alle Buchenden deutliche Zeitersparnisse zu erwarten sind.

Ein großes Plus können Sie von internationalen Reisebüropartnern erwarten, die Usern ihrer Internetseite Links zu Flughafenplänen, Sitzplatzabbildungen oder Wettervorhersagen für das Reiseziel bieten. Sie können oftmals mit günstigen Tickettarifen punkten. Als Beispiele seien das American Express Business Travel Reisebüro genannt oder der renommierte Geschäftsreiseanbieter Carlson Wagonlit Travel (CWT).

7

Aktuelles IT-Wissen

7.1   Problembehebung in der Praxis mit den MS Office-Programmen

Die Anwendung der Microsoft-Office-Programme Word, Excel und PowerPoint ist glücklicherweise zur dauerhaften Routine geworden. In den Anfangsjahren des Einzugs der Textverarbeitungsprogramme, den Achtzigern, wurden noch alle halbe Jahre mit den Pionierprogrammen Text4, Winword oder Word05 komplett neue Anwendungsmodelle in Textverarbeitungskursen vermittelt.

Doch trotz der praktischen Erfahrung mit den MS-Office-Standardprogrammen gibt es immer mal wieder Aufgaben, die sich nicht auf Anhieb lösen lassen oder deren Lösung einfach nicht mehr im Gedächtnis ist.

Als Hilfestellung und zur Einsparung Ihres Zeitaufwandes sind im **Anhang zu IT-Wissen** Lösungen zu einigen lästigen Problemen in Word und Excel tabellarisch aufgezeigt.

7.2   Lösen Sie gekonnt spezielle Print-Aufgaben

7.2.1   Wann sollten Sie Druckaufträge auf Landscape/Landschaft stellen?

Kennen Sie dieses zunächst unlösbar erscheinende Problem?

Dateien oder Texte wurden in Querformat in eine E-Mail kopiert, reichen im Format über den rechten Bildschirmrand hinaus und können nicht in voller Breite ausgedruckt werden.

 Sie kopieren die extrabreite Datei in ein MS-Office-Programm und richten dort die Seite auf Querformat ein; der anschließende Ausdruck verschluckt aber immer noch den rechten Überhang?

 Die einfache Lösung bei Drucken aus dem Mail-System:

> Aus dem Mailprogramm
>
> ▪ klicken Sie „FILE" und „PRINT" an
>
> ▪ und öffnen das Register „PAGE SETUP".
>
> ▪ Selektieren Sie dort anstelle „PORTRAIT" nun „LANDSCAPE".

Wenn Sie aus dem MS-Office-Programm diesen Druckauftrag geben wollen,

■ klicken Sie auch dort „**FILE**" und „**PRINT**" an

■ und wählen im rechten oberen Feld den Button „**EIGENSCHAFTEN**".

■ Im sich öffnenden Feld öffnen Sie das Register „**FINISHING**"

■ und selektieren anstelle „**PORTRAIT**" nun „**LANDSCAPE**".

Der vollständige Text wird vom Drucker in Querformat ausgedruckt.

7.2.2 Wann arbeiten Sie mit Screenshots?

Sie möchten eine Bildschirmansicht in ein Dokument oder in eine E-Mail kopieren? Oder ein Druckauftrag kann an der ursprünglichen Veröffentlichungsstelle nicht ausgeführt werden.

■ Markieren Sie den Textabschnitt, den Sie drucken bzw. kopieren möchten.

■ Auf Ihrer Tastatur drücken Sie oben ganz rechts auf die Taste „**DRUCK**".

■ Gehen Sie zu Ihrer Zieldatei oder Ihrer E-Mail und markieren Sie die Einfügestelle. Drücken Sie auf Ihrer Tastatur die Taste „**Strg**" **und Taste** „**V**" (vorn beschriftet mit „Einfügen") oder einfach in der Menüleiste oben das Einfüge-Symbol.

Der markierte Textabschnitt erscheint im neuen Dokument oder in der E-Mail in der gleichen Ansicht, quasi als Fotografie der Bildschirmansicht.

Zum Verändern der Größe markieren Sie den Textausschnitt und klicken auf die rechte Maustaste. Selektieren Sie „**GRAFIK FORMATIEREN**" und passen den Ausschnitt Ihren Wünschen an.

7.3 Elektronisch Daten mit Hyperlinks, Shortcuts, Hotspots vernetzen

Gewusst wie: Bei einem textlichen Hinweis auf weitere Daten und Informationen können Sie im Mailsystem oder Internet eine sofortige Verbindung zu der erwähnten Quell-Datei oder -Adresse ermöglichen. Die unterschiedlichen Wege sollten Sie aus dem Eff-Eff beherrschen:

7.3.1 Hotspot-Antwort-Buttons einfügen für die automatisierte Antwort

Sie möchten eine Abfrage per E-Mail versenden, die per Button-Klick (ja oder nein) beantwortet werden soll?

- Schreiben Sie Ihre E-Mail mit dem Hinweis: „Drücken Sie für Ihre Entscheidung nur den vorbereiteten Button"

- Klicken Sie in der Menü-Leiste „CREATE" an

- „HOTSPOT" auswählen

- „BUTTON" selektieren

Es öffnet sich eine Schaltfläche „Button"

- bei „LABEL" tragen Sie die Entscheidungsalternative, z.B. „Ja" ein und drücken Enter und klicken diese Schaltfläche wieder weg.

Am Bildschirm unten öffnet sich ein neues Fenster mit der Schaltfläche „CLICK"

- Wählen Sie „ADD ACTION" aus

- Im Feld „ACTION" „SEND MAIL MESSAGE" selektieren.

- Im Feld „TO" tragen Sie *Ihre* E-Mail-Adresse ein,

- im Feld „SUBJECT" den Entscheidungstext, z.B. „Ja"

- und klicken „ADD" an

Entfernen Sie diese Schaltfläche wieder.

Für die nächste Alternative, z.B. „nein" genau denselben Weg noch einmal wählen.

Der Empfänger braucht nur den Button in seiner E-Mail anzuklicken, der den Text zu seiner Entscheidung trägt, z.B. „Ja" und kann anschließend die geöffnete Mail wieder schließen. Er braucht keinen Versendeauftrag mit „Reply" auszulösen.

Sie erhalten von ihm eine E-Mail, die im Betreff den Text des Antwort-Buttons zeigt, z.B. „Ja".

7.3.2 Verwendung von Shortcuts

Für das Setzen von Shortcuts (Verknüpfung zweier Dateien durch das Anklicken eines Icons/ Dateisymbols) bietet sich als erste Alternative der Einsatz der rechten Maustaste an.

- Markieren Sie das einzufügende Dokument und klicken auf Ihre rechte Maustaste
- wählen Sie „**SEND TO**"
- und anschließend „**MAIL RECIPIENT**"

Sie gelangen automatisch in Ihre E-Mail-Ansicht. In der geöffneten Mail ist der gerade kreierte Link als Dateisymbol eingefügt und Sie können ihn mit Ihrem Begleitkommentar absenden.

Leider ist dieser Weg nicht in jeder Dokumentart und in jeder Ansicht möglich. Die weiteren Möglichkeiten sind nachfolgend beschrieben:

Intranet- und Internetseiten per Shortcut einfügen

Sie befinden sich im Intranet und möchten von dort aus z.B. eine Richtlinie an Ihre Mitarbeiter senden oder Ihrem Gast die Anfahrtsskizze zu Ihrem Werk:

- Klicken Sie auf der Web-Page im Menüfeld oben auf „**TOOLS**"
- und selektieren „**MAIL AND NEWS**"
- und anschließend „**SEND A LINK**"

Sie gelangen automatisch in Ihre E-Mail-Ansicht. In der geöffneten Mail ist der gerade kreierte Link als Dateisymbol eingefügt und Sie können ihn mit Ihrem Begleitkommentar absenden.

Experten-Tipp:

Wenn Sie von der Internetseite eines Routendienstes, z.B. ADAC, eine recherchierte Strecke mit Anzeige der Karte per Mail versenden möchten, klicken Sie vor dem Versenden der Beschreibung immer erst auf „**PDF-Version**" und selektieren „**SEND PAGE**".

Versenden Sie die Route zur Archivierung an Ihre eigene E-Mail-Adresse, geben Sie in Ihrer E-Mail als Betreff den Namen des Routenzieles an, damit Sie den gespeicherten Link in Ihrem Folder „Routen" schneller finden.

Dateien per Shortcut einfügen

Wenn ein Dokument im Intranet/Internet weitere Links (Dateien aus dem MS-Office-Programm) enthält und Sie eine verlinkte Datei versenden möchten, erhalten Sie eine andere Menüleiste, nämlich die des verlinkten Dokuments aus einem MS-Office-Programm.

- Klicken Sie auf der Menüleiste „FILE" an

- und selektieren „SEND"

- und anschließend „LINK BY E-MAIL"

Sie gelangen automatisch in Ihre E-Mail-Ansicht. In der geöffneten Mail ist der gerade kreierte Link als Dateisymbol eingefügt und Sie können ihn mit Ihrem Begleitkommentar absenden.

E-Mails per Shortcut miteinander verlinken

Sie möchten in einer E-Mail per Klick auf ein Datei-Symbol auf eine andere E-Mail verweisen:

- Die einzufügende E-Mail in der Mailbox (ungeöffnet) mit der rechten Maustaste markieren und „COPY AS DOCUMENT LINK" selektieren.

- In Ihrer neuen E-Mail mit dem Curser zur gewünschten Einfügestelle wandern und in der Menüleiste oben das Einfügesymbol drücken oder per rechtem Mausklick „PASTE/EINFÜGEN" wählen.

Das Datei-Symbol wird eingefügt. Mit einem Klick darauf öffnet sich die eingefügte E-Mail. Sie können z.B. in Ihrer Reply-E-Mail in der Betreffzeile die Bezugs-E-Mail per Shortcut einfügen und dann Ihre Mail ohne den langen Text der Bezugs-E-Mail abschicken.

7.3.3 Hyperlinks einsetzen

Anstelle eines Shortcuts (Icon/Dateisymbol) können zwei Dokumente auch mit Hyperlinks (blau markierte und unterstrichene Stelle in einem Dokument) verbunden werden. Sie können dabei entweder die komplette URL, aber auch eine beliebige Textstelle als Verknüpfungsstelle definieren.

Internetadressen per Hyperlink einfügen

Sie möchten eine E-Mail versenden, die mit einem Klick auf die komplette URL mit einer Internetseite oder einen Intranet-Beitrag verbindet. Sie senden z.B. Ihrem Geschäftspartner einen Link zur Web-Page des Übernachtungshotels:

- Markieren Sie im Internet (oder firmeneigenem Intranet) im Adressfeld die angezeigte URL und aktvieren mit der rechten Maustaste „COPY".

- In Ihrer neuen E-Mail setzen Sie den Curser zur Einfügestelle und verlinken die Web-Adresse (Achtung: immer mit http://) per Klick mit der rechten Maustaste auf „PASTE".

Der Empfänger erhält die komplette WEB-Adresse in der als Link üblichen blauen, unterstrichenen Fassung. Er braucht die URL nur noch anzuklicken, um zur Internet- oder Intranet-Seite zu springen.

HINWEIS: Sie selbst sehen in Ihrer E-Mail die Blaumarkierung leider nicht.

Dateien, Mail-Adressen, URL per Hyperlink-Textstelle einfügen

Sie möchten eine E-Mail versenden, die mit einem Klick auf eine (blau markierte, unterstrichene) Textstelle mit einer Datei oder E-Mail-Adresse oder einer Web-Seite verbindet:

- Markieren Sie in Ihrer neuen E-Mail eine Textstelle, die sich auf das einzufügende Dokument bezieht, die nun zum Hyperlink werden soll.

- Klicken Sie in der Menüleiste „CREATE" an.

- Selektieren Sie „HOTSPOT" und anschließend „LINK HOTSPOT".

- Im sich öffnenden Fenster tragen Sie im Feld „VALUE" den Dateinamen oder die Mail-Adresse oder die URL ein:

Dateinamen:

Gehen Sie in Ihr MS-Office-Programm und klicken auf „**DATEI ÖFFNEN**".

- Markieren Sie die einzufügende Datei.

- Klicken Sie mit der rechten Maustaste auf „**PROPERTIES**"

- und kopieren bei „**LOCATION**" die Datenbankadresse, z.B. C:\Winword\.

Fügen Sie in Ihrer E-Mail diese Datenbankadresse in das „**VALUE**"-Feld ein und hängen den Dateititel, z.B. Test.doc an.

- Web-Seiten:
  siehe Seite 239
  Kopieren Sie die URL in das „**VALUE**"-Feld

Ihre markierte Textstelle im neuen Word-Dokument wird nun in blauer Schrift und unterstrichen angezeigt. Mit einem Klick auf die blaumarkierte Textstelle gelangt der E-Mail-Empfänger zum gewünschten verlinkten Dokument, Mail-Adresse oder Web-Page.

Über Registerkarten Dateien, Mails, Web-Adressen verlinken

Sie möchten Informationen strukturiert nach Sachgebiet versenden. Die Sachgebiete sind in einer eigenen Karteikarte enthalten und werden separat angeklickt.

| Erste Karteikarte | weitere Karteikarte | weitere Karteikarte | weitere Karte karte |

- Klicken Sie in der Menüleiste „**CREATE**" an.

- Selektieren Sie bei „**TABLE TYPE**" aus den 5 angebotenen Symbolen das Karteikartensymbol = 2. Bild von links.

Auf Ihrer E-Mail-Seite erscheinen Registerkartensymbole.

Titel (und Textfarbe) der Karteikarte vergeben

- Markieren Sie die 1. Registerkarte.

- Klicken Sie in der Menüleiste „**TABLE**" an.

- Selektieren Sie „**TABLE PROPERTIES**"

- und klicken das 2. letzte Register an (Symbol Zeile) an.

- Im sich öffnenden Menü-Fenster tragen Sie in der Mitte des Feldes bei „**TAB LABEL AND CAPTION**" den Titel ein (der Registerreiter passt sich in der Breite der Wortlänge an).

- Bei „**COLORS**" wählen Sie die Textfarbe.

Farbe der Karteikarte ändern:

Wie zuvor

- Markieren Sie die 1. Registerkarte.

- Klicken Sie in der Menüleiste „**TABLE**" an.

- Selektieren Sie „**TABLE PROPERTIES**"

- und klicken den 3. Reiter von links an (Symbol Schattierung).

- Im sich öffnenden Menü-Fenster wählen Sie bei „**CELL COLORS**" die gewünschte Hintergrundfarbe für den Registerreiter aus.

Eine weitere Karteikarte hinzufügen:

- Markieren Sie eine Registerkarte

- und klicken in der Menüleiste „**TABLE**" an.

- Selektieren Sie „**APPEND ROW**".

Innerhalb der einzelnen Registerkarten können Sie nun wie beschrieben Dateien, Mails oder Web-Adressen verlinken.

7.3.4 In MS-Office-Dokumenten Shortcuts und Hyperlinks verwenden

Sicher haben Sie es auch schon festgestellt:

Die Verbindung zweier Datenquellen erfordern im Mailsystem und im Microsoft Office-System ganz unterschiedliche Schritte:

Für Ihre Word-, Excel-, PowerPoint-Dateien gelten für das Setzen von Links die folgenden Ablaufschritte:

MS Office Dokumente per Shortcut miteinander verlinken

Sie möchten in einem MS-Office-Dokument, z.B. in Word, mit einem Klick auf ein Datei-Symbol auf eine neue Datei verweisen:

Das MS-Office-Dokument wird als E-Mail-Anhang verschickt.

> Markieren Sie in Ihrem Windows-Explorer die als Symbol einzufügende Datei
>
> ■ Klicken Sie rechte Maustaste „**CREATE SHORTCUT**".
>
> ■ Die nun aus der definierten Datei „Beispiel" entstandene Datei „**SHORTCUT** TO Beispiel" mit rechter Maustaste anklicken und „**COPY**" wählen.
>
> ■ In Ihrem neuen Dokument mit dem Curser zur gewünschten Einfügestelle wandern und in der Menüleiste oben das Einfügesymbol drücken oder per rechtem Mausklick „**EINFÜGEN**" wählen.

In Ihrem neuen Dokument ist das MS-Office-Dokument-Icon mit Datei-Titel eingefügt. Mit einem Klick darauf öffnet sich diese Datei.

Dateien, Mail-, Web-Adressen per Hyperlink-Textstelle einfügen

Sie möchten in Ihrem MS-Office-Dokument, z.B. in Word, mit einem Klick auf eine (blau markierte, unterstrichene) Textstelle eine neue Datei oder eine Web- oder eine E-Mail-Adresse verbinden.

Das MS-Office-Dokument wird als E-Mail-Anhang verschickt.

Markieren Sie in Ihrem neuen Word-Dokument eine Textstelle, die sich auf das einzufügende Dokument bezieht, die nun zum Hyperlink werden soll.

- Klicken Sie in der Menüleiste oben „**EINFÜGEN**" an
  (oder ganz einfach rechte Maustaste drücken)

- und wählen „**Hyperlink**".

Es öffnet sich ein Fenster, in dem Sie die einzufügende Datei, eine E-Mail-Adresse oder eine zuvor besuchte URL im Explorer suchen, anklicken und OK drücken.

Ihre markierte Textstelle im neuen Word-Dokument wird nun in blauer Schrift und unterstrichen angezeigt. Mit einem Klick auf diesen Link gelangen Sie zum gewünschten verlinkten Dokument, zur Web-Seite oder Mail-Adresse.

Experten-Tipp:

Bearbeiten Sie Dateianhänge mit einer Größe von mehr als 2 - 3 MB vor Versendung (speziell auch an einen größeren Empfängerkreis) mit einem Komprimierungsprogramm zur Verringerung der Dateigröße:

Verifizieren Sie die Größe des zu verlinkenden Dokuments:

- Klicken Sie im Internet die geöffnete Seite, die per Link versandt werden soll, mit der rechten Maustaste an und selektieren „**PROPERTIES**".

Im sich öffnenden Fenster lesen Sie neben „**SIZE**" die Bytes-Anzahl des Dokuments.

Lassen Sie sich von Ihrem IT-Administrator z.B. WinZip oder PPMinimizer installieren. Mit einem Komprimierungsprogramm werden in Präsentationen eingefügte Grafiken und Bilder in angepasster Auflösung und nicht in voller Größe versandt. Dadurch werden sowohl Ihre Netzwerke als auch Ihre Speicherplätze enorm entlastet. Außerdem lassen sich die Anhänge erheblich schneller öffnen.

7.4   Per Bookmark aus Datenbanken Icons auf den Workspace laden

Sie möchten die elektronischen Kalender Ihrer Kollegen per Klick auf ein Icon auf Ihrem Workspace öffnen:

- Suchen Sie zunächst den Mail-Server:
  Klicken Sie dazu mit der linken Maustaste auf den Pfeil Ihres eigenen Mail-Icons und lesen Sie die nicht angehakte Surfer-Bezeichnung.

- Öffnen Sie in Ihrem Mail-Menü „**FILE**"

- und selektieren „**DATABASE**"

- anschließend „**OPEN**".

- Im sich öffnenden Menü-Fenster selektieren Sie

- bei Server: die eben gefundene **Server-Bezeichnung**,

- bei Database: „**MAIL**".

Nun brauchen Sie nur nach den Mitarbeiternamen zu suchen, diese markieren und im Menüfenster „**BOOKMARK**" anklicken.

Auf Ihrer Mailing-Arbeitsfläche ziehen Sie das neue Icon zum gewünschten Platz.

7.5   Mit dem Teamroom vertrauliche Daten managen

Nach der Installation Ihrer individuellen Teamroom-Datenbank über Ihren IT-Administrator laden Sie sich das Icon auf Ihren Workspace.

Fragen Sie Ihren IT-Administrator nach dem ausgewählten Server und dem Datenbank-Titel für Ihren Teamroom.

- Im Menü klicken Sie auf „**FILE**" und selektieren „**DATABASE**" und anschließend „**OPEN**".

- Selektieren Sie den Server, den Ihnen der Administrator genannt hat
  und geben in das Eingabefeld am unteren Feld den Dateinamen an, der meist mit „nsf" endet.

- Mit „**OPEN**" öffnen Sie die Datenbank und mit der Escape-Taste lädt sich das Icon auf Ihren Workspace.

Rechte für die Nutzung des Teamrooms in 3 Schritten festlegen:

---

1. Schritt

Zur Vergabe der Editier-Rechte

- klicken Sie Ihr Firmen-Adressverzeichnis an

- und selektieren „**OWNERS AND MANAGERS**"

- und anschließend „**GROUP CHANGES**".

- In das sich öffnende Fenster geben Sie den Namen des Teamrooms ein und stellen das Dollarzeichen davor, z.B. $Einkauf_01 und klicken auf OK.

- Um die Mitarbeiter zu definieren, die Daten im Teamroom eintragen sollen, klicken Sie in der Registerkarten „**AUTHORS**" auf eine freie Fläche.

- Damit erscheint bei „**MEMBERS**" ein Pfeil, auf den Sie klicken.

- Sie können nun im sich öffnenden Firmen-Adressverzeichnis die Namen markieren und mit „**ADD**" nacheinander als Gruppe zusammenstellen und anschließend im Menü „**SORT**" nach Wunsch sortieren, z.B. nach dem Anfangsbuchstaben der Nachnamen.

- Mit „**SAVE AND CLOSE**" schließen Sie die Editier-Berechtigung ab.

---

2. Schritt

- Anschließend öffnen Sie Ihren Teamroom. Selektieren Sie „TEAM DOCUMENT" und „UPDATE TEAM ROOM SET UP".

- Wählen Sie „PARTICIPANTS" und anschließend „ADD PARTICIPANTS".

- Definieren Sie im freien Feld die neuen Teamroom-Mitgliedernamen aus den angebotenen Namensverzeichnissen.

3. Schritt

- Selektieren Sie im Menü auf der linken Spalte „UP DATE TEAM ROOM SET UP".

- Selektieren Sie dort „PARTICIPANTS" und anschließend „ADD TEAM MEMBERS".

- Geben Sie im sich öffnenden Feld die Member-Namen ein.

Für jedes Main-Document können Sie nun unterschiedliche Namen selektieren:

Selektieren Sie im Menü auf der linken Spalte „TEAM DOCUMENTS" „BY CATEGORIES" Ihre aktuelle „MAIN DOCUMENTs".

- Selektieren Sie einzeln „EDIT DOCUMENT" und setzen bei den angegebenen Member-Namen Ihre Häkchen.

Zur Vergabe der Lese-Rechte ersetzen Sie „AUTHORS" durch „READERS" und wählen die gleichen Schritte.

Daten in den Teamroom übertragen:

Informieren Sie die Nutzer des Teamrooms per E-Mail mit einem Link zum Teamroom

- Klicken Sie auf das Teamroom-Icon mit der rechten Maustaste.

- Selektieren Sie „DATABASE" und anschließend „COPY AS LINK".

Die Mail-Empfänger laden sich mit einem Klick auf den Link und der Tastenkombination „STRG und V" das Icon auf ihren Workspace.

Die Teamroom-Nutzer können nun in den eingestellten Files Daten eingeben und neue Files dem definierten Mitgliederkreis zur Verfügung stellen.

7.6 Sparen Sie sich Merkarbeit bei Aktualisierung der IT-Passwörter

Aus Sicherheitsgründen sind für den Zugang zu Ihrem Server, zu Ihren IT-Programmen und Datenbanken Passwörter erforderlich. So gerechtfertigt es ist, dass nur Sie persönlich bestimmte Kenntnisse zu sensiblen Firmendaten erhalten sollen, nur Sie persönlich sich in Ihren Rechner einloggen und die persönlich an Sie gerichteten Mails öffnen dürfen, so unangenehm ist das häufige Neuerfinden der geforderten Passwörter. Immer wieder aufs Neue ist Kreativität und Merkfähigkeit für die achtstellige Kombination aus Zahlen, Zeichen und Buchstaben gefordert.

Wie verhalten Sie sich nun bei den regelmäßigen, lästigen Aufforderungen in Ihren IT-Anwendungen oder beim Zugang zu Ihrer Mailbox: „Ihr Passwort läuft in 9 Tagen ab, bitte ändern Sie Ihr Passwort"?

 Sie ändern für dieses einzelne System sofort das Passwort?

Sie ändern es erst kurz vor Ablauf der Aufforderung und klicken jeden Tag die Aufforderung unerledigt wieder weg?

Ein paar Tage später erhalten Sie für das nächste Programm, vielleicht eine der zahlreichen SAP-Modulen, genau die gleiche Aufforderung, nachdem Sie erleichtert sind, gerade für den Zugangscode zu Ihrer Mailbox eine neue Wortkombination gefunden zu haben.

Sie vergeben nun ein neues, vom Mailing-Passwort abweichendes Passwort?

 Belasten Sie sich nicht mit der Merkarbeit für viele unterschiedliche Passwörter! Sie müssen sich bei jeder Anwendung erst wieder an das neue Passwort erinnern (groß- oder kleingeschrieben, habe ich schon geändert oder gilt noch das alte Passwort?).

> Legen Sie **bei der 1. Aufforderung** irgendeines Systems für ein neues Passwort **zeitgleich bei allen anderen Programmen das gleiche neue Passwort** fest.

Mail-System:

- Klicken Sie in der Menüleiste „FILE" an.

- Selektieren bei „USER SECURITY" „CHANGE PASSWORD".

SAP-Programme:

- Geben Sie zunächst Ihr gewohntes Passwort falsch ein.

- Sie erhalten eine Maske, die den Button „NEW PASSWORD" enthält.

- Geben Sie Ihr noch gültiges Passwort an und klicken anschließend den Button „NEW PASSWORD" für das neue Zugangswort an.

So müssen Sie sich grundsätzlich nur **1 Passwort für alle Ihre Systeme merken.**

Aber beachten Sie bitte dringend:

> **Hinterlegen Sie niemals Ihr Passwort!**
>
> Nicht in Word, nicht in Ihrem Schreibtisch-Prospekthalter, nicht in Ihrer Aktentasche.
>
> Wenn Sie ein Notebook mit WLAN-Serverzugang verwenden, vergewissern Sie sich, dass Ihr System auf **sichere Verschlüsselung SSL** eingestellt ist, damit Ihr Passwort und sogar Ihre E-Mails nicht von Datenräubern abgefangen werden können!

7.6.1 Ist die Wiederholung des Mail-Passwortes notwendig?

Immer wieder etwas ärgerlich und zeitraubend ist die wiederholte Eingabe des Passwortes für Ihr Mailsystem, wenn Sie während einer E-Mail-Sitzung zu Ihrer gerade geöffneten E-Mail in Ihrem SAP-Programm oder in Ihrem Firmen-Intranet recherchieren oder kurz Daten im MS-Office-Programm notieren möchten. Haben Sie die sehr kurz bemessene genehmigte Zeit für eine Unterbrechung überschritten, ist Ihnen der Zugang zu Ihrer gerade geöffneten E-Mail verwehrt. Sie müssen wiederum Ihr Mail-Passwort eingeben und mit „ENTER" bestätigen.

Wenn Sie nach Abwägen der Sicherheitsaspekte den Zeitaufwand des wiederholten Einloggens vermeiden möchten, bietet sich Ihnen eine Lösung an:

> Wählen Sie in Ihrem Mail-Menü „**FILE**",
>
> anschließend „**PREFERENCES**"
>
> und selektieren „**USER PREFERENCES**".
>
> Entfernen Sie das Häkchen im Feld „**LOGOUT IF YOU HAVEN'T USED NOTES FOR ....MINUTES**".

7.7 Nutzen Sie klug das Informationsmedium Internet

7.7.1 Internet-Recherche

In unserem Alltag und in unserem Berufsleben ist der Einsatz der Internet-Suchmaschinen nicht mehr wegzudenken. Wie viel zusätzliche Zeit und Aufwand würde es heute erfordern, den nächsten Messetermin, die beste Flugverbindung, einen bestimmten Hersteller oder Preise zu recherchieren? Allein durch die Nutzung der unkomplizierten und schnellen Informationsmöglichkeit ist unser Allgemeinwissen kontinuierlich auf ein höheres Niveau gestiegen.

Damit Sie bei Ihrer Internet-Suche (z.B. bei der Volltext-Suchmaschine Google) nach Dokumenten, Abbildungen, Land-/Straßenkarten oder Videos schnell das optimale Ergebnis erhalten, sollten Sie immer die erforderlichen Zeichen und Schlüsselwörter einsetzen:

Suche nach einem bestimmten Begriff

- **Anführungszeichen „"**

  Bei gängigen Begriffen aus mindestens zwei Wörtern setzen Sie Suchbegriffe in Anführungszeichen. Dadurch wird der Suchmaschine deutlich gemacht, dass Sie nicht nach den einzelnen Wörtern, sondern nach einem Begriff (die eingegebenen Wörter direkt hintereinander) suchen wollen.

  Zum Beispiel: „online check in der Fluggesellschaften".

  Bei der Suche mit Anführungszeichen erhalten Sie eine einzige Web-Adresse, aber genau die richtige mit allen Fluggesellschaften, die online check in anbieten.

  Setzen Sie Ihre Suchbegriffe nicht in Anführungszeichen, erhalten Sie mehr als 2 Millionen Möglichkeiten mit jeweils unterschiedlicher Wortzusammensetzung. Zum Beispiel online check in bei Singapore Airlines oder Satzauszüge aus Foren, in denen Fluggesellschaften und online vorkommt.

  Ganz wichtig zu wissen: Setzen Sie bei einem Suchbegriff, der sich aus zwei Wörtern mit Bindestrich zusammensetzt, niemals versehentlich ein Leerzeichen vor den Bindestrich. Ein Bindestrich wird dann als Minuszeichen interpretiert und Google sucht ausdrücklich NICHT nach dem zweiten Wort des zusammengesetzten Suchbegriffs.

  Schreiben Sie zum Beispiel „Hannover -Messe" (mit einem Leerzeichen vor dem Bindestrich), erhalten Sie unzählige Webadressen zu Hannover, aber keine einzige zur Hannover-Messe.

- **Anführungszeichen „" und Schlüsselwörter**

  Bei Kombination von mehr als zwei Wörtern oder Begriffen verbinden Sie diese mit Schlüsselwörtern (AND, OR, NOT) und setzen Anfang und Ende der Wörterkolonne in Anführungszeichen. Sie erhalten dann nur wenige, aber richtige WEB-Adressen. Allerdings kann die Suchmaschine auch gar nichts Passendes finden!

Verwenden Sie folgende Schlüsselwörter:

AND. Dieses sucht nach Dokumenten, die alle Bedingungen oder Wörter enthalten, die durch AND verbunden sind.

Beispiel: Mit „Hannover Messe AND Messe München" werden Dokumente gesucht, die beide Begriffe beinhalten.

OR. Dieses sucht nach Dokumenten, die beliebige dieser Bedingungen oder Wörter enthalten. Die Suchergebnisse werden nach der Anzahl der Instanzen im Dokument geordnet zurückgegeben.

Beispiel: Mit „Hannover Messe OR Messe München" werden Dokumente gesucht, die mindestens eines dieser Wörter enthalten.

NOT. Hierdurch wird eine negative Abfrage ausgeführt. Sie können NOT zwischen Wörter setzen: Mit „Hannover Messe AND NOT Messe München" werden Dokumente gesucht, die den Begriff „Hannover Messe" aber nicht „Messe München" enthalten.

Suche nach unvollständigen Begriffen

▪ **Fragezeichen ?**

Bei der Suche nach einem Begriff, zu dem Sie nur Wortteile wissen, ersetzen Sie für den fehlenden Wortteil mit dem Fragezeichen-Symbol ? pro fehlendem Buchstaben. Dieser Platzhalter kann nur für Buchstaben, nicht für Zahlen verwendet werden.

Beispiel: Mit „?ehen" werden Dokumente gesucht, die die Wörter „gehen", „sehen", „Wehen", „Zehen" enthalten (beziehungsweise andere aus fünf Buchstaben bestehende Wörter, die auf „ehen" enden).

Mit „???gen" werden Dokumente gesucht, die Wörter wie „Fragen", „Plagen" enthalten, also drei vorgelagerte Buchstaben beinhalten.

▪ **Sternchen ***

Für unvollständig bekannte Suchbegriffe geben Sie das ein, was Sie wissen und füllen die fehlenden Buchstaben mit einem Sternchen * aus. Das Sternchen ist ein Platzhalter, der für beliebig viele Buchstaben steht. Das Sternchen-Symbol wird als Platzhalter für beliebig viele fehlende Buchstaben eingesetzt, jedoch nicht für Zahlen.

Zum Beispiel: Mit „*icht" werden Dokumente gesucht, die die Wörter „Licht", „Gesicht", „Bericht", „dicht", „erpicht", „Gewicht", „Pflicht" enthalten, (sowie andere Wörter beliebiger Länge, die auf „icht" enden.)

7.7.2 Lassen Sie sich automatisch News aus dem Internet zusenden

Verschiedene Suchmaschinen bieten den Service an, Ihnen regelmäßige Informationen zu einem gewünschten Thema per E-Mail zu senden. Sie sparen sich den Zeitaufwand für eigene Recherchen und erhalten im von Ihnen gewünschten Turnus top-aktuelle Nachrichten. Bei Google z.B. geben Sie das Suchwort „Alerts" ein und kommen auf die Anmeldeseite zu dem Informationsdienst.

Sie geben einfach Ihr Thema, den Zeitintervall für den Informationserhalt, z.B. tägliche oder wöchentliche Information, und Ihre E-Mail-Adresse bei einer Suchmaschine an und können den erstklassigen Dienst kostenlos in Anspruch nehmen.

7.7.3 Arbeiten Sie mit Internet Favoriten

Legen Sie oft verwendete WEB-Adressen in Ihr Menü „FAVORITES".

- Markieren Sie im Internet im Adressen-Feld die eingetragene URL.
- Klicken Sie im Internet-Menü **„FAVORITES"** an
- und selektieren **„ADD TO FAVORITES"**.

Für den nächsten Besuch der Web-Adresse brauchen Sie nur in „FAVORITES" die hinterlegte URL anzuklicken.

7.7.4 Adieu Rechenmaschine: Lösen Sie Mathematikaufgaben mit Google

Geben Sie in das Google-Suchfeld anstelle Ihrer gewohnten Suche nach Worten einfach eine Rechenaufgabe in Zahlen ein, z.B.

„219+24,85+5,20"

(ohne Anführungszeichen) und bestätigen mit „Enter". Sie erhalten folgendes Suchergebnis: 219+24,85+5,20=249,05.

Oder versuchen Sie es mit

„86% von 700"

und Sie erhalten das Ergebnis: 86% von 700=602.

Wenn Sie eine Flugentfernung, die in Meilen angegeben wird, in Kilometer umrechnen möchten, schreiben Sie einfach z.B.

„1.500 Meilen in km"

in das Suchfeld. Google verrät Ihnen: 1.500 Meilen=2.414 km.

7.7.5 Apps auf Smartphones oder Tablet-PCs installieren

Rufen Sie die Website

www.apple.de auf.

In der Menüleiste oben klicken Sie auf „iTunes" und anschließend auf „**KOSTENLOSER DOWNLOAD**"

- Auf Ihrem Desktop das neu installierte Icon „**iTunes**" öffnen und „**iTunes STORE**" selektieren.

- Auf der Startseite rechts oben auf „**ANMELDEN**" klicken und zunächst ein Benutzerkonto einrichten.

- Im „**APP STORE**" können Sie anschließend eine passende Kategorie auswählen oder im Suchfeld oben rechts den passenden App-Namen direkt eingeben.

- Klicken Sie auf „**LADEN**", um die gewählte App im „**iTunes-ORDNER**" zu speichern.

Falls erforderlich, können Sie bei „**iTunes**" mit „**BEARBEITEN / EINSTELLUNGEN**" unter der Registerkarte „**ERWEITERT**" den Speicherort des iTunes-Ordners nachsehen.

Beachten Sie, dass Sie in Absprache zunächst nur kostenlose Apps herunterladen.

Regen Sie eine firmeninterne Regelung für die Nutzung kostenpflichter Apps an und legen Sie dieses Thema in Ihre **C**ommunicate-Mappe zur Durchsprache mit Ihrem Chef.

7.8 Begriffe aus dem IT-Bereich

Oft verwendete Begriffe aus dem WEB-Bereich und aus dem IT-Alltag sollten nicht nur bekannt, sondern auch gut verstanden sein, um sich Zusammenhänge und neue Entwicklungen besser erklären zu können.

Glänzen Sie mit einem fundierten Grundwissen und schlagen im „Anhang zu IT-Wissen" nach.

8

Betriebswirtschaftliches

8.1 Bilanztechnische Begriffe (deutsches / amerikan. Recht US-GAAP)

Gleich in welchem Bereich eines Wirtschaftsunternehmens Sie arbeiten, die meisten der nachfolgenden betriebswirtschaftlichen Begriffe (in alphabetischer Reihenfolge) sind Ihnen schon begegnet. Vielfach wird für eine Wirtschaftsperiode eine Erhöhung des EBITs angestrebt, weil der Erfolg eines Unternehmens zuerst daran gemessen wird, und eine Verringerung des Value Added als Messgröße der Wertschöpfung sollte für die Unternehmensleitung ein Alarmzeichen sein und Maßnahmen erfordern.

Jetzt können Sie mit diesen Begriffen mithalten und verstehen so manche Maßnahme und Zieldefinition besser.

Bilanz

Die Bilanz, der Jahresabschluss nach HGB, stellt Aktiva (das Vermögen) und Passiva (das Kapital) eines Unternehmens gegenüber. Die Aktiva-Seite zeigt die konkrete Verwendung der eingesetzten Finanzmittel (z.B. Produktionsanlagen, Bankguthaben, Forderungen), die Passiva-Seite stellt die Ansprüche der Gläubiger dar (z.B. Verbindlichkeiten durch Kreditaufnahme) und Eigentümer (z.B. Gründungskapital).

Gliederung der Bilanz einer Kapitalgesellschaft nach HGB (in Kurzform):

AKTIVA	PASSIVA

A. Anlagevermögen
  I.   Immaterielle Vermögensgegenstände
  II. Sachanlagen
  III. Finanzanlagen
 	
B. Umlaufvermögen
  I.   Vorräte
  II. Forderungen und sonstige Vermögensgegestände - davon mit einer Restlaufzeit von mehr als 1 Jahr
  III. Wertpapiere
  IV. Kassenbestand, Bundesbankguthaben, Guthaben bei Kreditinstituten und Schecks
 	
C. Rechnungsabgrenzungsposten
	A. Eigenkapital
	  I. Gezeichnetes Kapital
	  II. Kapitalrücklage
	  III. Gewinnrücklagen
	  IV. Gewinn/-Verlustvortrag
	  V. Jahresüberschuss/Jahresfehlbetrag
	
	B. Rückstellungen
	
	C. Verbindlichkeiten
	  - davon Restlaufzeit bis zu einem Jahr
	  - davon Restlaufzeit über einem Jahr
	
	D. Rechnungsabgrenzungsposten

Aufwendungen

Der Begriff Aufwendung bezeichnet die Wertangabe (in Geldeinheit) aller eingesetzten Güter und Dienstleistungen, unterteilt nach gewöhnlichen Aufwendungen (z.B. Aufwendungen für Personal = Gehälter/Löhne und für Produktion = Miete/Reinigung der Produktionsflächen) und außerordentlichen Aufwendungen. Die außerordentlichen Aufwendungen, die außerhalb der gewöhnlichen Geschäftstätigkeit entstanden sind, müssen per Anlage zur Bilanz erläutert werden.

Cashflow

Der Cashflow bildet die Veränderung des Bestands an liquiden Mitteln ab. Somit wird er positiv wie negativ nur durch zahlungswirksame Vorgänge beeinflusst. Vereinfacht dargestellt: Cashflow = Einzahlungen - Auszahlungen.

EBIT

Der Begriff EBIT (Earnings before interest and taxes) aus US-GAAP bedeutet Jahresüberschuss (der Saldo der Gewinn- und Verlustrechnung) ohne Zinsen und Steuern und stellt die operative Ertragskraft eines Unternehmens dar. Die Kapitalstruktur wird nicht angezeigt.

Erfolgsrechnung

Die Erfolgsrechnung nach HGB (Handelsgesetzbuch) ist die so genannte Gewinn- und Verlustrechnung; nach US-GAAP (Generally Accepted Accounting Principles in den USA) das so genannte Income Statement.

Ergebnis

Das Ergebnis wird durch Gegenüberstellung von Aufwendungen und Erträgen im Rahmen der Gewinn- und Verlustrechnung ermittelt. Das Jahresergebnis gemäß Gewinn- und Verlustrechnung entspricht daher dem Bilanzergebnis der Bilanz. Zu beachten ist allerdings, dass im Bilanzergebnis noch etwaige Ergebnisvorträge oder Rücklagen zu berücksichtigen sind.

Erträge

Der Wert (in Geldeinheit) aller erbrachten Leistungen eines Unternehmens, unterteilt in Erträge der gewöhnlichen Geschäftstätigkeit (z.B. Umsatzerlöse), in sonstige betriebliche Erträge (z.B. Auflösung von Rückstellungen) und in außerordentliche Erträge (z.B. öffentliche Zuschüsse).

Gewinn- und Verlustrechnung

Die GuV ist die Darstellung des Ergebnisses einer bestimmten Zeitperiode, ermittelt durch Gegenüberstellung von Aufwendungen und Erträgen.

Gross Profit

Dieser Wert, auch Marge genannt, zeigt den Bruttogewinn eines Unternehmens in Relation zum Umsatz an. Die Kennzahl errechnet sich, indem die Umsatzerlöse (siehe Seite 260) um die zugehörigen Kosten (Fixkosten und variable Kosten, z.B. Herstellkosten, Verwaltungs- und Vertriebskosten) reduziert werden.

Gross Result / Gross Result Margin

stellt den Bruttogewinn eines Unternehmens abzüglich kalkulierter Zinsen dar.

Herstellungskosten

stellen alle Kosten, die an der Herstellung eines Produktes oder einer Dienstleistung entstanden sind, dar (z.B. Material- und Fertigungskosten, nicht aber Vertriebskosten).

Jahresabschluss

Der Jahresabschluss besteht bei deutschen Kapitalgesellschaften gemäß Handelsgesetzbuch aus der Bilanz, der GuV und Anhängen sowie - je nach Größe eines Unternehmens - einem so genannten Lagebericht (wenn bestimmte Werte bei Umsatz, Bilanzsumme, Mitarbeiterzahl überschritten werden).

Er repräsentiert das Verzeichnis von Vermögen und Kapital sowie von Aufwendungen und Erträgen zum Stichtag Jahresende und wird als Informationsbasis für Eigentümer (z.B. Aktionäre), Gläubiger (z.B. Banken), Mitarbeiter und die Öffentlichkeit (z.B. Presse) sowie Fiskus herangezogen.

Kapital

Auf der Passiva-Seite der Bilanz (siehe Seite 256) wird die Mittelherkunft (eigenes und Fremdkapital) für die Anschaffung der Vermögensgegenstände eines Unternehmens abgebildet.

Liquidität

Mit Liquidität wird die Zahlungsfähigkeit eines Unternehmens dargestellt. Die Betriebswirtschaft kennt die Begriffe liquide Mittel = Geldwerte zur unmittelbaren Begleichung der Verbindlichkeiten und illiquide Mittel = veräußerbare Anlagen.

Liquiditätsgrad

Die Kennzahl zeigt das Verhältnis von Verbindlichkeiten zu liquiden Mitteln. Zu unterscheiden sind:

a) Liquidität 1. Grades = Flüssige Mittel / kurzfristige Verbindlichkeiten

b) Liquidität 2. Grades = (Flüssige Mittel + kurzfristige Forderungen) / kurzfristige Verbindlichkeiten

c) Liquidität 3. Grades = (Flüssige Mittel + kurzfristige Forderungen + Warenbestände) / kurzfristige Verbindlichkeiten.

Net Operating Working Capital NOWC

stellt die operative Nettokapitalbindung, das kurzfristig gebundene Kapital eines Unternehmens, dar.

Net Operating Profit (after taxis) NOPAT

Diese Kennzahl wird ermittelt, indem vom Ergebnis der Umsatzerlöse (siehe Seite 260) die Herstellkosten (siehe Seite 258), Vertriebs- und Verwaltungskosten sowie Abschreibungen und Steuern abgezogen werden. Sie stellt das Verhältnis von Nettogewinn zu Umsatz dar.

Net Working Capital NWC

zeigt den Kapitalbedarf eines Unternehmens, die Nettokapitalbindung. Die Kennzahl errechnet sich aus der Differenz zwischen Umlaufvermögen und kurzfristigen Verbindlichkeiten.

Orders Received

Orders Received bezeichnet den Auftragseingang.

OR setzt sich wie die Revenues (Umsätze) aus dem erzielten Verkaufspreis und den so genannten sonstigen betrieblichen Erträgen eines definierten Zeitraumes zusammen.

ROCE

Die Rentabilitätskennzahl ROCE (Return on Capital Employed) wird ermittelt, indem der EBIT-Wert durch das eingesetzte Kapital dividiert wird. Die Kennzahl stellt damit die Verzinsung des Gesamtkapitals dar.

Sonstige betriebliche Erträge und Aufwendungen

setzen sich zusammen aus Erträgen und Aufwendungen (siehe Seite 257), die nicht im Rahmen der gewöhnlichen Geschäftstätigkeit entstanden sind, sondern durch zusätzliche Aktivitäten, die in Verbindung zur Geschäftstätigkeit stehen (z.B. Einnahmen durch Lizenzvergaben oder Aufwendungen für Restrukturierungen).

Umsatzerlöse

sind Erlöse aus dem Verkauf, Vermietung/Verpachtung von Produkten und Dienstleistungen im Rahmen der Geschäftstätigkeit, reduziert um so genannte Erlösschmälerungen (z.B. eingeräumter Skonto und Rabatt) und Umsatzsteuer.

Value added

Value added ist eine wichtige Kennzahl und zeigt die Wertschöpfung, die aus dem Einsatz der eigenen Produktionsfaktoren Arbeit und Kapital erwirtschaftet wird.

Vermögen

Auf der Passiva-Seite der Bilanz (siehe Seite 256) wird das Anlagen- und Umlaufvermögen eines Unternehmens abgebildet (siehe auch Seite 258).

Anlagevermögen: Diese Vermögensgegenstände sollen dem Unternehmen langfristig zur Verfügung stehen und sind nur mittel- bis langfristig veräußerbar (Produktionsmaschinen).

Umlaufvermögen: Dieser Teil der Vermögensgegenstände ist relativ schnell veräußerbar (Vorratslager).

8.2 Banken und Aktienbeteiligungen

Bundesbank und Weltbank sind Institutionen, deren wichtige globale, aber ganz unterschiedliche Aufgaben Sie kennen und unterscheiden sollten.

8.2.1 Die Bundesbank, die Europäische Zentralbank (EZB)

Die Deutsche Bundesbank ist die Zentralbank der Bundesrepublik Deutschland. Sie hat ihren Sitz in Frankfurt am Main und ist Teil des Europäischen Systems der Zentralbanken. Sie unterhält 9 Hauptverwaltungen und 47 Filialen. Das Amt des Bundesbankpräsidenten hat seit 2011 **Dr. Jens Weidmann** inne, als Vizepräsidentin fungiert Sabine Lautenschläger. Oberstes Organ ist der achtköpfige Vorstand, der sich aus dem Präsidenten, dem Vizepräsidenten und sechs weiteren Vorständen zusammensetzt. Ab 2009 wird der Vorstand auf sechs Mitglieder verkleinert. Vorgeschlagen werden die Mitglieder jeweils zur Hälfte von der Bundesregierung und vom Bundesrat.

Die Gründung der Bundesbank ist eng mit der Währungsgeschichte Deutschlands nach Ende des Zweiten Weltkriegs und der Einführung der Deutschen Mark 1948 verbunden. Sie bestand aus den rechtlich selbständigen Landeszentralbanken in den einzelnen Ländern der westlichen Besatzungszonen und der am 1. März 1948 gegründeten Bank deutscher Länder, die von Anfang an unabhängig von deutschen politischen Stellen war.

Mit dem am 1. November 1993 in Kraft getretenen Vertrag von Maastricht wurden die Grundlagen für die Europäische Wirtschafts- und Währungsunion gelegt. Die nationalen Verantwortlichkeiten für die Geldpolitik wurden auf die Gemeinschaftsebene des Europäischen Systems der Zentralbanken (ESZB) - bestehend aus der Europäischen Zentralbank (EZB) und den nationalen Zentralbanken (NZBen) der EU-Staaten - übertragen.

1999 ging die Währungshoheit auf die Europäische Zentralbank mit Sitz in Frankfurt über.

> Hauptaufgabe der Deutschen Bundesbank / der Europäischen Zentralbank ist die **Gewährleistung der Preisniveaustabilität.**

Aufgaben der Deutschen Bundesbank

Die sich daraus ergebenden vier Aktivitätsfelder der Deutschen Bundesbank sind in Notenbank, Bank der Banken, Bankenaufsicht, Bank des Staates und Verwaltung der Währungsreserven aufgeteilt.

- Refinanzierung
- Bargeldversorgung
- unbarer Zahlungsverkehr
- Bankenaufsicht

Diese nationalen Aufgaben unterliegen den Richtlinien der ESZB in unabhängiger Aktivität gegenüber den jeweils nationalen Weisungen.

Aufgaben der Europäischen Zentralbank

Die Europäische Zentralbank EZB, als Hüterin des Euro, befasst sich mit dem Ziel, die Preisstabilität für 331 Millionen Menschen in 17 europäischen Mitgliedsländern zu garantieren. Als Präsident wurde Ende 2011 **Mario Draghi** gewählt. Oberstes Entscheidungsorgan ist der EZB-Rat, der sich aus Vertretern der 17 nationalen Notenbanken sowie dem Direktorium (Präsident, Vizepräsident, vier weitere Mitglieder) zusammensetzt. Der Rat beschließt die Höhe des Zinssatzes im Euroraum, zu denen Banken bei der ZB Geld beschaffen können.

Die wesentlichen Aktivitätsfelder sind:

- Bestimmung der Geldpolitik
- Durchführung der Devisengeschäfte
- Verwaltung der Währungsreserven der Mitgliedsstaaten
- Bereitstellung der Geldmittel für die Volkswirtschaften

In der Finanzkrise Anfang des Jahrzehnts musste die EZB im Finanzsystem zu außergewöhnlichen Mitteln greifen, wie z.B. den Kauf von Staatsanleihen kriselnder Euroländer, um die Versorgung des Finanzsystems mit Barkapital weiterhin sicherzustellen.

8.2.2   Die Weltbank

> Die Hauptaufgabe der Weltbank ist die **finanzielle Mittelbereitstellung für Entwicklungshilfe.**

Schwerpunkte sind die Förderung von Infrastruktur, der Privatwirtschaft und Umweltprojekten sowie der Kampf gegen Armut, Korruption und Krankheiten. Etwa 9.000 Menschen arbeiten für die 187 Länder umfassende Organisation. Größter Anteilseigner sind mit 16 % die USA und bestimmen traditionell den Präsidenten. Deutschland hält mit knapp 4,5 % den drittgrößten Anteil. Nachfolger des bisherigen Weltbank-Präsidenten Robert Zoellick ist seit Juli 2012 der Mediziner **Jim Yong Kim.**

Niedrig verzinste Kredite und Zuschüsse von zirka 360 Milliarden Dollar hat die Weltbank seit ihrer Gründung 1944 an rund 130 Staaten vergeben. Das notwendige Geld beschafft sich die Weltbank auf dem Kapitalmarkt. Sitz der Zentrale ist in Washington, unweit des Weißen Hauses.

8.2.3 Der Internationale Währungsfonds IWF

Zum Wiederaufbau des Weltwirtschaftssystems wurde 1944, parallel zur Weltbank-Implementierung, der Internationale Währungsfonds IWF von den Vereinten Nationen gegründet. Er hat seinen Sitz in Washington, erhält traditionell eine europäische Spitze, Direktorin ist seit 2011 **Christine Lagarde**. Der IFW besteht aus 187 Mitgliedsstaaten mit unterschiedlich großen finanziellen Beiträgen. Die Beschlüsse werden mit einer Mehrheit von 85 % getroffen, wobei sich das Stimmrecht am Kapitalanteil orientiert.

Die Aufgaben setzen sich wie folgt zusammen:

- Förderung der internationalen Zusammenarbeit in der Währungspolitik
- Ausweitung des Welthandels
- Stabilisierung der internationalen Finanzmärkte
- Vergabe von kurzfristigen Krediten (Ausgleich von Zahlungsdefiziten)
- Überwachung der Geldpolitik
- Sicherung des laufenden internationalen Zahlungsverkehrs vor staatlichen Beschränkungen des freien Devisenverkehrs
- Beteiligung an Maßnahmen des Währungsunion-Finanzstabilitätsgesetzes.

Als Aufgabenbeispiel sei die Erteilung befristeter Kredite genannt, wenn ein Mitgliedsland in Zahlungsschwierigkeiten geraten ist und Hilfe erbittet (u.a. Irland und Griechenland). Die IWF knüpft die Kreditvergabe an Bedingungen, wie Senkung der Inflationsrate, Exportausweitung, Bankenliberalisierung, erforderlichenfalls auch die Privatisierung staatlicher Einrichtungen. Die so genannte Kontroll-Troika, die zur Beurteilung des Stabilisierungsfortschrittes in Griechenland in 2011 vor Auszahlung der neuen Hilfsmilliarden eingesetzt wurde, bestand aus Experten der EZB, der IWF und einer EU-Kommission.

Ein weiteres Aufgabenfeld ist die Unterstützung bei der Entwicklungshilfe und Erarbeitung von Wachstumskonzepten in Afrika, Asien und Südamerika.

8.2.4 SEPA, der gemeinsame Euro-Zahlungsraum

Das größte Projekt der EU seit Einführung des Euro ist der seit 1. Januar 2008 eingeführte gemeinsame Euro-Zahlungsraum SEPA (single euro payment area).

Für die Bewohner der 13 Euro-Staaten plus weiterer 17 Nationen des Europäischen Wirtschaftsraumes und der Schweiz wird es dann möglich, mit einer einzigen Geldkarte ihrer Bank in allen 31 Ländern Geld abzuholen oder in Geschäften zu bezahlen. Der Einsatz der Karte verursacht keine Auslandszuschläge mehr, sondern erfolgt immer zu den gleichen Gebühren wie zuhause.

Gleichzeitig werden erstmals die neuen SEPA-Überweisungsformulare in Umlauf gebracht und das Ende der bisherigen Kontonummer oder Bankleitzahl wird eingeläutet. Sie werden durch die heute schon im internationalen Geldverkehr üblichen IBAN- und BIC-Codes ersetzt.

IBAN (International Bank Account Number)

IBAN ersetzt die nationale Kontonummer und besteht aus einer Zahlenreihe. Sie beginnt mit dem Ländercode (für Deutschland DE). Es folgt eine zweistellige Prüfziffer und dann die Kontoidentifikationsnummer.

BIC (Bank Identifier Code) bzw. SWIFT-Code

Der internationale standardisierte Bank Identifier Code (BIC), auch SWIFT-Code (Society for worldwide Interbank Financial Telecommunications) genannt, ersetzt die nationale Bankleitzahl und besteht aus einer Reihe von Buchstaben, mit denen sich die Geldinstitute weltweit identifizieren. Der BIC kann aus 8 oder 11 Zeichen bestehen.

8.2.5   Was bedeutet in der Wirtschaft eine „Feindliche Übernahme"?

Bei einer feindlichen Übernahme übernimmt eine Firma die Kontrolle über ein anderes Unternehmen gegen den Willen dessen Managements.

Handelt es sich um eine börsennotierte Aktiengesellschaft, erfolgt die Übernahme über den Kauf der Aktienmehrheit. Häufig wendet sich das interessierte Unternehmen dabei öffentlich an die Aktionäre der Zielgesellschaft und bietet an, ihnen die Wertpapiere zu einem Festpreis abzukaufen. (So warb der englische Mobilfunkkonzern Vodafone 1999 mit Zeitungsinseraten bei den Mannesmann-Aktionären um den Verkauf ihrer Aktien.)

Einer feindlichen Übernahme gehen oft Verhandlungen über eine „friedliche Einigung" voraus, die dann scheitern. Um ein „unfriendly take-over" abzuwehren, hat ein Unternehmen verschiedene Möglichkeiten. Dazu gehören z.B. eine Kapitalerhöhung oder Stimmrechtsbeschränkungen.

8.3 Management-Instrumente

8.3.1 Kaizen

Hand aufs Herz: Können Sie auf Anhieb erklären, was sich hinter Kaizen, schon hundertmal gehört, verbirgt?

Die Idee des Kaizen-Konzepts soll bereits in den 1950er Jahren bei dem japanischen Automobilkonzern Toyota entstanden sein. In einer wirtschaftlich schlechten Lage wurde von der Firmenleitung die betriebsbedingte Kündigung rund eines Sechstels der Belegschaft angestrebt. Die Gewerkschaft handelte bei dieser hohen Entlassungszahl mit dem Konzern aus, den verbleibenden Angestellten eine lebenslange Beschäftigung zuzusichern. Aus dieser Zusage entstand für Toyota die Notwendigkeit, Mitarbeiter permanent zu schulen, da nun eine qualifikationsbedingte Entlassung ausgeschlossen war und das Kaizen-Konzept sei daraus entstanden.

> Übersetzt aus dem Japanischen bedeuten:
>
> **Kai** = Veränderung, Wandel
> **Zen** = zum Besseren.

Gemäß der Philosophie des Kaizen führt die permanente Perfektionierung/Optimierung des bewährten Produkts zum Erfolg. Dabei steht nicht der finanzielle Gewinn im Vordergrund, sondern die stetige Bemühung, die Qualität der Produkte und Prozesse zu steigern. Als Beispiel sei die stete Funktionserweiterung der Mobiltelefone genannt: Die Telefoniermöglichkeit wurde um Textnachricht SMS, Terminverwaltung, Internet-Zugang, Foto- und Video-Funktion erweitert. Hier wurde der Qualitätsgedanke auf die Funktionserweiterung fokussiert.

Um Kundenzufriedenheit und damit Kundenbindung zu gewährleisten, steht nicht nur die Qualität im Fokus, sondern auch die Kostensenkung und die Flexibilität/Schnelligkeit. In den kontinuierlichen Verbesserungsprozess sind dabei alle Bereiche eines Unternehmens einzubinden: Management, Verwaltung, Produktion, Beschaffung, Lagerhaltung und Vertrieb. Ständige Weiterbildung soll die Veränderungen im Bereich der Mitarbeiter gewährleisten und innerbetriebliche Hierarchien sind so anzupassen, dass jeder Mitarbeiter ein Mitspracherecht bei Veränderungen hat.

Prozessverbesserung und Optimierung des Arbeitsumfelds sind weitere wichtige Meilensteine in der Kaizen-Philosophie. Aus dem Kaizen sind spezielle Management-Philosophien entstanden:

Die 5 S-Bewegungen

Die Grundlage meiner ganz persönlichen Arbeitsmethode, die sich als Leitfaden durch dieses Fachbuch zieht, ist hier geschildert. Es handelt sich um eine fünfstufige Vorgehensweise zur Neuplanung und Verbesserung von sauberen, sicheren und standardisierten Arbeitsplätzen.

Seiri	(**Strukturieren**, d.h. Aussortieren)
Seiton	(**Systematisierung**, d.h. Ordnung)
Seisô	(**Reinigung**, d.h. Sinn für Sauberkeit)
Seiketsu	(**Standardisierung**, d.h. Standards setzen)
Shitsuke	(**Selbstdisziplin**, d.h. Disziplin halten)

Die 6 M-Checkliste

Die sechs wichtigsten Arbeits- und Einfluss-Faktoren sollten permanent kritisch geprüft werden:

- Mensch
- Maschine
- Messung
- Material
- Methode
- Milieu
- Management als 7. Kriterium wurde im Laufe der Zeit noch ergänzt

Die 3 Mu-Checkliste

Drei Negativ-Merkmale

Muda	(Verschwendung)
Muri	(Überlastung)
Mura	(Unregelmäßigkeit)

sind bezüglich Mitarbeiter, Technik, Methode und Zeit zu vermeiden.

Die 7 Verschwendungsarten

Mit dem Fokus der Vermeidung wurden - auch für Sie und Ihren Arbeitsplatz sicher höchstinteressant! - sieben Verschwendungsarten definiert:

- Überproduktion
- Bestände
- Transport
- Wartezeiten
- zu aufwändige Prozesse (Overprocessing)
- Bewegung
- Fehler

Just in Time (JiT), Just in Sequence (JiS)

Punktgenaue Anlieferung der Fertigungsmittel (Rohstoffe, Teile) beim Produzenten

- in gewünschter Menge und Qualität,
- zum Zeitpunkt, an dem sie tatsächlich gebraucht werden,
- zum gewünschten Ort.

Der Produzent erspart sich damit Lagerkosten und Verwaltungsaufwand.

Just in Sequence (JiS)

Aufbauend auf dem JiT-Prinzip wird der Produzent vom Zulieferer

- zusätzlich in der richtigen Reihenfolge beliefert.

8.3.2 SWOT-Analyse (Stärken-Schwächen, Chancen-Bedrohung)

Die SWOT-Analyse (Strengths, Weaknesses, Opportunities und Threats) ist eine strategische Methode, innerbetriebliche Stärken und Schwächen (Strength-Weakness) und externe Chancen und Gefahren (Opportunities-Threats) herauszufiltern und Maßnahmen daraus abzuleiten.

Für die systematische betriebliche Entscheidungsfindung ist die SWOT-Analyse eine erprobte und zuverlässige Methode. Innerhalb des Marketings kann die SWOT-Analyse für die Produktpolitik eingesetzt werden. Per SWOT-Analyse kann die optimale Region für eine neue Produktionsstätte oder neue Absatzmöglichkeiten herausgefiltert werden.

SWOT -	Die interne Analyse nach:	
Analyse	Stärken (**S**trenghts)	Schwächen (**W**eaknesses)
Chancen (**O**pportunities)	s - **O**pportunity-Strategien Neue Möglichkeiten erschließen, die gut zu den Stärken des Unternehmes passen	w - **O**pportunity-Strategien Schwächen eliminieren, um neue Geschäftsmöglichkeiten zu nutzen.
Gefahren (**T**hreats)	s - **T**hreats-Strategien Stärke nutzen, um Bedrohungen abzuwenden	w - **T**hreats-Strategien Verteidigungen entwickeln, um erkannte Schwächen nicht zum Ziel von Bedrohungen werden zu lassen.

8.3.3   Benchmark

Vor einer Entscheidung, ob eine Investition in bestimmten Bereichen eines Unternehmens sinnvoll ist oder eher ein Funktionsauslagern angezeigt ist, kann die Methode des Benchmark zum Einsatz kommen.

Der Begriff Benchmark (= Maßstab) steht für ein Vergleichskonzept, um Verbesserungsmöglichkeiten durch das Spiegeln von Leistungsmerkmalen mehrerer vergleichbarer Objekte, Prozesse oder Programme zu finden.

Das Ziel des Benchmarking ist es, die Schwächen eines Unternehmens, seiner Bereiche und seiner Prozesse durch Vergleich mit anderen Unternehmen und Bereichen aufzudecken und die Leistungsfähigkeit beispielsweise durch Investitionen in die Weiterbildung der Mitarbeiter, in Arbeitsabläufe oder maschinelle Ausstattung zu erhöhen.

Für diesen Vergleich sind entweder mindestens zwei aufeinander folgende Erhebungen von Daten durchzuführen oder Daten von mindestens zwei verschiedenen Objekten im gleichen Zeitraum zu erheben.

Benchmark kann Sie unmittelbar an Ihrem Arbeitsplatz treffen, wenn z.B. die Leistung Ihrer Abteilung mit der Leistung einer vergleichbaren Abteilung innerhalb Ihres Konzerns verglichen wird (oder gar die messbaren Leistungen verschiedener Sekretariate miteinander).

8.3.4 Kreativitätstechnik Brainstorming

Brainstorming, von Alex Osborn erfunden und von Charles Clark weiterentwickelt, ist eine Methode, um neue, vielleicht auch ungewöhnliche Ideen während eines Workshops ohne Kritikgefahr aus den Reihen der Teilnehmer zu fördern. Orientiert an der indischen Technik Prai-Barshana, die es seit etwa 400 Jahren gibt, benannte Alex Osborn seine Methode der kreativen Ideenfindung **„using the brain to storm a problem"**.

Bei komplexen Projekten, beim Stillstand der Kreativität, zum Hervorbringen sowohl unkonventioneller als auch herkömmlicher Zielformulierungen und Lösungsansätze ist Brainstorming eine wunderbare Methode. Speziell die Werbebranche bedient sich dieser kreativen Lösung.

Beim Brainstorming wird im ersten Schritt in einer Teamsitzung nach neuen Ideen zu einem definierten Thema gesucht. Alle Teilnehmer sind aufgefordert, weitgehend spontan Ideen zu nennen, diese werden alle auf einzelnen Zetteln oder Karten meist von einem Moderator notiert oder dem Moderator übergeben. Alle Teilnehmer sollen ohne jede Einschränkung Ideen produzieren und mit anderen Ideen kombinieren. Die Team-Mitglieder dürfen einzelne Ideen zu diesem Zeitpunkt weder kritisieren noch abwerten. Damit soll eine entspannte und hochkreative Atmosphäre geschaffen werden, die auch unkonventionellen Ideen Raum lässt.

Die so gesammelten Ideen werden anschließend vom Moderator einzeln vorgelesen und von den Teilnehmern zunächst nur nach thematischer Zugehörigkeit sortiert und evtl. sachfremde Vorschläge aussortiert.

Die zum Schluss als nächster Schritt anstehende Bewertung kann ebenfalls innerhalb des Teams erfolgen oder wird einer anderen, neutralen Gruppe übertragen.

9

Verhaltenspsychologie

9.1   Steigern und pflegen Sie Ihre körperliche Fitness

Im Office setzen Sie konsequent die Erkenntnisse der Ergonomie an Ihrem Arbeitsplatz um (siehe auch Seite 33) und arbeiten mit den besten technischen Hilfsmitteln, die hier beschrieben wurden. Geben Sie damit dem frühzeitigen Schutz Ihrer Gelenke und Muskulatur die 1. Priorität auf dem Weg zur körperlichen Fitness. Sport und Entspannung gleichen Zellschädigungen, die durch lang anhaltenden Stress eventuell verursacht wurden, aus, verlangsamen sogar das Altern.

Pflegen Sie nette zwischenmenschliche Begegnungen, ein gutes soziales Netzwerk, Ruheinseln. In Sportvereinen können Sie Soziales und Sportliches bestens miteinander verbinden. Suchen Sie sich eine Sportart aus, die Ihnen am meisten Spaß macht, hervorragend Ihre beanspruchte Wirbelsäule pflegt wie Schwimmen oder progressive Muskelentspannung und gut in Ihren engen Zeitplan passt.

Eine ideale Möglichkeit, Verspannungen, die durch die sitzende Schreibtischtätigkeit entstanden sind, abzubauen, sind u. a. Joga-Übungen oder aber Trainingseinheiten, die Sie unter

> **www.beck-physio.de/07/03.html**

als Auszug zum angebotenen Kurs „Rückenschule" ansehen können.

Das Prinzip dieser Wirbelsäulengymnastik beruht auf Gegenübungen zu Ihrer täglichen Rund-Rücken-Haltung. Gezielt werden die verkürzten und schmerzhaften Muskeln gedehnt und wichtige Muskelpartien, wie z.B. der Rückenstrecker, aufgebaut. Relativ leichte Übungen mit hervorragender Langzeitwirkung bei regelmäßiger Anwendung. Wer in der Region der Physiotherapie-Praxis zu Hause ist, sollte den Kurs vor Ort besuchen, die Krankenkassen zahlen Zuschuss!

9.2   Setzen Sie die Kraft der positiven Gedanken ein

90 % aller Erfolge oder Misserfolge ereignen sich aufgrund des Denkens und nur 10 % aufgrund des Handelns. Das unterbewusste Denken des Menschen hat einen erheblichen Einfluss auf den Verlauf der Dinge. Wenn wir uns zum Beispiel nur mit negativen Gedanken (Ängste, Zorn, Rachegefühle) beschäftigen und uns nur auf das negativ Erfahrene und deren künftige Abwehr konzentrieren, ziehen wir wie ein Magnet genau das, was wir vermeiden wollen, wieder an. Wer wegen eines Fehlers zu lange niedergeschlagen ist, lädt die nächsten Misserfolge geradezu ein. Wer jedoch mit einem Siegergefühl an eine neue Aufgabe herangeht, hat beste Chancen, sie hervorragend zu meistern.

▪ Streichen Sie ab sofort die folgenden Negativsätze aus Ihren Gedanken:
„Er ist mir in den Rücken gefallen", „In der Projektbesprechung wurden die Säbel gewetzt".

Sie beeinflussen unbewusst die eigenen Gefühle. Die Ängste vor dem Gegenüber verstärken sich und die vermeintlichen Gegner werden gedanklich übermächtig. Weil Sie aus Ärger und Angst in Druck geraten, blockieren Sie ein vernünftiges, zielführendes Handeln.

- Tauschen Sie in Ihren Sätzen die Personen und die Aussagen aus:
  „Ich bleibe gelassen", „Ich bin talentiert, um das nächste Projektmeeting auf die sachliche Ebene zurückzubringen".

Sie streben eine besser dotierte Position an, zu der eine höhere Qualifikation im Können und Verhalten vorausgesetzt wird?

Sie überlegen nur, welche Kollegin sich ebenfalls für die Stelle beworben haben könnte und befürchten, als weniger qualifiziert beurteilt zu werden?

Sie sind wütend auf die vermeintlich bessere Aspirantin und begegnen ihr weniger freundlich?

Bei einem Anruf des Chefs in spe werden Sie hektisch und unsicher, vielleicht gar abweisend?

Sie zweifeln zum Schluss sogar an Ihrer Qualifikation zur aktuellen Position?

Schlimmer können Sie den Sprung auf der Karriereleiter nicht mehr blockieren! Machen Sie es besser:

- Stellen Sie sich gedanklich vor, Sie hätten die neue Position erhalten und strahlen schon jetzt das Glücksgefühl dieses Erfolges aus.

- Bei einem Anruf des Chefs in spe freuen Sie sich und sind konzentriert und natürlich.

- Verhalten Sie sich ab sofort in Ihrer aktuellen Position noch qualifizierter in Ihrer Leistung und in Ihrem Verhalten.

Wenn Sie jetzt noch die gewünschte fachliche Qualifikation mitbringen, wird Ihr zusätzliches positives Verhalten der ausschlaggebende Faktor, dass die Wahl auf Sie fällt.

9.3 Lernen Sie gekonnt und freundlich Nein zu sagen

Trennen Sie sich von der Vorstellung, dass übertriebene Opferbereitschaft im Berufsalltag ein positives Signal zur gerade in Ihrer Position geforderten Reife und Stärke aussendet. Entscheiden Sie klug, welche Antworten bei permanenten Hilfeersuchen die besten sind. Erkennen Sie frühzeitig die Überlastungsgefahr durch zu häufige Amtshilfen, die ein Dauerverspannen Ihrer Muskulatur nach sich ziehen würde.

Haben Sie sich im Einzelfall zum freundlich gesagten Nein, wie nachfolgend beschrieben, entschieden, ist Ihnen außerdem der Respekt des Fragenden sicher.

Sagen Sie aus Zeitgründen und weil die Absage Ihnen schwerfällt, nicht sofort Nein. Wer ohne Umschweife und zu bestimmt Nein sagt, erntet Unverständnis und gerät in Erklärungsnöte.

Setzen Sie das freundlich formulierte Nein mit 4 Schritten ein:

1. Zeigen sie als erstes freundliches Verständnis für die Frage.
2. Formulieren Sie danach deutlich Ihr Nein.
3. Nennen Sie Ihre ehrliche und nachvollziehbare Begründung.
4. Schlagen Sie eine Alternativlösung vor und warten die Zustimmung ab.

Verteilt Ihr Chef zusätzliche Aufgaben zu Ihrem mehr als beträchtlichen Arbeitsspektrum,

- fragen Sie ihn, wie wichtig die neue Aufgabe ist und äußern anschließend Verständnis für die Dringlichkeit.

- Sagen Sie deutlich, dass Sie zunächst Nein sagen müssen und schildern kurz, mit einem Blick auf das Inhaltsverzeichnis Ihrer **Create**-Mappe, welche Projekte mit welchem Zeitbedarf im Moment auf Sie warten.

- Schlagen Sie als Alternativlösung vor, dass Ihr Chef entscheidet, welche Ihrer bestehenden Aufgaben vertagt, delegiert oder entfallen dürfen, damit die neue Aufgabe angenommen werden kann. Oder Sie schlagen einen späteren Beginn der neuen Aufgabe vor.

- Sie zeigen damit Ihr Interesse und Engagement, verhindern aber Ihren Leistungsabfall, der mit zu vielen eiligen Aufgaben drohen würde.

9.4 Welches Zauberwort Sie Ihrem Kopf bei Stress zurufen

Einer Emnid-Umfrage aus 2006 zufolge leiden in Deutschland 42 Prozent der Männer und 46 Prozent der Frauen unter dem ständigen Gefühl der Anspannung. Als alarmierend wertete die Kaufmännische Krankenkasse, dass ein Drittel der Befragten den Stress von Jahr zu Jahr als zunehmend empfand.

Im Grunde handelt es sich bei Stress um einen lebensnotwendigen und sogar gesunden Mechanismus. Er befähigt seit Urzeiten alle höheren Lebewesen dazu, in bedrohlichen Situationen blitzschnell und automatisch zu reagieren. In kürzester Zeit wird der Körper über eine Kaskade verschiedener Hormone in die Bereitschaft zu Flucht oder Angriff versetzt.

Wen wundert's, die Forsa-Studie ermittelte schon 2001, dass Zeit- und Termindruck die stärksten Auslöser für Stress sind. Sie lagen mit 45 Prozent vor Überforderung am Arbeitsplatz und Doppelbelastung durch Haushalt und Beruf.

Psycho-Faktor:
Stress verhärtet die Muskulatur. Mikronährstoffe können nicht mehr zu den Nerven transportiert werden. Als Folge treten Gereiztheit und Angst ein.

Bevor Ihnen der tatsächliche - sehr häufig auch nur der gefühlte Druck - den Überblick entreißt und Ihre Entscheidungen und Handlungen blockiert, so dass alle negativen Begleiterscheinungen drohen, aktivieren Sie Ihr Frühwarnsystem und greifen zu meinem erprobten und schnell wirkenden Rezept:

Das Zauberwort, das Sie Ihrem Kopf zurufen, um in den kritischsten Momenten die Balance wieder zu finden und für neue Aufgaben noch genügend Energie zu haben, heißt

JETZT.

Aus der Meditation entnommen, konzentrieren Sie sich einfach auf die Gegenwart, auf den aktuellen Augenblick, der nur JETZT in dieser Sekunde sein wird:

Machen Sie sich bewusst, dass Sie gerade JETZT leben, JETZT, in diesem Moment, den Sie fast vor sich sehen können. Rufen Sie Ihrem Kopf, Ihrer Schaltzentrale, das Wort JETZT nicht als Start-Aufforderung zu einer körperlichen Aktivität zu, sondern, in Aktivierung der eigenen spirituellen Ressourcen, zur Bewusstmachung des unwiederbringlichen Augenblicks, in dem Sie sich JETZT befinden.

Automatisch lösen Sie sich dabei von den Vergangenheitsereignissen („Wie hat der Anrufer das eben gemeint?") und Zukunftsgedanken („Wenn ich nicht gleich das Ticket bestelle, bekomme ich keine günstige Flugverbindung mehr").

- Verlassen Sie nach Möglichkeit Ihr Büro und setzen sich in entspannter Haltung in ein leeres, ruhiges Zimmer. Eine besondere Körperhaltung brauchen Sie nicht einzunehmen.

- Denken Sie sich nun das Wort JETZT und werden sich bewusst, dass Sie sich tatsächlich im Moment im JETZT befinden - nicht in dem noch nicht verarbeiteten Ereignis vor 10 Minuten und nicht in der Vorbereitung des Termins, der morgen stattfindet.

- Sie lassen nur das Wort JETZT zu und wiederholen es. Sie sehen förmlich die Gegenwart, die einfach gar nichts von Ihnen will, keine Vergangenheitsverarbeitung, keine Planung.

Sie werden bemerken, dass Sie sich wie in einem Vakuum befinden, Ihre Atmung wird ruhiger und langsamer und Ihre Gesichtszüge entspannen sich.

Gar nicht lange brauchen Sie für den „JETZT-Ausflug". Ein paar Minuten vielleicht und es wird Sie herausholen aus der Gefahr, durch Zeitdruck und Überlastung Ihre souveräne Haltung zu verlieren und gravierende Fehlentscheidungen zu treffen. Sie finden Ihre innere Ruhe wieder, auch wenn um Sie herum das Chaos tobt.

9.5 Halten Sie Ihre Impulskontrolle auf höchstem Niveau

Grundlage für Ihre Souveränität und Ausgeglichenheit ist die Fähigkeit des überlegten Handelns. Diese eminent wichtige Eigenschaft in Ihrer Position als Schaltstelle eines Unternehmens oder Bereichs ist nur mit einer hervorragend funktionierenden Impulskontrolle möglich. Dazu haben Sie sicher bereits die besten genetische Voraussetzungen.

Im Frontalhirn, in dem bei jedem Menschen in unterschiedlichem Maße Nerven und Netzwerke gebildet werden, schalten sich vor jeder Entscheidung Impulse, die zum Handeln zwingen und andererseits Kontrollinstanzen, die solche Handlungsimpulse bremsen, ein. Die wichtige „Impuls-Kontrolle" ist die rechtzeitige nochmalige Bewertung des Handlungsimpulses durch das Hinzuziehen der schon erlebten Erfahrungen auf bestimmte Reaktionen.

Als Beispiel sei der Impuls zu nennen, sich durch Schnäppchenpreise zu unüberlegten Spontankäufen hinreißen zu lassen. In Ihrer Sekretariatspraxis kann dies ein unbeherrschter Mitarbeiter oder der Erhalt einer aggressiv formulierten E-Mail sein, die beide zu einer sofortigen „impulsiven" verbalen Reaktion bzw. zu einer hocherregten Reply-Mail zwingen.

Die Impulskontrolle gelingt allerdings immer nur so gut, wie die komplexen, sehr subtilen und feinen Verbindungen zu den regionalen Netzwerken hergestellt werden können. Als Störfaktor im Abruf der Erfahrungen und Bewertung der Handlung gilt in erster Linie der gefühlte oder tatsächliche Zeitmangel. Wenn Sie selbst etwa in Druck geraten, sich bedroht fühlen, sich unerfüllbaren Erwartungen ausgesetzt sehen, kommt das Frontalhirn sozusagen durcheinander. Die ausgelöste Erregung lässt ein geordnetes Reflektieren der Situation und darauf aufbauend ein optimales Verhalten nicht mehr zu.

- Lassen Sie sich daher nie von Hektik anstecken und bleiben in kritischen Situationen beherrscht und „cool", um Ihrer Impulskontrolle das erforderliche Quantum an Ruhe für die schnelle und richtige Entscheidung zum Handeln zu bieten.

- Aus der neu gewonnenen Erkenntnis wissen Sie nun, dass die Schaltzentrale des Ungeduldigen ganz einfach weniger stark vernetzt ist und es ihm damit auch weniger gut gelingt, die sich aufbauenden Erregungsmuster mit zahlreichen anderen verankerten Erfahrungen abzugleichen. Halten Sie sich dies bei Ihren „weniger pflegeleichten Begegnungen im Büro" vor Augen und die Erfordernis, dass Sie gerade hier mit souveräner Ruhe reagieren.

In den obersten Führungsetagen wird eine hervorragende Impulskontrolle für die Besetzung der gut dotierten Sekretariatsleitung grundsätzlich vorausgesetzt. Ähnlich dem Muskelaufbau eines Sportlers durch wiederholtes Training, lässt sich das schnelle Impulskontroll-Schalten durch die bewusste tägliche Anwendung perfektionieren und Sie sollten gerade diese Eigenschaft auf höchstem Niveau halten.

9.6 Erkennen Sie mit der Maslow-Pyramide Verhaltensmotive

„Erklärung ist alles". Dieser Standardsatz eines Psychologie-Referenten vor ein paar Jahren ist die punktgenaue Schlüsselaussage für die enorm wichtige soziale Kompetenz im Sekretariat. Mit problematischen oder ungewohnten Verhaltensweisen können Sie tatsächlich leichter und professioneller umgehen, sobald Sie die (für die Betroffenen selbst oft unbewussten) Motive zum Verhalten erkannt haben und erklären können.

Die Motivationsstufen eines jeden Menschen wurden vom amerikanischen Psychologen Abraham Maslow 1958 entwickelt und vorgestellt. Danach bilden die menschlichen Bedürfnisse einzelne Stufen einer Pyramide und bauen aufeinander auf:

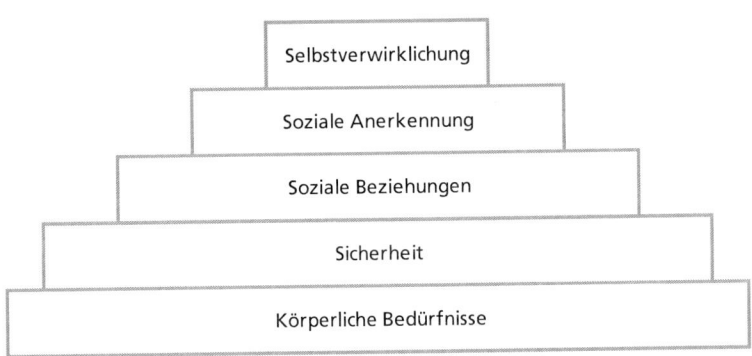

Der Mensch versucht demnach, zuerst die Bedürfnisse der niedrigen Stufen zu befriedigen, bevor die nächsten Stufen Bedeutung erlangen.

1. **Körperliche Grundbedürfnisse.** Atmung, Wärme, Trinken, Essen, Schlaf und Sexualität.

2. **Sicherheit.** Wohnung, fester Arbeitsplatz, Gesetze, Versicherungen, Gesundheit, Ordnung, Religion und Lebensplanung.

3. **Soziale Beziehungen.** Freundeskreis, Partnerschaft, Liebe, Nächstenliebe, Kommunikation und Fürsorge.

4. **Soziale Anerkennung.** Status, Wohlstand, Geld, Macht, Karriere, Sportliche Siege, Auszeichnungen, Statussymbole und Rangfolge.

5. **Selbstverwirklichung.** Individualität, Talententfaltung, Altruismus, Güte, Kunst, Philosophie und Glaube.

Nach der Maslow-Philosophie ist erst nach der Erfüllung der elementaren Defizitbedürfnisse der ersten drei Stufen und teilweise auch der Stufe 4 Raum geschaffen für die eigene Selbstverwirklichung, Stufe 5.

9.7 Konflikte präventiv vermeiden mit Ihrem Talent zur Empathie

Um Konflikte von Anfang an zu vermeiden, ist für Sie die Fähigkeit der Empathie, das Talent, sich in Gedanken, Gefühle und das Weltbild von Mitarbeitern, Chef oder Geschäftspartnern quasi hineinversetzen zu können, eine elementar wichtige Eigenschaft.

Nicht aus Ihrer eigenen Perspektive sollten Sie Aussagen und Verhalten des Anderen verstehen, sondern zuerst seine Motive erkennen und daraus Verständnis ableiten lernen. Dieses Verständnis erklärt ein Verhalten, lässt es auch vorausahnen; es bedeutet aber nicht, dass Sie sich den erkannten Motiven anschließen und diese automatisch gutheißen müssen.

- Sie können Konflikte präventiv vermeiden, wenn Sie die Beweggründe des Anderen, die ein Thema eskalieren lassen würden, aus seiner Perspektive sehen.

- Die Weitergabe der Weisungen Ihres Chefs und Ihre eigenen notwendigen Delegationen kommen effizienter an, wenn Sie den Standpunkt des Empfängers bei Ihrer Formulierung berücksichtigen.

- Sie selbst erkennen bewusster Ihre eigenen Motive und erweitern Ihre emotionale Intelligenz.

- Mit Ihrem Verständnis für unterschiedliche Verhaltensweisen können Sie Lösungsbeiträge in schwierigen Situationen anbieten und Sie werden von Ihrem beruflichen und persönlichen Umfeld als sozial kompetent eingeschätzt.

> Kompetenz in Empathie ist ein Schlüssel zur Vermeidung von Missverständnissen, kann Konflikte bereits im Entstehen eindämmen und bringt Ihnen eine raschere Umsetzung kommunizierter Wünsche.

- Hören Sie aktiv zu, um die Motive zu erfahren.

- Schärfen Sie die Sinneswahrnehmung zur Körpersprache.

- Setzen Sie Ihre eigenen Erfahrungen und Menschenkenntnis ein.

Aktives Zuhören. In Ihrer Unterhaltung geben Sie den Inhalt des Gesagten am besten mit eigenen Worten wieder und sprechen auch an, wie sich der Sprechende fühlt oder gefühlt hat. Richten Sie Ihr Zuhörverhalten voll und ganz auf den Gesprächspartner und äußern keine eigenen Meinungen. Sie sollten das Gemeinte, nicht das Gesagte heraushören.

Vermitteln Sie Ihrem Gesprächspartner, dass seine Sichtweise des Geschilderten bei Ihnen angekommen ist. Bauen Sie eine vertrauensvolle Beziehung auf.

Sinneswahrnehmung. Zur Körpersprache gibt es unzählige Veröffentlichungen, die Ihnen sicher schon Grundkenntnisse vermittelt haben. Wie im Kapitel 4.3 beschrieben, zeigt auch die Stimmhöhe und Sprechgeschwindigkeit viel von der Stimmungslage und Temperamentstypus Ihres Gesprächspartners.

Menschenkenntnis. Menschenkenntnis ist die Summe Ihrer Erfahrung, die Sie in Ihrer Kommunikation mit Ihrem beruflichen und privaten Umfeld gesammelt haben. Je bewusster Sie Merkmale und damit verbundenes Verhalten beachtet und abgespeichert haben und je größer die Anzahl Ihrer Erfahrungsjahre ist, desto besser wird auch Ihre Menschenkenntnis sein. Für Sekretariatspositionen im gehobenen Management werden aus diesen Gründen ausreichende Praxisjahre gerne vorausgesetzt.

9.8 Wie werden Sie einmalig und unverwechselbar?

9.8.1 Ergänzen Sie Ihre Talente mit den richtigen Softskills

Mit Talenten und Instinkten wird man geboren, Ihre Persönlichkeit wird dadurch geprägt. Werden Sie sich Ihrer speziellen Talente bewusst und setzen diese mit gekonnter Marketingstrategie in eigener Sache ein.

Bedenken Sie allerdings, dass die erfolgreichsten Menschen für ihre beispielhafte Position, die Sie im gesellschaftlichen und beruflichen Leben einnehmen, neben ihren unverwechselbaren und einmaligen Talenten auch die passgenauen Softskills, Eigenschaften für die soziale Kompetenz, besitzen. Das heißt, es ist immer ein Ausgleichsmoment für besondere, unverwechselbare Eigenschaften erlernt worden und vorhanden.

> **Zurückhaltend/sachlich und hilfsbereit oder dominant/extrovertiert und fröhlich?**
> Die wichtigste Eigenschaft bei beiden Kombinationen ist die „Und-Eigenschaft".

Haben Sie das Potenzial und die Reife, eine teamfähige, zuvorkommende Kollegin zu sein, dann bleiben Sie das bitte und lassen sich nicht von einer extrovertierten und dominant erscheinenden Kollegin beeinflussen, verunsichern und gar verändern. Denken Sie an die Maslow-Pyramide und die Höchststufe 5, die Sie gerade erklimmen. Bleiben Sie in Ihrer leiseren, altruistischen Art unverwechselbar und authentisch und setzen sich weiter mit unbeirrbarer Sachlichkeit durch.

Die extrovertierte Kollegin mit der dominanten Konstante ist in einer Position, die Durchsetzungsvermögen verlangt, glänzend eingesetzt und sollte ihrer Art treu bleiben. Aber für das reibungslose Koordinieren und Organisieren eines Teams muss sich zu Dominanz und Durchsetzungsstärke eine vertrauensbildende Eigenschaft dazugesellen. Nehmen Sie dafür zum Beispiel unbedingte Offenheit (natürlich im angemessenen geschäftlichen Rahmen) in Ihr Repertoire auf, denn gerade Durchsetzungsfähige laufen schnell Gefahr, arrogant zu wirken. Auch ein wohldosierter Humor wäre eine ausgezeichnete schlichtende „Und-Eigenschaft". Sie sollten sich allerdings nicht krampfhaft daran versuchen. Trainieren Sie stattdessen die Eigenschaft einer angenehmen Fröhlichkeit, die der strengen Endgültigkeit Ihrer Ansagen den Stachel zieht.

9.8.2 Lassen Sie sich von Ihrem Fashion-IQ beraten

Menschen mit Fashion-IQ grenzen sich bewusst von dem Hinterherlaufen neuer Modegags ab und heben sich mit ihrem eigenen, unverwechselbaren Stil ab. Trainieren Sie Ihren so genannten Fashion-IQ und setzen die Mode als Verstärker der eigenen Individualität oder - noch wichtiger - dem Ziel, der Botschaft, wie Sie sein möchten, ein.

- In zurückhaltenden Farbtönen oder im klassischen Hosenanzugsstil kleidet sich frau, um im Konkurrenzkampf unter Männern als gleichwertig anerkannt zu werden.

- Extrovertierte, begeisterungsfähige Frauen, besonders in kreativen Bereichen, können gar nicht anders, als ein bisschen mehr Farbe und Mode in ihre Kleidung zu bringen.

- Kombinieren Sie gern Shirts, Pulli und Jeans, der eigentliche Freizeitlook, demonstrieren Sie Anpassung und das Angebot, auch gerne Routinearbeiten zu übernehmen.

Stellen Sie sich die wichtige Frage:

- Wie möchte ich gerne wirken? Selbstsicher oder autoritär oder kompetent oder kreativ oder teamorientiert?

Betrachten Sie sich anschließend selbstkritisch vor einem Spiegel:

- Welche Botschaft sendet meine Kleidung tatsächlich?

Experten-Tipp:

Fühlen Sie sich in Ihrer jetzigen Position in einer Bank, im Bilanzwesen oder anderen Verwaltungsbereichen nicht sehr wohl, dann verifizieren Sie,

- ob der hier geforderte konservative und zurückhaltende Kleidungsstil tatsächlich Ihr persönlicher „Wohlfühl-Stil" ist

- oder ob Sie als Büro-Outfit eher die modisch unkonventionelle und farbenfreudige Stilrichtung bevorzugen würden.

Fällt Ihnen die Anpassung an den Dresscode Ihres Arbeitsbereiches schwer, dann bleiben Sie nach Möglichkeit lieber authentisch und halten ohne Eile Ausschau nach den passenden Arbeitsgebieten zu Ihrer Individualität, wie beispielsweise der Event- oder Werbebereich oder der Flexibilität fordernde Vertriebsbereich, die Ihnen Akzeptanz und Entfaltungsmöglichkeit bieten. Zögern Sie nicht, denn mehr Flexibilität, unkonventioneller Einsatz und Engagement bedeutet meist auch mehr Einkommen.

9.9 Was Ihr Chef von Ihnen erwartet

Mit einer kurzen Zusammenfassung lässt sich glänzend darstellen, wie der Idealzustand in der Zusammenarbeit, ob zwischen Chef und Assistentin/Sekretarin, aber auch in jeder anderen Arbeitsgruppe, aussieht:

Die besten „Winning Teams" sind die sich menschlich und fachlich glänzend ergänzenden Partner, die mit gegenseitigem Respekt miteinander umgehen!

Ein Umfrageinstitut wollte es genau wissen und startete bei den Führungskräften der deutschen Wirtschaft eine anonyme Umfrage „Welche Eigenschaft ist Ihnen bei Ihrer Sekretärin am wichtigsten und unverzichtbar?".

Als wichtigste Eigenschaft, die Chefs im Sekretariat erwarten, wurde „die Zuverlässigkeit" ermittelt.

Nicht ganz überraschend wurde die wichtige fachliche Zuverlässigkeit je höher die Position umso selbstverständlicher vorausgesetzt. Die meisten Chefs stellen sich allerdings die zuverlässige „Rund-um-Versorgung", die Verlässlichkeit auf persönliches Engagement und Verantwortungsübernahme, vor. Die unterschiedlichen Chefpersönlichkeiten (siehe Seite 283) hegen dabei höchst differenzierte Vorstellungen, die Sie vielleicht bisher nicht geahnt haben und sich daher immer wieder wunderten über unerklärliche disharmonische Stimmungen zwischen Ihnen und Ihrem Chef.

Klären Sie die Schwerpunkte der „Rund-um-Versorgung" ab. Stecken Sie gemeinsam klar Ihr Aufgabengebiet, aber auch Ihre Kompetenzen, ab und vereinbaren bei drohender Überlastung, dass die Übernahme wichtiger Zusatz-Aufgaben nur mit dem Wegfall anderer Tätigkeiten einhergehen kann. Grenzen Sie deutlich ab, welche Aufgabenpakete Sie aus Kapazitätsgründen nicht in Ihre „Rund-um-Versorgung" übernehmen können.

> **Am zweithäufigsten wurde „die passende Chemie" genannt.**

Was Chefs oft selbst nicht wissen: Sie schätzen an ihrer engsten Mitarbeiterin genau die Eigenschaft, die bei ihren eigenen vielfältigen Talenten ein wenig zu kurz gekommen ist. Dann ist es auch ein Leichtes, gegenseitigen Respekt einzubringen.

Ein Choleriker möchte mit einer liebenswürdigen und geduldigen Fachfrau zusammenarbeiten, ein introvertiertes Technikgenie überlässt mit Freuden die Kontaktaufgaben seiner extrovertierten Mitarbeiterin, ein zahlenorientierter Chef erwartet von Ihnen brillante Textformulierungen für seine Briefe, ein chaotisch organisierter Chef will sich auf Ihren Ordnungssinn verlassen und wird sich seiner „kreativen Unordnung" und der Fehlbesetzung seines Sekretariats erst dann bewusst, wenn Sie ihm nicht mehr blitzartig Unterlagen reichen können.

9.10 Der gekonnte Umgang mit unterschiedlichen Chefpersönlichkeiten

Sie würden heute Ihren Chef mal wieder am liebsten „zum Mond schießen" oder ihm noch wesentlich Schlimmeres wünschen,

weil seine spontanen Einfälle Ihre Zeitplanung nivellieren, eine Entscheidung trotz fortgeschrittener Vorbereitungen kurzerhand um 100 Grad verändert wird,

seine Temperamentausbrüche Ihren Blutdruck zum Kochen bringen,

kurz vor dem Meeting Ihre Analyse noch mehr Details erhalten muss?

In diesem Moment sollten Sie einfach nur an seine allerbesten Eigenschaften denken.

Denn die meisten Chefpersönlichkeiten haben glänzende, wenn auch gelegentlich ungewöhnliche Talente. Leider sind sie oftmals gepaart mit unangenehmen Begleiterscheinungen und Ihre persönliche Impulskontrolle muss auf Hochtouren laufen, um „Schlimmeres zu verhindern".

Lernen Sie die Zusammenhänge, warum Chefs zuweilen „unausstehlich" wirken und entwickeln Sie aus dieser Erkenntnis die richtige Strategie, trotzdem mit ihm zusammen ein „Winning-Team" zu werden.

9.10.1 Der autoritäre Machtmensch - Der gefürchtete, unberechenbare Chef

Ein solcher Chef hat immer Recht und duldet keine andere Meinung. Konflikte werden strategisch genutzt, seine Entscheidungen durchzusetzen und Macht auszubauen. So vergibt er gern die identisch gleiche Aufgabe an zwei verschiedene Mitarbeiter, um sie gegeneinander in Konkurrenz zu setzen.

Er hat ein ausgesprochenes Freiheits- und Veränderungsstreben. Daher wird vieles völlig anders und neu, aber immer nach seinen persönlichen Vorstellungen. Er stellt hohe Ansprüche an die Einhaltung seiner Anordnungen. Kreative Mitarbeiter behindern sein Ziel, die Welt um sich herum genau nach seiner eigenen Idee zu formen und werden mit jähzornigen Ausbrüchen bedacht. Jedoch kann auch die genaue Ausführung vernichtend beurteilt werden, wenn er in der Zwischenzeit spontan seine Ideen noch mal geändert hat.

Der autoritäre Machtmensch hat wenig soziale Kompetenz, da es ihm an der Fähigkeit fehlt, andere Menschen empathisch einzuschätzen.

Seine guten Seiten:

In Berufsbereichen mit groben Tätigkeiten oder bei unselbständigen Mitarbeitern ist seine Aggression überzeugend und sein Imponiergehabe durchaus von Vorteil und treibt zu mehr Leistung an. Sie selbst werden lernen, dass kritisches Hinterfragen vor Ihren eigenen Aussagen und Handlungen von Vorteil sein kann.

Er ist ideenreich und in seiner Umgebung ist immer der Puls der Zeit. Da er sich nur mit dem Besten, was das Leben zu bieten hat, umgibt, werden Sie und das Ambiente Ihres Büros vorbildlich ausgestattet.

Mit ihm als Chef ersparen Sie sich gegenüber den Mitarbeitern Überzeugungsarbeit und Wartezeit beim Erfüllen Ihrer Wünsche.

Ihr Erfolgsrezept:

Beißen Sie sich durch die Anfangszeit durch, bleiben Sie konziliant und schaffen Vertrauen, indem Sie sich nicht von ihm provozieren lassen. Arbeiten Sie nach seiner genauen Anweisung und erlauben sich keinerlei Abweichungen. Für Änderungswünsche müssen Sie erst den strategischen Hintergrund seiner Weisung eruieren und danach vorsichtig die Verträglichkeiten abklopfen. Es ist geboten, dass Sie Ihre empathischen Fähigkeiten zur absoluten Höchstform entwickeln, um seine Reaktionen ganz genau abschätzen zu können.

Sollten Sie den „Break" nicht schaffen und zudem ein sehr selbständiger und kreativer Mensch sein, ziehen Sie die Konsequenz und halten Ausschau nach einem anderen Chef, der genau diese wertvollen Eigenschaften schätzt!

9.10.2 Der Choleriker - Der lebhafte, spontane Chef

Choleriker sind Gefühlsmenschen, jedoch gepaart mit Spontanität, Unbeherrschtheit und Jähzorn. Der Choleriker hält sich nicht zurück, seinen Aggressionen freien Lauf zu lassen und kämpft erbittert um jedes Ziel, das er sich gesetzt hat.

Reich an Energien, ist er meistens ein Workaholiker und äußerst ungeduldig. Er nimmt nur in geringem Maß Rücksicht auf die Bedürfnisse seiner Mitarbeiter und spornt sie unermüdlich zu Höchstleistungen an. Kompetente Mitarbeiter allerdings ziehen aus der Bevormundung und dem Mangel an Feedback zu ihrer Leistung die Konsequenz und wechseln zu einem anderen Bereich. Der Choleriker hat daher in seinem Mitarbeiterstamm eine hohe Fluktuation.

Seine guten Seiten

Seine Stärke ist die emotionale Direktheit, die ihm Glaubwürdigkeit verleiht. Er ist hundertprozentig verlässlich. Seine mitunter humorvolle Seite baut emotionale Schranken ab.

Ihr Erfolgsrezept:

Gehen Sie auf sein Wesen emotional ein und zeigen Verständnis. Bauen Sie Vertrauen auf und setzen Ihren Charme ein. Versuchen Sie Ihre Vorschläge nicht sofort durchzusetzen, sondern nach und nach und mit Humor, der bei den meisten Cholerikern gut ankommt. Verbinden Sie auch Ihre sachlichen Argumente gegen seine spontanen, nicht zielführenden Anweisungen mit einem Lächeln. Bieten Sie ihm keine Angriffsfläche, um ihm keine Bühne für seinen Auftritt zu geben.

Gehört Ihr cholerischer Chef zu den unangenehmen Schreihälsen und schlägt brüllend auf den Tisch, bleiben Sie aufrecht sitzen und halten Blickkontakt, keinesfalls nach unten schauen als Schuldeingeständnis! Als letzte Maßnahme verlassen Sie einfach den Raum, weil sich Mitarbeiter nicht anschreien lassen müssen.

9.10.3 Der Ausbeuter - Der stoische, souveräne Chef

Neue Projekte werden mit bewundernswerter Gelassenheit übernommen, obwohl er bereits ein überdurchschnittliches Arbeitspensum absolviert. Er sitzt jeden Tag bis spät in den Abend an seinem Schreibtisch und reist an manchen Tagen bereits um 4:00 Uhr zu einer mehrtägigen Sitzung mit langem Abendprogramm. Er ist ein optimistisches Multitasking-Talent: Fragen klärt er telefonisch während seiner Fahrt auf der Autobahn, bearbeitet seine E-Mails während Sitzungen und hält mit geringster Vorbereitung umfangreiche Workshops zur Einstimmung seiner Mitarbeiter auf neue, zusätzliche Aufgaben.

Rücksicht auf die Arbeitsüberlastung seiner Mitarbeiter nimmt er nicht. Er bindet sie immer mehr in seine Projekte ein und deckt sie mit unzähligen, meist kurzfristigen Terminen und Detailarbeit ein. Da er selbst eine stoische Reizschwelle hat, nimmt er das Übermaß seiner Aufgaben gelassen hin und setzt das Gleiche bei seinen überforderten Mitarbeitern voraus. Gute Mitarbeiter werden zunehmend ausgebeutet.

Seine guten Seiten

Seine Stärke ist sein ausgeglichenes Wesen, so dass Hektik und Ärger in seinem Umfeld fast ausgeschlossen sind. Er beherrscht sein Arbeitsgebiet perfekt und hat ein glänzendes Gedächtnis für die Details in all seinen Projekten. Für die Probleme seiner Mitarbeiter nimmt er sich auch dann Zeit, wenn er eigentlich keine hat.

Sie werden sehr in sein Arbeitsgebiet einbezogen, erhalten ein ausgezeichnetes Hintergrundwissen und können enorm dazulernen. Halten Sie die Arbeitsbelastung einige Jahre erfolgreich durch, wird man Sie bei der Besetzung höchster Positionen in Ihrer Gesellschaft mit Sicherheit nicht übersehen.

Ihr Erfolgsrezept:

Auch wenn ein arbeitsfreudiger Chef imponiert: grenzen Sie sich ab, sobald Ihre Kapazitätsgrenze erreicht ist, bevor Ihr Gesundheitszustand ruiniert ist. Lassen Sie dabei kein schlechtes Gewissen aufkommen und schalten stattdessen coolen Verstand ein.

Listen Sie die wesentlichen Projekte auf und vereinbaren mit ihm, welche nicht so wichtigen Routinetätigkeiten von einem anderen Bereich übernommen werden können oder ganz entfallen sollten.

Eröffnen Sie das Gespräch damit, dass Sie ihn auch weiterhin gerne voll unterstützen möchten und das Arbeitsgebiet hoch interessant ist, aber Ihr „persönlicher Arbeitsspeicher Alarm blinkt". Vergleichen Sie vor dem Gespräch unbedingt Ihre Stellenbeschreibung mit den veränderten und vermehrten Aufgaben und versuchen geschickt, ein höheres Gehalt oder eine andere Sonderleistung zu verhandeln.

9.10.4 Der Kontrollierer - Der zwanghafte Chef

Er ist selbstkontrolliert, wenig spontan, klebt an Traditionen und hat das Bedürfnis, dass alles sich in geordneten Bahnen bewegt. Gesetze hat er verinnerlicht und achtet streng auf deren Einhaltung. Seine Schreibtischfläche verrät nie den Hauch einer Unordnung und er erwartet das Gleiche von seinen Mitarbeitern. Seine Ordnungsziele interessieren ihn mehr, als der erreichte Zustand, den er „als Kopfmensch" nie so recht genießen kann, denn das Unterdrücken der Emotionen erstickt bei ihm die wichtige Lebensfreude. Seine Arbeitsmotivation ist die Angst, ohne Kontrolle dem Chaos zu verfallen. In der Mitarbeiterführung ist er sehr sachlich und spart an motivierenden Reaktionen wie Lob und soziale Bestätigung.

Seine guten Seiten

Mit seinem Fleiß und seiner Zielstrebigkeit hat er ein exzellentes Wissen zu seinem Arbeitsgebiet und sichert als gesuchter Leistungsträger in der richtigen Branche seine Position hervorragend ab. Er arbeitet planvoll und hat ein äußerst verlässliches selbstbeherrschtes Verhalten. So wird er Sie weder mit Ad-hoc-Aktionen, wie hektisches Aktensuchen oder Änderungen in letzter Minute noch mit Gefühlsausbrüchen überraschen.

Ihr Erfolgsrezept:

Machen Sie Ihre Veranlassungen transparent und geben ihm Zwischeninformationen. Da er dazu neigt, wenig zu delegieren, lernen Sie wenig aus seinem Arbeitsgebiet. Passen Sie sich seinem fleißigen Arbeitsstil an und bauen mit hoch-korrekter Detailarbeit sein Vertrauen auf. Vereinbaren Sie alle Aktivitäten vorher mit ihm und besprechen, welche wichtige Zuarbeit Sie übernehmen könnten. Setzen Sie auf eine entspannte Atmosphäre in Ihrem Büro, um sein Defizit in der Mitarbeiterführung auszugleichen.

9.10.5 Der Kreative - Der überaktive, extrovertierte Chef

Seine revolutionären technischen, effizienten kaufmännischen oder genialen Marketing-Ideen fallen dem Kreativen nicht nur während eines Workshops oder in seinem Büro ein, sondern auch beim Oktoberfest, beim Sport und beim Familienkaffee. Allein hält der extrovertierte Chef sich sowieso fast nie auf, da er leidenschaftlich gerne kommuniziert, um andere zu überzeugen und um möglichst oft positives Feedback zu erhalten. Meist ist der überaktive extrovertierte Chef von bewundernswerter Schlankheit, weil seine geistige und körperliche Ruhelosigkeit auf all seine verfügbaren Energiequellen zurückgreift. Alles was möglich ist, wird spontan ausprobiert. Neue Gedanken werden sofort und primär auf die Zielführung beleuchtet und die Umsetzung an Teams delegiert. Er liebt es zu investieren, in Menschen und in Kapital. Er ist spontan, hoch motiviert, emotional engagiert und bringt sich selbst in größten Zeit- und Arbeitsdruck.

Seine guten Seiten

Haben Sie selbst Ideen, ist er der beste Befürworter und unterstützt Sie. Möchten Sie Ihre Büroeinrichtung modernisieren, ein neues Softwareprogramm installieren? Er genehmigt es mit Freuden. Wollen Sie ein eigenes Team gründen, einen Weiterbildungskursus besuchen, je mehr desto besser. Denn er betrachtet andere Ideenschmiede in seinem Bereich nicht als Konkurrenten, sondern fördert sie.

Ihr Erfolgsrezept

Da er ein nervöser Hektiker sein kann, ist Ihr ruhiges, sachliches Wesen der Schlüssel für eine hervorragende und vertrauensvolle Zusammenarbeit. Detailarbeit ist für den mit tausenden Ideen beschäftigten Kreativen eine Zumutung, daher können Sie Punkte sammeln mit einer äußerst gewissenhaften und detaillierten Zuarbeit und „Nacharbeit"! Organisieren Sie seinen Tagesablauf immer mit kleinen Pausen dazwischen, um eine Regeneration und ein nochmaliges Reflektieren seine Blitzgedanken anzubieten.

Legen Sie ihm in dieser Zeit Ihre Ausarbeitung für das bevorstehende Meeting vor. Er wird Ihnen dankbar sein, wenn Sie sein Engagement teilen und ehrliche Anerkennung für seine Arbeit äußern! Sie können damit ein leistungsstarkes Winning-Team werden.

Schlussbemerkung

Sekretärin oder Assistentin oder Organisationsmanagerin?

Die Berufsbezeichnungen „Sekretärin" und „Assistentin" sind rechtlich nicht geschützt, obwohl es für beide Titel mehrjährige qualifizierte Ausbildungen und umfangreiche Prüfungen mit Zertifikat vor Handelskammern oder Sekretärinnenverbänden gibt. Die Unterscheidung zwischen der Sekretärinnen- und Assistentinnen-Tätigkeit wäre relativ gut zu beschreiben:

Die **Sekretärin** übernimmt Schwerpunkt-Tätigkeiten, die ein **Chef selbst nie ausübt**:

Eingangspost	öffnen und stempeln
E-Mails des Chefs	sporadisch lesen ohne weitere Rückfrage
Telefonanrufe	mit Chef verbinden
Termine	verwalten
Eigene Projekte	keine
Datenmanagement	Zahlen aus Datenbanken übertragen
Texte	nach Vorlage schreiben
Bewirten	
Büromaterial bevorraten	

Assistentinnen übernehmen hauptsächlich Tätigkeiten, die ein **Chef sonst selbst übernimmt**:

Eingangspost	besprechen und weiterbearbeiten
E-Mails des Chefs	beantworten, weiterleiten, besprechen
Telefonanrufe	fachliche Fragen selbst bearbeiten
Termine	proaktiv vereinbaren
Eigene Projekte	z.B. Eventorganisation, Organisationsprojekte
Datenmanagement	Zahlen nach Datenbank-Übertragung analysieren mit eigenen Bewertungen (Texte oder Diagramme)
Texte	selbst entwerfen, abstimmen und verbreiten
Entscheidungen	zwischen konträren Meinungen koordinieren und entscheiden
Initiativen	empfehlen und Aktionen einleiten

In diesem Sinne nicht ganz korrekt, wird in der Praxis auch eine klassische Sekretärinnentätigkeit, die jedoch mit hohem loyalen und zuverlässigen Verhalten verbunden ist, mit der Berufsbezeichnung Assistentin abgebildet.

Angepasst an die veränderte Arbeitswelt und die Ausweitung der bisherigen Aufgabengebiete spricht man heute auch von der „Second-Managerin", der Führung im Hintergrund.

Als Novum stellt sich die Berufsbezeichnung **„Organisationsmanagerin"** vor, ein Begriff, der die strategische Gewichtung der Tätigkeit verdeutlicht und sich zum veralteten Bild der bisherigen Sekretärin klar abgrenzt.

Die **Organisationsmanagerin** übernimmt selbständig und voll verantwortlich **Entscheidungsaufgaben** des Chefs.

Sie ist in hohem Maße mit dem Aufgabengebiet ihres Chefs vertraut, kennt die Unternehmensziele, die betrieblichen Kennzahlen sowie die aktuellen gesetzlichen und steuerlichen Vorgaben.

Termine	den kompletten Arbeitstag des Chefs planen und steuern, sowohl zeitlich als auch prioritätsorientiert
Eigene Projekte	für betriebliche und imagepflegende Firmenevents Gestaltungsideen liefern und die Veranstaltungen intern und mit externen Partnern organisieren
Datenmanagement	vor Sitzungen den aktuellen Projektstatus präsentieren und entscheidungsrelevante Daten vorlegen
Entscheidungen	innerbetriebliche Anträge und externe Rechnungen bis zu einer definierten Höhe prüfen, begründet ablehnen oder genehmigen; für den eigenen Bereich Lieferanten selektieren und Konditionen verhandeln.
Initiativen	Verbesserungen zu betrieblichen Abläufen und in der Arbeitsorganisation vorschlagen

Buch-Empfehlungen:

„LOTUS NOTES- und IT-Anwendung für Sekretariat, Assistenz und Management"

von Gabriele Ried-Hertlein

EduMedia Verlag

ISBN 978-3-86718-401-4

„Briefe nach Norm - DIN 5008 Neu"

Ernst Vögel Verlag

ISBN 978-3-87938-118-0

„Die besten Tagungshotels in Deutschland"

GABAL Verlag

ISBN 978-3-89749-496-1

„Ausgewählte Tagungshotels zum Wohlfühlen"

Freizeit-Verlag Landsberg GmbH

ISBN 978-3-931415-17-4

„Schüller's Tagungsplaner.de"

K. Schüller Verlag

ISBN 978-3-9809986-4-2

Anhang IT-Wissen

Problembehebung in der Praxis mit den MS-Office-Programmen

Praktische Tipps zu Word

Aufgabe	Schritte	Ergebnis
Mehrseitige Dokumente papiersparend drucken.	Menüleiste: **Datei** > Drucken > Zoom > 2 Seiten auf 1 Blatt	Sie halbieren den Papierverbrauch, indem Sie 2 Seiten auf 1 Blatt ausdrucken.
An den Anfang eines Dokumentes springen.	**Strg. + Pos 1**	Der Curser springt zum Textanfang.
An das Ende eines Dokumentes springen	**Strg + Ende**	Der Curser springt zum Textende.
Eine lange Zeilenkolonne bis zu einer definierten Stelle schnell markieren (zum anschließenden Löschen, Kopieren, Verschieben).	Das erste Wort der ersten Zeile markieren, halten und dabei gleichzeitig die **Feststelltaste** drücken. In dieser Haltung das letzte Wort der Spalte anklicken. Zur weiteren Bearbeitung (z.B. Löschen) in dieser Haltung die **rechte Maustaste** drücken und mit **linker Maustaste** Aktion auswählen.	Die komplette Spalte ist markiert für die weitere Bearbeitung (bei allen langen Auflistungen, z.B. im Datenspeicher oder in Datenbanken anwendbar).
Excel-Tabelle in Word kopieren.	Excel-Tabelle markieren Menüleiste: **Kopieren** In Word Einfügestelle markieren Menüleiste: **Datei** > Inhalte einfügen > Excel Format	Sie setzen den Excel-Auszug direkt in Ihr Word-Dokument und können durch Klicken am Rahmen um die Excel-Tabelle den Bereich größenmäßig beliebig an das Word-Dokument anpassen.

Aufgabe	Schritte	Ergebnis
Einen bestimmten Begriff in einem Text suchen.	In der rechten unteren Ecke des Bildschirms auf den kleinen Kreis zwischen den Pfeilsymbolen drücken. Dann auf das Pfeil-Zeichen drücken und bei „**Suchen**" den Suchbegriff angeben.	Der Curser springt dann auf das gesuchte Wort.
Textanfang / Überschriften auch bei mehrseitigen Dokumenten sehen.	Menüleiste: **Fenster** > Teilen Es erscheint in der Mitte des Bildschirms ein beweglicher Balken. Schieben Sie ihn an das Ende der Überschriftenzeile und bestätigen mit **Enter**. Um die Teilung rückgängig zu machen, klicken Sie im Menü auf **Tabelle** > Teilung beenden.	Ihr Überschriftenfeld ist mit einem zweiten Zeilenlineal in Ihrer Bildschirmansicht abgetrennt. Sie schreiben in der unteren Hälfte weiter, während Ihnen die Überschriftendarstellung im zweiten Fenster erhalten geblieben ist.
Keine automatische Einrückung: Ihre manuell gesetzte Texteinrückung mit Aufzählungsstrich wird vom Word-System, sobald Sie einen Absatz setzen, automatisch ein Stück weiter eingerückt.	Menüleiste: **Extras** > Autokorrektur-Optionen > Register > Autoformat während der Eingabe Entfernen Sie dort das Häkchen bei „**Automatische Aufzählung**". Bei mehrzeiligem Text nach einer Einrückung geben Sie am Ende des Textes die Tastenkombination **STRG + T** ein.	So haben Sie die Voreinstellung im Word-System ausgeschaltet und Ihre Einrückungen und Aufzählungsstriche bleiben unverändert untereinander.

Aufgabe	Schritte	Ergebnis
Keine automatische Nummerierung: Sobald Sie im Text nach der 1. Nummerierung (1. TAB und Text) einen Absatz setzen, erscheint automatisch am Zeilenanfang die 2. Zahl der Nummerierung (2. TAB).	Menüleiste: **Extras** > Autokorrektur-Optionen > Register > Autoformat während der Eingabe Entfernen Sie dort das Häkchen bei „**Automatische Nummerierung**".	So haben Sie die Voreinstellung im Word-System ausgeschaltet und können Ihre Nummerierungen individuell setzen.
In eine neue oder bestehende Zieldatei mehrere Textpassagen aus anderen Word-Dateien einfügen.	Die Zieldatei anlegen und direkt alle Dateien öffnen. Menüleiste: **Fenster** > Nebeneinander vergleichen	Nur die Zieldatei ist sichtbar, die geöffneten Dateien werden auf dem Bildschirm nicht sichtbar hintereinander gelegt. Die Zieldatei und die Dateien sind nun in verkleinerter Ansicht auf Ihrem Bildschirm zu sehen. Sie können mit „**Copy**" und „**Paste**" der Reihe nach die Textpassagen in die Zieldatei einfügen.
Hyperlink „www.xyz.de" nicht hervorgehoben, sondern als normalen Text „www.xyz.de" schreiben.	Menüleiste: **Format** > Formatvorlagen Wählen Sie aus den alphabetischen Vorschlägen „**Hyperlink**" und klicken den kleinen Pfeil rechts an. Über „**Ändern**" stellen Sie die Schrift auf „**automatisch**" und „**nicht unterstrichen**" ein.	Die Link-Hinweise fügen sich als Fließtext in das Dokument ein und werden nicht ungewollt hervorgehoben.

Kleine Tricks bei Excel

Aufgabe	Schritte	Ergebnis
Mehrseitige Dokumente papiersparend drucken.	Menüleiste: **Datei** > Drucken > Handzettel > 2 Seiten auf 1 Blatt	Sie halbieren den Papierverbrauch, indem Sie 2 Seiten auf 1 Blatt ausdrucken.
Auf 1 Seite reduzierte Seite lässt einen großen rechten Rand frei und die Schrift wird dadurch zu klein.	In der Seitenansicht auf Ränder klicken. Evtl. ist eine lange Überschrift in einer Spalte unterdrückt worden. Oben die Spalte breiter ziehen, damit der Text wieder vollständig zu sehen ist.	Das Platz-Wiederherstellen für einen ausgeblendeten langen Text innerhalb einer Spalte eliminiert den nicht gewünschten zu breiten rechten Rand. Die Schrift für das gesamte Dokument kann damit größer und besser lesbar werden.
Auf 1 Seite reduzierte Seite lässt unten am Blattende einen großen Rand frei und die Schrift wird dadurch zu klein.	Sie haben die Zeilenentfernung falsch durchgeführt: **Format** > Zeile > ausblenden Alle, auch die ausgeblendeten Zeilen, werden bei der Platzberechnung noch mitgerechnet. Besser: Zeile markieren Menüleiste: **Bearbeiten** > Zelle löschen Wie finden Sie die ausgeblendeten Zeilen? Legen Sie für alle Zeilen eine etwas höhere Zeilenhöhe fest.	Text wird zur Blattgröße ohne großen Rand am Blattende aufgeteilt. Nun erscheinen auch die ausgeblendeten Zeilen wieder.
Excel-Blatt in der gleichen Formatierung in eine neue Excel-Datei kopieren, auf ein neues Arbeitsblatt.	**Ursprungsdatei** markieren, Kopieren **Neue Datei:** Einfügen > Tabellenblatt > Bearbeiten > Inhalte einfügen (anstelle nur einfügen)	Die Formatierung (Zeilen, Schrittgröße, Farbhinterlegung) wird identisch zur Quellendatei in die Zieldatei kopiert.

Aufgabe	Schritte	Ergebnis
In eine neue oder bestehende Zieldatei mehrere Textpassagen aus anderen Word-Dateien einfügen.	Die Zieldatei anlegen und direkt alle Dateien öffnen. Menüleiste: **Fenster >** Nebeneinander vergleichen	Nur die Zieldatei ist sichtbar, die geöffneten Dateien werden auf dem Bildschirm nicht sichtbar hintereinandergelegt. Die Zieldatei und die Dateien sind nun in verkleinerter Ansicht auf Ihrem Bildschirm zu sehen. Sie können mit „**Copy**" und „**Paste**" der Reihe nach die Textpassagen in die Zieldatei einfügen.
Überschriften einer Tabelle festhalten, um auch am Ende einer Tabelle die Daten zur Überschrift zuordnen zu können.	Den Curser auf die Zeile nach der Überschriftszeile setzen. Menüleiste: **Fenster >** Fenster fixieren	Die Bildschirmansicht halbiert sich horizontal, so dass die Überschriftszeile im oberen Feld feststeht und das untere Feld zur Bearbeitung aufgerollt wird.
Eine Spalte mit Zeilenumbruch definieren.	Menüleiste: **Format >** Zelle > Ausrichtung > Zeilenumbruch	Sie können innerhalb der Spalte zwei- oder mehrzeilig schreiben, mit dem Absatzzeichen bleiben Sie in Ihrer Spalte.
Gleiche Formel in allen Zeilen einer Spalte mit einem einzigen Doppelklick.	Geben Sie in der 1. Zeile der Spalte die Formel ein und bestätigen mit **Enter**, damit das Ergebnis in die Zelle eingefügt wird. Fahren Sie über diese ausgefüllte Zelle, bis Sie am rechten unteren Rand ein schwarzes Kreuz sehen und klicken doppelt darauf.	Mit dem Doppelklick auf die rechte untere Ecke der Zelle erscheint in allen folgenden Zeilen dieser Spalte das mit der gleichen Formel jeweils ermittelte Rechenergebnis.

Zeichen für Rechenoperationen			
Multiplizieren	+	Dividieren	/
Subtrahieren	-	von ... bis ...	:

Begriffe aus dem IT-Bereich

Account
Bezeichnung für die Regelung der Zugangsberechtigung zu einem Netzwerk oder einer Mailbox. Ein Account enthält den Benutzernamen und das Passwort.

ASCII (American Standard Code for Information Interchange)
ASCII ist ein Dateiformat, das Zeichen, z.B. Buchstaben im Binärcode darstellt (durch 0 und 1) und keine Text-Formatierungen enthält und daher zwischen unterschiedlichen Betriebssystemen und Programmen übertragbar ist. Daher wird ASCII universell für den Datenaustausch zwischen Computern eingesetzt.

Bit (Binary digit)
Binäre Ziffer, kleinste Informationseinheit in der Computertechnik. Ein Bit kann lediglich die Werte 0 und 1 annehmen, was den grundlegenden Zuständen eines Stromschalters entspricht: 0 für Aus, 1 für Ein.

Bit-Rate / bps
Maßzahl für die Geschwindigkeit, mit der Daten übertragen werden. Maßeinheit sind Bits pro Sekunde (bps).

Blog
Blog ist die Kurzform von Weblog und setzt sich aus Web für Netz und Log für Tagebuch zusammen.

Als Online-Tagebuch auf der eigenen Homepage (chronologische Schilderung einer definierten Autorengruppe oder eines einzelnen Autors zu einer aktuellen Geschichte) oder als Meinungsplattform über ein Internetforum (ein Autor schreibt einen Beitrag zu einem neuen Thema, der anschließend öffentlich, von unterschiedlichen Lesern, meist anonym, kommentiert wird). Die Schilderungen bzw. Kommentare werden nacheinander tagebuchartig mit Datum und Uhrzeit chronologisch gezeigt.

Byte
Maßangabe für die Datenmenge. Acht Bits werden zu einem Byte zusammengefasst, höhere Mengen werden in Kilobytes, Megabytes, usw. ausgedrückt.

Bluetooth
Drahtlose Kommunikation zwischen Endgeräten in einer Entfernung bis zu 10 Metern via Funk (beseitigt Kabelansammlung zwischen Computern, Telefonen und Peripheriegeräten).

Bookmarks (Lesezeichen)
Das Setzen eines Lesezeichens (Anlegen eines Icons) auf eine gerade besuchte Internetseite oder Datenbank, um diese zu speichern und mit einem Klick später wieder direkt mit dieser Quelle verbunden zu werden.

Browser
Programm, um die Internetseiten lesen zu können, z.B. Microsoft Internet Explorer.

Cookies
Cookies sind Erkennungszeichen und Informationen, die ein Website-Server auf Ihrem Computer speichert, damit dieser Server Ihren Computer bei jedem erneuten Besuch der Website erkennen kann. Cookies ermöglichen es dem Server der besuchten Website, die Anzahl Ihrer Besuche und Links zu weiteren Seiten zu erfassen und Ihr Interesse am Inhalt der Website abzuleiten. Produktanbieter verwenden Cookies, um potenzielle Kunden zu finden.

Ein Cookie kann keine Daten von der Festplatte Ihres Computers ausspionieren oder Computerviren verbreiten. Allerdings kann der Anbieter, sobald Sie ihm Adressangaben, wie z.B. die E-Mail-Adresse, nennen, gezielt Werbung an Sie senden.

Auf jedem PC können nur eine bestimmte Anzahl Cookies verwaltet werden, alte Einträge werden durch neue ersetzt. Sie können die Cookies auf Ihrer Festplatte von Zeit zu Zeit löschen.

E-Reader
Tragbare Bibliothek für elektronische Bücher, Zeitschriften, Zeitungen. Per WiFi oder Mobilfunk werden die Inhalte vom Internet übertragen.

GB (Gigabyte)
1 GB sind dezimal 1.000 MB, binär 1.073.741.824 Byte.

Homepage
Eingangsseite, meist in der Funktion eines Inhaltsverzeichnisses, einer kompletten Web-Site.

HTML (Hypertext Markup Language)
Formatierungssprache, mit der die Anordnung und Darstellung von Texten, Bildern, Videos usw. auf einer Webseite festgelegt werden und die von einem Browser interpretiert werden kann.

Hyperlink oder Link
Eine hervorgehobene Text- oder Bildstelle, die beim Anklicken eine Verbindung zu einem anderen Dokument herstellt. Hyperlink wird meist mit Link abgekürzt.

Icon
Ein grafisches Symbol, das beim Anklicken den Zugang zu einer Datensammlung oder zu einem Programm aktiviert.

IP (Internet-Protocol)

Dieses Protokoll definiert die Regeln, nach denen die unterschiedlichen Computer miteinander kommunizieren. Das IP wird von den Routern benutzt, um den Weg festzulegen, den eine Information durch das Netzwerk zurücklegen soll. Auf jedem transportierten Datenpaket ist deshalb die IP-Adresse des sendenden und empfangenden Computers vermerkt.

IP-Adresse

Jeder Computer, der ans Internet angeschlossen ist, erhält eine eindeutig identifizierbare Adresse. Diese IP-Adresse besteht aus 4 Ziffernfolgen, die jeweils durch einen Punkt getrennt werden: 104.325.402.49.

iPad

Lese- und Arbeitsgerät mit zwei Kameras der Firma Apple in A5-Größe, ohne USB-Anschlüsse, Keyboard und Mouse, das per Touchscreen und eingeblendeter Software-Tastatur gesteuert wird. Über drahtlose Internetverbindung (WiFi oder UMTS) können von einer eigenen Internet-Handelsplattform (Apple Store) Bücher, Zeitungen, Zeitschriften oder direkt aus dem Web alle URLs geladen und gelesen werden. Videos, Musik und eine reduzierte Office-Anwendung stehen zur Verfügung. Betriebsbereit in wenigen Sekunden, Update-Wartezeiten und die Installation eines Securitysystems entfallen, Prints sind über WLAN-Drucker möglich. Im Batteriebetrieb beträgt die Nutzungszeit 10 Stunden.

iPhone

Smartphone (Mobiltelefon, Digitalkamera, Internetzugang), das weitgehend per Bildschirmberührung (Touchscreen) mit mehreren Fingern gleichzeitig bedient werden kann.

ISDN (Integrated Services Digital Network)

Standard der Telekommunikationsgesellschaften zur digitalen Sprach- und Datenübertragung. ISDN besitzt im Vergleich zur analogen Übertragung eine höhere Datentransferrate (64.000 bps / bits per second). Ferner ermöglicht es die gleichzeitige Nutzung von PC, Telefon und Telefax.

JPEG (Joint Photographic Experts Group)

(Tschäipeg ausgesprochen) Ist ein im Internet weit verbreitetes Grafik-Format zur Bildkomprimierung. Ein Kompressions-Algorithmus speichert große Bilder bei guter Qualität in relativ kleine Dateien.

Junk Mail

Bezeichnet unerwünschte Werbung per E-Mail.

KB (Kilobyte)

1 KB sind dezimal 1.000 Byte, binär 1.024 Byte.

LAN (Local Area Network)
Lokales Netzwerk; Service wird begrenzt auf ein bestimmtes Gebiet, Areal oder Gebäude.

MB (Megabyte)
1 MB sind dezimal 1.000 KB, binär 1.048.576 Byte.

Modem (Kunstwort aus Modulator/Demodulator)
Gerät zur Umwandlung digitaler Daten in analoge Daten und umgekehrt. So lässt sich ein Computer an das Telefonnetz anschließen.

MP3 (Moving Picture Experts Group Audio Layer 3)
Daten-Format zur Kompression von Audiosignalen. Reduziert die Datenmenge, indem es die Signale weglässt, die das menschliche Ohr ohnehin nicht hört. MP3-Dateien können aufgrund ihrer geringen Größe leicht über das Internet verschickt werden.

PGP (Pretty good Privacy)
Ist ein Verschlüsselungsprogramm für E-Mails.

PDF (Portable Document Format)
Ist ein universelles Dateiformat, das alle Elemente beim Datenaustausch unverändert beibehält (Layout, Typografie usw.).

RCS-e (Rich Communication Suite-enhanced)
Seit 2012 neues Format der Mobilfunk-Branche für Smartphones. Die „reichhaltige Kommunikation" steht für textbasierte Chats, Gespräche, Videotelefonate, Versand von Dateien und Fotos über das Internet. Der Nutzer kann die Funktion direkt aus seinem Adressbuch aufrufen und unabhängig von einer Plattform kommunizieren. Der Verband der Mobilfunkanbieter GSMA nennt das neue Format „Joyn".

Router (Überbrücker)
Vermittlungsrechner in einem Netzwerk, der Verbindungen zu einem anderen Rechner herstellt und ankommende Daten zu den Empfängern weiterleitet. Beim Eintreffen von Daten muss ein Router den richtigen Weg zum Ziel und damit die passende Schnittstelle bestimmen, über welche die Daten weiterzuleiten sind. Dazu bedient er sich einer lokal vorhandenen Routingtabelle, die angibt, über welchen Anschluss des Routers (bzw. welche Zwischenstation) welches Netz erreichbar ist.

Shortcut
Icon zur Verknüpfung mit einer Web-Adresse, einem Programm, Laufwerk oder Dokument. Auch: Tastenkombination.

Screenshot
Fotografie des PC-Bildschirminhalts oder eines Teils davon.

Smiley
Zeichenkombination, um Emotionen in E-Mails oder im Internet nonverbal auszudrücken. Das erste Smiley war das Zeichen für Lächeln :-) Die populärsten Smileys finden Sie in diesem Buch auf Seite 100.

Tablet-Computer
Tragbarer Computer mit dreh- und klappbarem Bildschirm, der sowohl per Touchscreen als auch über eine externe Tastatur gesteuert werden kann. Direkte Beschriftung des Bildschirms ist per Finger oder Stift möglich.

TB (Terabyte)
Das Wort Tera kommt aus dem Griechischen und bedeutet „ungeheuer".
1 TB sind dezimal 1.000 GB, binär 1.099.511.627.776 Byte.

Thumbnails
Fotogalerie, kleine Vorschaubilder zur Entscheidung, welches Bild / Datei geladen werden soll. Spart Zeit und Übertragungskapazität.

Toolbar
Eigene Funktionsleiste einer Web-Site, die erst beim Herunterladen aktiviert wird.

Treiber
Verbindungsprogramme zwischen Hardware und Anwendungs-Software.

TIFF (Tagged Image File Format)
Ist ein Grafik-Format. TIFF-Dateien können Sie z.B. problemlos direkt in ein Word-Dokument einfügen.

UMTS (Universal Mobile Telecommunications System)
Europäischer Mobilfunk-Standard mit hohen Datenübertragungsraten. UMTS ermöglicht einen mobilen und schnellen Zugang zum Internet, im Laptop muss eine UMTS-Card installiert sein. Via Handy oder Smartphone können mit UMTS-Card z.B. Navigations-, Bankdienste, interaktives Fernsehen übertragen werden.

URL (Uniform Resource Locator)
Nichts anderes als die Web-Adresse in der Form der einheitlichen Adressierung. Internetadressen müssen nach einer klar definierten Struktur aufgebaut werden: Transfermethode > Doppelpunkt > Doppelslash > Internetdienst > Punkt > Name > Punkt > Ländercode > Slash falls Pfadangabe zu einer bestimmten Seite folgt (http://www.Name.de/Formular).

VoIP (Voice over IP)
Telefonieren via Internet

VDSL (Very High Speed Digital Subscriber Line)
Schnellster Web-Zugang mit 52 MB pro Sekunde. Neben Internetzugang zum Surfen und Internet-Telefonie können mehrere hochauflösende Fernsehkanäle parallel genutzt werden und Filme nach Wunsch aus dem Internet geladen werden.

VPN (Virtual Private Network)
Für die Laptop Nutzung zu Hause oder in Hotels wird zum Aufbau des Datenaustauschs das öffentliche Internet verwendet und auf das Telefonnetz und eine eigene Infrastruktur verzichtet. Zum Schutz der eigenen Daten dient das Tunneling: Die Daten werden durch Einkapseln eines Datenprotokolls in ein anderes durch ein Netz mit fremdem Übertragungsprotokoll verschickt.

WiFi
(ausgesprochen WaiFai) Kunstbegriff der ursprünglichen WECA (Wireless Ethernet Compability Alliance), eine 1999 gegründete Organisation aus über 300 Unternehmen, die WLAN-Produkte ihrer Mitglieder nach eigenen Richtlinien auf der Basis der IEEE-Norm für Kommunikation in Funknetzwerken zertifiziert. In einigen Ländern wird WiFi begrifflich mit WLAN gleichgesetzt.

WLAN (Wireless Local Area Network)
Kabelloses lokales Netzwerk. Im Rechner oder Laptop muss dazu eine WLAN-Card installiert werden.

XML (Extensible Markup Language)
Formatierungsanweisung als Ergänzung zu HTML. Ermöglicht die Trennung von Inhalt und Formatierungen / Layout.

Sachwortverzeichnis